鄂尔多斯盆地东胜气田致密低渗透砂岩气藏精细描述

王国壮 雷涛 曹桐生 张占杨 吴建彪 等编著

石油工业出版社

内容提要

本书对鄂尔多斯盆地东胜气田主要含气层系盒1段、盒3段进行了系统的描述，主要内容包括小层划分与对比、沉积相及沉积模式分析、致密砂岩储层综合评价、单砂体精细识别及心滩砂体构型刻画技术应用、致密砂岩气藏特征及气藏类型划分、气藏高产气层地质特征及高产主控因素、气藏三维储层地质模型建立等。

本书可供从事致密低渗透气藏开发的研究工作者参考，也可供石油高校相关专业师生阅读参考。

图书在版编目(CIP)数据

鄂尔多斯盆地东胜气田致密低渗透砂岩气藏精细描述 / 王国壮等编著 . —北京：石油工业出版社，2021.4

ISBN 978-7-5183-4572-4

Ⅰ.①鄂… Ⅱ.①王… Ⅲ.①鄂尔多斯盆地–致密砂岩–低渗透油气藏–研究 Ⅳ.①TE343

中国版本图书馆 CIP 数据核字(2021)第 060084 号

出版发行：石油工业出版社

(北京安定门外安华里2区1号楼　100011)

网　　址：www.petropub.com

编辑部：(010)64523687　图书营销中心：(010)64523633

经　销：全国新华书店

印　刷：北京中石油彩色印刷有限责任公司

2021年4月第1版　2021年4月第1次印刷

787×1092毫米　开本：1/16　印张：11.5

字数：260千字

定价：95.00元

(如出现印装质量问题，我社图书营销中心负责调换)

版权所有，翻印必究

前言 PREFACE

鄂尔多斯盆地东胜气田面积 8940.95km²，是中国石化华北油气分公司面积最大的天然气勘探开发区块。位于我国第二大陆内盆地鄂尔多斯盆地北部，也是我国寻找大气田主要区域，其特殊的地理位置及地层特征也为油气资源储存提供了先决条件。

近 20 年来，鄂尔多斯盆地相继发现大牛地、苏里格等大型气田，并进入规模化开发。东胜气田位于大牛地气田北部 200km，紧邻国内第一大气田苏里格气田，东胜气田与苏里格气田和大牛地气田有着类似的成藏条件，蕴藏着巨大的开发潜力。2010 年，中国石化华北石油局启动东胜气田开发准备工作。截至目前，东胜气田累计新建产能 $22.5\times10^8m^3$，累计产气 $44.8\times10^8m^3$，日产气 $550\times10^4m^3$；2019 年鄂尔多斯盆地东胜气田再获重大勘探进展，新增探明储量 $442\times10^8m^3$，累计探明储量已达 $1239\times10^8m^3$。建成了鄂尔多斯盆地又一个千亿立方米级大气田，成为继大牛地气田后，中国石化在鄂尔多斯盆地重要的资源接替阵地，将成为国家能源发展战略的重要支撑。

东胜气田属于典型的低压、低渗—特低渗储层，气藏类型复杂，气藏隐蔽性强。虽然前期开展了大量的科技攻关，并在沉积相分布、有利储层发育及优质气藏分布上取得了重大的成果认识。但是针对气藏多层叠合、非均质性强和有效气层连续性和连通性较差的问题，制约了高效水平井的部署和投产，影响了产能建设成果的进一步扩大，迫切需要以单砂体精细研究为基础，落实天然气分布特征及未动用储量分布，为东胜气田进一步开发工作的顺利推进提供技术支撑。

本书以东胜气田锦 58 井区为目标，对锦 58 井区主要含气层系盒 1 段、盒 3 段进行系统的描述，共分为九章。第一章主要介绍了气田的勘探开发历程及现状；第二、第三章分别从区域和局部构造、地层等方面介绍了气田的基础地质特征；第四、第五、第六章深化、细化了沉积特征认识，并开展了砂体构型研究，在此基础上开展了储层综合评价；第七、第八章深化了气藏高产控制因素，明确了气藏类型；第九章建立了研究区三维地质模型，实现了气藏的空间表征。通过研究，恢复了锦 58 井区下石盒子组冲积扇—辫状河的沉积演化过程，建立了冲积扇—辫状河的沉积演化模式；首次应用 R/S 分形敏感性分析方法开展单砂体期次划分，精细开展辫状河道砂体构型研究，定性—定量刻画心滩发育及叠置特征；形成了"垂向分期→侧向划界→地震约束→建模表征"的冲积扇—辫状河致密砂体储层构型研究方法；明确了发育岩性—地层、构造—裂缝及岩性三种类型气藏，"源、储、构、断"是锦 58 井区盆缘冲积扇—辫状河沉积致密砂岩气藏富集高产主控因素，建立了三维储层地质模型，为锦 58 井区进一步开发工作提供了重要的支撑。

本书由王国壮、雷涛、张占杨、吴建彪确定大纲并统稿。第一章由周家林执笔；第二章由张占杨执笔；第三章由郝廷执笔；第四章由郝廷执笔；第五章由周家林执笔；第六章由周家林执笔；第七章由高照普执笔；第八章由高照普执笔；第九章由杨帆执笔。

本书是在多年致力于东胜气田勘探开发的众多科技工作者的成果基础上的集成、总结和升华，凝聚了多年来奋战在东胜气田科研、生产一线的各大院校、科研院所、兄弟单位的专家和同行的心血。本书完成过程中，得到了中国石化华北分公司勘探开发研究院各位领导、专家的帮助，也得到了成都理工大学的大力支持，在此一并表示衷心的感谢。由于作者水平有限，书中难免有不妥之处，恳请批评指正。

目录 CONTENTS

第一章　气田勘探开发概况 (1)
　第一节　勘探概况 (1)
　第二节　开发概况 (2)
第二章　气田构造特征 (5)
　第一节　构造单元划分 (5)
　　一、杭锦旗断阶 (5)
　　二、公卡汗凸起 (7)
　　三、伊陕斜坡 (7)
　第二节　构造特征 (7)
　　一、区域特征 (7)
　　二、断层特征 (7)
　　三、裂缝发育特征 (11)
第三章　地层特征 (14)
　第一节　小层划分对比 (14)
　　一、划分对比原则 (14)
　　二、标志层 (14)
　第二节　小层划分方案 (17)
第四章　下石盒子组沉积相及沉积模式 (21)
　第一节　沉积微相划分标志 (21)
　　一、岩石颜色标志 (21)
　　二、岩石类型标志 (22)
　　三、岩石结构标志 (23)
　　四、沉积构造标志 (24)
　　五、剖面结构 (28)
　　六、测井相标志 (29)
　第二节　沉积相类型及特征 (30)
　　一、沉积相类型 (30)
　　二、冲积扇、辫状河沉积相特征 (31)
　第三节　古地貌及对沉积作用的控制 (35)
　　一、古地貌刻画方法 (36)

  二、古地貌单元特征……………………………………………………（36）
  三、古地貌对沉积的控制作用…………………………………………（37）
 第四节 沉积相分布特征………………………………………………………（38）
  一、沉积相纵横向对比研究……………………………………………（38）
  二、沉积微相平面分布特征……………………………………………（41）
 第五节 冲积扇—辫状河沉积模式……………………………………………（45）
  一、盒1段冲积扇—辫状河沉积模式…………………………………（45）
  二、盒2段—盒3段辫状河沉积模式…………………………………（46）

第五章 下石盒子组储集砂体构型……………………………………………（48）
 第一节 储集砂体构型…………………………………………………………（48）
  一、储层构型的研究历史………………………………………………（48）
  二、储层构型的级次划分………………………………………………（48）
 第二节 单砂体识别及期次划分………………………………………………（50）
  一、钻井岩心单砂体识别………………………………………………（50）
  二、测井曲线单砂体识别………………………………………………（50）
  三、R/S分形敏感性分析方法…………………………………………（52）
  四、单砂体垂向期次划分………………………………………………（55）
 第三节 单砂体叠置模式………………………………………………………（56）
  一、垂向叠置……………………………………………………………（56）
  二、侧向叠置……………………………………………………………（57）
  三、垂向切叠……………………………………………………………（57）
  四、侧向切叠……………………………………………………………（57）
  五、孤立式………………………………………………………………（58）
 第四节 砂体构型模式…………………………………………………………（58）
  一、单砂体河道发育规模………………………………………………（58）
  二、单砂体储层构型模式建立…………………………………………（69）

第六章 致密砂岩储层综合评价…………………………………………………（72）
 第一节 储层基本特征…………………………………………………………（72）
  一、岩石学特征…………………………………………………………（72）
  二、成岩作用及成岩演化………………………………………………（74）
  三、孔隙结构……………………………………………………………（87）
  四、物性及储层类型……………………………………………………（91）
  五、致密砂岩储层电性特征……………………………………………（92）
  六、非均质性……………………………………………………………（95）
 第二节 储层分类评价…………………………………………………………（97）
  一、储层参数测井解释模型……………………………………………（97）
  二、储层分类评价………………………………………………………（102）

第三节　储层垂向演化及平面展布 …………………………………………（103）
　　　　一、储层垂向演化 ………………………………………………………（103）
　　　　二、平面分布特征 ………………………………………………………（104）
　　第四节　储层发育控制因素 ……………………………………………………（106）
　　　　一、岩石粒度 ……………………………………………………………（106）
　　　　二、岩石组分 ……………………………………………………………（107）
　　　　三、沉积微相 ……………………………………………………………（108）
　　　　四、成岩作用 ……………………………………………………………（108）

第七章　下石盒子组气藏类型 …………………………………………………（111）
　　第一节　气藏流体性质 …………………………………………………………（111）
　　　　一、天然气组分 …………………………………………………………（111）
　　　　二、地层水性质 …………………………………………………………（112）
　　第二节　气藏温度压力系统 ……………………………………………………（113）
　　　　一、气藏温度系统 ………………………………………………………（113）
　　　　二、气藏压力系统 ………………………………………………………（114）
　　第三节　气藏类型 ………………………………………………………………（114）
　　　　一、气藏类型划分 ………………………………………………………（114）
　　　　二、各类气藏特征 ………………………………………………………（115）

第八章　下石盒子组气藏高产控制因素 ………………………………………（122）
　　第一节　气水层综合识别及评价 ………………………………………………（122）
　　　　一、气水层识别 …………………………………………………………（122）
　　　　二、气水层识别标准 ……………………………………………………（124）
　　　　三、气水层平面分布 ……………………………………………………（127）
　　第二节　高产地质特征 …………………………………………………………（129）
　　　　一、沉积微相特征 ………………………………………………………（129）
　　　　二、测井相特征 …………………………………………………………（131）
　　　　三、物性特征 ……………………………………………………………（132）
　　　　四、电性特征 ……………………………………………………………（133）
　　　　五、气层厚度 ……………………………………………………………（134）
　　第三节　高产控制因素 …………………………………………………………（135）
　　　　一、烃源岩 ………………………………………………………………（135）
　　　　二、局部构造 ……………………………………………………………（138）
　　　　三、断裂及裂缝 …………………………………………………………（138）

第九章　下石盒子组气藏三维地质建模 ………………………………………（140）
　　第一节　三维地质建模方法 ……………………………………………………（140）
　　　　一、三维地质建模历史 …………………………………………………（140）
　　　　二、三维地质建模方法研究 ……………………………………………（141）

第二节　数据准备及数据库建立……………………………………………………（145）
一、数据准备………………………………………………………………………（145）
二、数据库建立……………………………………………………………………（145）
第三节　速度建模及时深转换……………………………………………………（147）
一、速度模型的建立………………………………………………………………（147）
二、时深转换………………………………………………………………………（148）
第四节　构造模型…………………………………………………………………（148）
一、网格系统………………………………………………………………………（149）
二、地质构造模型…………………………………………………………………（149）
三、质量控制与检测………………………………………………………………（150）
第五节　岩相模型…………………………………………………………………（151）
一、单井岩相定量识别……………………………………………………………（151）
二、数据处理分析…………………………………………………………………（153）
三、三维岩相建模…………………………………………………………………（155）
四、模型验证………………………………………………………………………（158）
第六节　属性模型…………………………………………………………………（161）
一、储层地质模型…………………………………………………………………（161）
二、属性地质模型…………………………………………………………………（162）
三、储层参数建模…………………………………………………………………（166）
四、模型精度检验…………………………………………………………………（167）

参考文献……………………………………………………………………………（169）

第一章 气田勘探开发概况

致密低渗砂岩气藏作为一种特殊类型的气藏，近年来越来越受到重视，该类气藏储量规模巨大，在不同类型的盆地均有分布。通过不懈的探索与研究，基本掌握了这类气藏的分布特征与规律。东胜气田位于鄂尔多斯盆地北缘，主要含气层位下石盒子组，气田构造复杂，断裂发育，盆缘古地貌差异大，沉积类型复杂，储层非均质性强，气藏描述评价类型多样。通过地质、物探、气藏评价等多手段，在勘探开发方面取得了良好的效果，实现了气田的规模化建产。

第一节 勘探概况

20世纪70—80年代，由地矿部第三石油普查大队实施，其间完成了二维地震测线130条，测线长度4485.435km，测网密度3km×3km，主要为模拟地震资料，在泊尔江海子—三眼井断裂以北的杭锦旗断阶发现一批小型构造。共钻井11口（伊字号），其中东胜气田内钻井10口，杭锦旗西区块钻井1口。1977年在什股壕构造的伊深1井下石盒子组4层气层经测试产天然气$0.94×10^4 \sim 1.33×10^4 m^3/d$，是鄂尔多斯盆地首次在上古生界获得天然气，具有里程碑的意义。其后1984年在拉不扔构造的伊17井下石盒子组气层，经加砂压裂试获天然气无阻流量$3.76×10^4 m^3/d$。这一阶段的油气普查证实伊盟隆起区的构造圈闭具有一定的天然气勘探前景。

"八五"时期（1991—1995年），长庆石油勘探局也在杭锦旗地区进行了天然气勘探，在浩绕召构造的石鄂2井产气$3.47×10^4 m^3/d$，拉不扔构造的石鄂3井产气$4.98×10^4 m^3/d$，阿日柴达木构造的盟1井产气$0.50×10^4 m^3/d$，进一步证实了杭锦旗及其邻区上古生界具有一定的天然气勘探开发前景。

"九五"后期至"十五"前期，华北油气分公司重上杭锦旗开展天然气勘探。1999年在伊深1盒2段和盒3段气层复试天然气无阻流量分别为$1.14×10^4 m^3/d$和$1.32×10^4 m^3/d$，伊17井盒2气层复试天然气无阻流量$1.24×10^4 m^3/d$，均达到工业气流标准。1999—2003年实施了锦评1井、锦2井、锦3井、锦4井、锦5井，证实了杭锦旗断阶带上的背斜构造普遍是含气圈闭。

2004年之后，随着大牛地气田的勘探进入高潮，对鄂尔多斯盆地北部上古生界天然气成藏条件有了更为深入的认识，华北油气分公司适时提出在东胜气田"向源勘探"的思路，把勘探的重心转向泊尔江海子断裂以南的煤系烃源岩发育区（十里加汗、新召和阿镇目标区），以锦6井、锦7井、锦8井、锦9井、锦10井为标志，东胜气田进入以上古生界大型岩性圈闭为勘探目标的阶段。同时，随着对什股壕目标区成藏条件的深入研究，突破了该区构造控气的认识，认为盒2+3是大中型构造—岩性复合气藏，指导了该区勘探成果的进一步扩大。

2012年什股壕目标区主要目的层位盒2段、盒3段含气面积进一步向西南方向扩大，"构造低部位"获得天然气产能，这为扩大什股壕地区的储量规模以及开发建产提供了坚实的保障。同时在山1段试气获得天然气产能，基本形成以盒2+3段为主多层系的勘探格局。

2013年东胜气田勘探成果显著，十里加汗区带气层多层叠合特征进一步明确，新提交锦72井区盒1段控制储量$1265×10^8m^3$，锦58井区盒3段预测储量$520×10^8m^3$，加上已提交的山西组控制储量及盒1段预测储量，形成了$4000×10^8m^3$储量规模。什股壕区带油气成果向西扩大，锦82井、锦66井、锦68井于盒3段均试获工业气流。

2014年主要在十里加汗西部开展勘探评价，为了进一步升级评价锦58井区盒3气藏，并兼探盒1段及上古生界其他层位的含气性，部署探井7口，先后完钻锦95井、锦96井、锦98井、锦99井、锦100井、锦101井、锦103井，盒1段和盒2段钻遇储层较好。其中，锦58井区内新部署的锦95井、锦98井、锦99井等9口探井均钻遇了盒3段气层，锦95井盒3段气层厚度9.8m，DST测试（Drill Stem Testing，钻杆地层测试）井口产量$1.25×10^4m^3/d$，锦98井盒1段获得井口产量$2.5×10^4m^3/d$的工业气流，进一步证实了十里加汗区带西部盒1段、盒3段等主力气层良好的含气性。

2015年，为加快锦58井区勘探评价，部署了锦107井、锦108井、锦109井、锦110井、锦111井、锦112井、锦113井、锦114井、锦115井探井9口，盒1段试气井数7口，出气井数7口，平均无阻流量$1.38×10^4m^3/d$；盒3段试气井数3口，出气井数3口，平均无阻流量$2.2524×10^4m^3/d$。

2016年，为加快锦58井区外围勘探评价，部署了锦124井、锦125井、锦126井、锦127井、锦128井探井5口，其中锦128井在盒3段钻遇气层厚度7m，锦124井在太原组钻遇气层厚度8m。结合老井钻遇试气及新钻井钻遇情况，将锦110井区盒1段预测储量升级为控制储量，提交盒1段含气面积为$251.81km^2$，控制储量$685.05×10^8m^3$；在锦108井区提交盒3段含气面积为$253.53km^2$，预测储量$433.52×10^8m^3$；在锦78井区提交太原组含气面积为$297.81km^2$，预测储量$241.33×10^8m^3$。

2017年为进一步升级评价锦58井区盒3和太原组气藏，共部署了锦131井、锦132井、锦133井、锦134井、锦144井等5口井进行勘探评价，其中锦131井盒3段钻遇砂层厚度12m、气层厚度10m，测试获得无阻流量$1.52×10^4m^3/d$，太原组钻遇砂层厚度20m、气层厚度8m；锦132井太原组钻遇砂层厚度22m、气层厚度4m；锦133井太原组钻遇砂层厚度13.8m、气层厚度12.3m；锦134井太原组钻遇砂层厚度22m、气层厚度8m；锦144井太原组钻遇砂层厚度15.0m、气层厚度5.3m，证实了锦58井区西部盒3、南部太原组储层发育，含气性较好，为进一步评价奠定了基础。

第二节　开发概况

2010年，华北油气分公司在东胜气田什股壕地区启动了天然气开发准备工作，积极开展相关的地质综合研究。2011年以邻井测试产能作为主要依据之一部署了4口直井，目的层主要是盒2段、盒3段并兼顾盒1段。其中ES4井在盒3段测试无阻流量达$7.96×10^4m^3/d$。同年在锦11井附近部署了ESP1井、ESP3-1H井、ESP3-2H井3口水平井，伊深1井附近部署ESP2井，部分井测试产能较好，ESP2井目的层为盒2段，水平段长637m，显示段长368m，测试无阻流量达$5.78×10^4m^3/d$，表明水平井技术在该区可以大幅度提高单井产量，也进一步坚定了在该区应用水平井技术开发的决心。

2012年为了继续深化什股壕区带气藏储层特征、气藏类型的认识，加强三维储层预测技术的研究，同时紧跟勘探进展，加快十里加汗区带气藏评价进度。分别在什股壕区带部署了9口水平井，十里加汗部署了2口水平井。J11P4H井、J11P8H井两井当年测试无阻分别达$10.09×10^4m^3/d$、$3.93×10^4m^3/d$。在实钻井验证成功的基础上，初步在盒2段、盒3段形成了适合本区的储层预测技术，即"中高波阻抗，上倾强振幅亮点断续反射，中低频率响应，第三类AVO特征"。

2013—2014年以锦66井区为主开展气藏评价。先后在什股壕部署气藏评价井20口，取得了良好的气藏评价效果，其中J66P5H井、J66P8H井、J66P9H井、J66P11H井、J66P18H井等多口评价井取得产能突破，测试无阻流量均在$10×10^4m^3/d$以上。

2015年以锦58井区为主，兼顾锦38井区、锦72井区开展气藏评价。在锦58井区盒1段、盒3段部署气藏评价井15口，多口气井取得产能突破，其中锦58井区南部盒3段J58P7H气井测试无阻流量高达$37.78×10^4m^3/d$，通过气藏评价落实了锦58井区作为产能建设阵地。锦72井区部署气藏评价井2口气井钻遇效果好，平均砂岩钻遇率98.35%，气层钻遇率60.73%，平均全烃25.97%，其中J72P1H井测试无阻流量为$6.1×10^4m^3/d$，初步显示锦72井区的开发潜力。

2016年主要在锦58井区外围及锦72井区开展气藏评价，取得了较好的效果。在锦58井区南部的JPH-325井在盒1段测试无阻流量为$31.5×10^4m^3/d$；J58P18H井在盒1段测试无阻流量为$12.8×10^4m^3/d$，展示了锦58井区盒1段南扩具有较好的开发潜力。锦58井区开发区完钻水平井9口，钻遇试气效果较好，平均砂层厚度28.3m，平均气层厚度12m，完成试气8口水平井，平均无阻流量$7.0×10^4m^3/d$，其中JPH-329井盒1段测试无阻流量为$29.5×10^4m^3/d$，JPH-302井测试无阻流量为$13.1×10^4m^3/d$，证明开发区具有进一步北扩的潜力。锦72井区部分气井钻遇效果好，其中J72P11H井实钻砂岩段长1000m，砂岩钻遇率100%，显示砂岩钻遇率88.3%；J72P12H井实钻砂岩段长876m，砂岩钻遇率87.6%，显示砂岩钻遇率77.0%，再次展示锦72井区具有较大的开发潜力。

2017年气藏评价以锦58井区为主，兼顾锦72井、锦30井、锦66井区。锦58井区西部的J58P19H井盒3段测试无阻$2.8×10^4m^3/d$，表明西扩区储层发育。同样位于西扩区的JPH-332井，盒2段计算无阻流量$25.1×10^4m^3/d$，为后续开发评价提供了新的方向。锦58井区开发区南部的J58P30H井完钻水平段长966m，砂岩钻遇率95.7%，显示为砂岩钻遇率84.1%，平均全烃为21.6%，钻遇显示良好，表明盒1开发区南扩是建产的重点潜力目标区；部署在十里加汗区带的J58P33T井在奥陶系钻遇"缝洞型"气层，经测试无阻流量为$19.84×10^4m^3/d$，取得了东胜气田下古生界评价新突破。

2018—2020 年，东胜气田气藏评价呈现出多点开花局面，评价落实储量近 $400\times10^8m^3$。其中锦 30 井区的评价井 J30-14 井盒 1 段气层在套压 18.5MPa 情况下，稳定产气量 $8\times10^4m^3/d$，创出华北油气分公司直井单井日产最高水平；锦 58 井区东部盒 2 气藏滚动外扩评价取得突破，评价直井 J58-5 井自然投产产气 $1.4\times10^4m^3/d$，套压 7.4MPa，探索出盒 2+3 气藏低成本开发新途径；锦 72 井区滚动外扩评价直井 J72-3 井盒 2 段试气油压 2MPa，套压 5.5MPa，产气 $1.1\times10^4m^3/d$，盒 3 段试气油压 3.6MPa，套压 6.6MPa，产气 $2.3\times10^4m^3/d$。

截至 2020 年底，东胜气田拥有天然气探明储量 $796.82\times10^8m^3$，主要分布在锦 58 井区下石盒子组盒 1 段、锦 66 井区盒 2 段、盒 3 段和锦 30 井区的山 2 段。东胜气田投产生产井 458 口；平均日产工业气量 $550\times10^4m^3$，年产工业气量 $15.5\times10^8m^3$，累计产工业气量 $44.78\times10^8m^3$。

前期勘探、开发及建产实践表明，东胜气田锦 58 井区为典型的低孔隙度、低渗透砂岩气藏，作为大牛地气田下一步稳产接替区块，无论是沉积、储层条件还是圈闭条件以及气、水分布均较大牛地气田要复杂。锦 58 井区下石盒子组气藏多层叠合、非均质性强和有效气层连续性和连通性较差的问题，制约了高效水平井的部署和投产，影响了产能建设成果的进一步扩大。因此，通过锦 58 井区三维地质模型的建立及气藏描述，进一步加深地质认识，为东胜气田开发工作的顺利推进提供技术支撑。

第二章 气田构造特征

鄂尔多斯盆地为一不对称的向斜盆地，盆地周边以大断裂与新生代断陷或其他构造单元相隔，被北缘隆起、东南缘挠褶和西缘断褶环绕，构造变形从盆缘向盆内由强逐渐变弱。东胜气田位于盆地北部伊盟隆起区和伊陕斜坡过渡地带，东北部在地史上一直为长期隆起区，在乌兰格尔一带，白垩系直接覆于太古宇之上，具有继承性隆升特点；而其西部的公卡汗隆起自中元古代后直至上石盒子期亦为一隆起区。这两个古隆起区基本框定了东胜气田中元古代—古生代的区域构造格局，使该地区整体表现为北高南低、西高东低。主要发育泊尔江海子、乌兰吉林、三眼井等三条二级断裂，断距变化大，局部微裂缝发育，对油气成藏起到了重要的疏导作用。

第一节 构造单元划分

鄂尔多斯盆地位于华北地台西部，作为我国第二大沉积盆地横跨陕西省、山西省、甘肃省、宁夏回族自治区和内蒙古自治区，总面积约 $33\times10^4 km^2$。盆地从东至西，每千米坡降角度不足1°，非常平缓，是油气储集的理想盆地。东胜气田位于内蒙古鄂尔多斯市的杭锦旗、达拉特旗、伊金霍洛旗和鄂托克旗以及东胜区，勘探矿权面积 $9805km^2$。锦58井区位于泊尔江海子断裂以南，面积 $980km^2$（图2-1）。东胜气田构造位置位于盆地北部伊盟隆起区和伊陕斜坡过渡地带，构造上横跨鄂尔多斯盆地杭锦旗断阶、公卡汉凸起和伊陕斜坡三个构造单元（图2-2），经历了与鄂尔多斯盆地主体相似的构造和沉积演化历史。

一、杭锦旗断阶

杭锦旗断阶南以泊尔江海子断裂为界，北至塔拉沟—牛家沟断裂，西至浩绕召地区中新元古界坳拉槽边界断层的区域，具有同一构造单元的特征。区内缺失中新元古界和下古生界。在太古宇—中元古界侵蚀面上，古潜丘广泛分布，新元古生界披盖明显，形

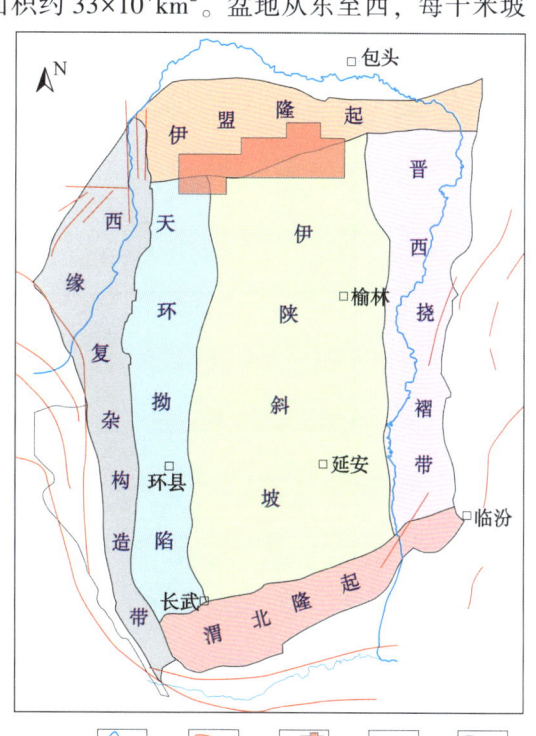

图2-1 东胜气田构造位置图

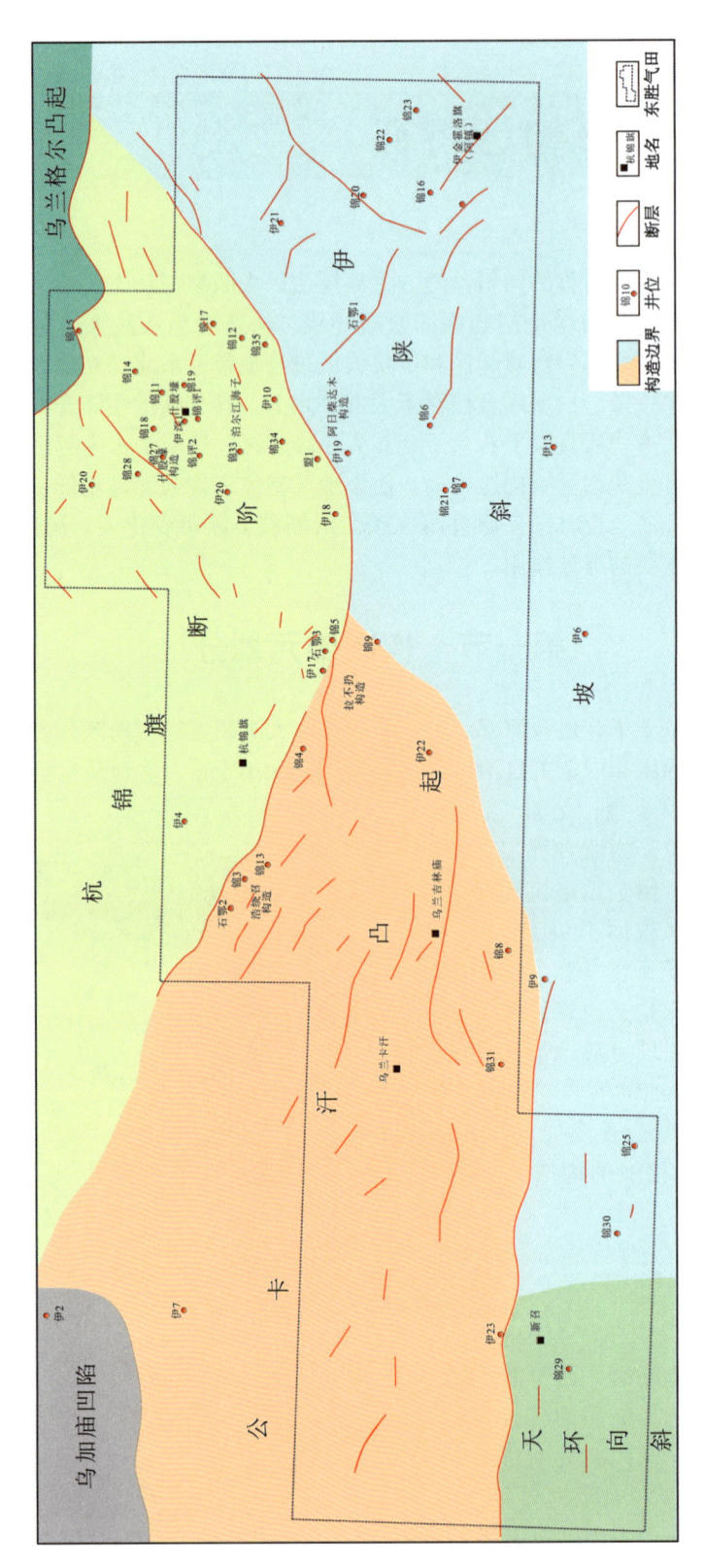

图2-2 东胜气田所属二级构造单元划分

成许多局部隆起，太原组仅发育在泊尔江海子断裂南部。区内断层发育，大多为走向北东、倾向北西；断穿T9-T9d层位的逆断层。在划分二级构造单元时通常将具有此特征的构造单元命名为断裂带。

二、公卡汗凸起

公卡汗凸起位于杭锦旗地区中西部，南界为三眼井断裂及其走向趋势线和下古生界尖灭线，北东侧以浩绕召中新元古代坳拉槽边界断层为界。公卡汉凸起为中元古代—上石盒子期的长期隆起区，古生界向北依次减薄直至尖灭，石千峰组在高部位直接覆盖中元古界。区内发育北西向、东西向断裂。

三、伊陕斜坡

伊陕斜坡位于东胜气田东南部。在地震剖面上，三眼井断裂、泊尔江海子断裂断穿太古宇基底以及盖层，具有明显的盖层基底断裂性质，并控制下古生界沉积。因此，伊陕斜坡的北界分别以三眼井断裂、泊尔江海子断裂以及下古生界尖灭线分隔。

第二节 构造特征

一、区域特征

东胜气田锦58井区在构造单元上位于鄂尔多斯盆地的伊陕斜坡与伊盟隆起结合部，北部发育有一组近东西走向的泊尔江海子断裂带，断裂带以北为伊盟北部隆起。地震及钻井资料综合完成的T9e构造图显示，总体上为构造整体较为平缓，向西南倾斜的单斜形态，呈现出北东高，南西低的特征，局部发育鼻状隆起和凹陷，沿北东到南西方向平均构造坡降为8.4m/km（图2-3）。

二、断层特征

（一）乌兰吉林庙断层发育特征

乌兰吉林庙断裂位于锦58井区西南角，呈近东西走向，为断面南倾的正断层（图2-4）。乌兰吉林庙断层分为乌兰吉林庙西断层和乌兰吉林庙东断层，断层走向为北西南东向。在研究区内断层延伸长度约35km，断开的层位为T9b+c-T3，T9b+c至T9f之间断距多为5~20m（表2-1）。从断裂性质分析乌兰吉林庙断裂主要形成于海西期。

（二）四级断层发育特征

除乌兰吉林庙断层外，锦58井区共识别出四级断层42条，主要分布在锦58井区西北部及东北部。其中正断层24条，逆断层18条（图2-5、表2-2）。四级断裂的走向总体呈北西向和近南北向。四级断裂主要为层间小断层，断开层位T9b+c-T9e，断距分布于5~20m范围，延伸长度0.6~5.3km。

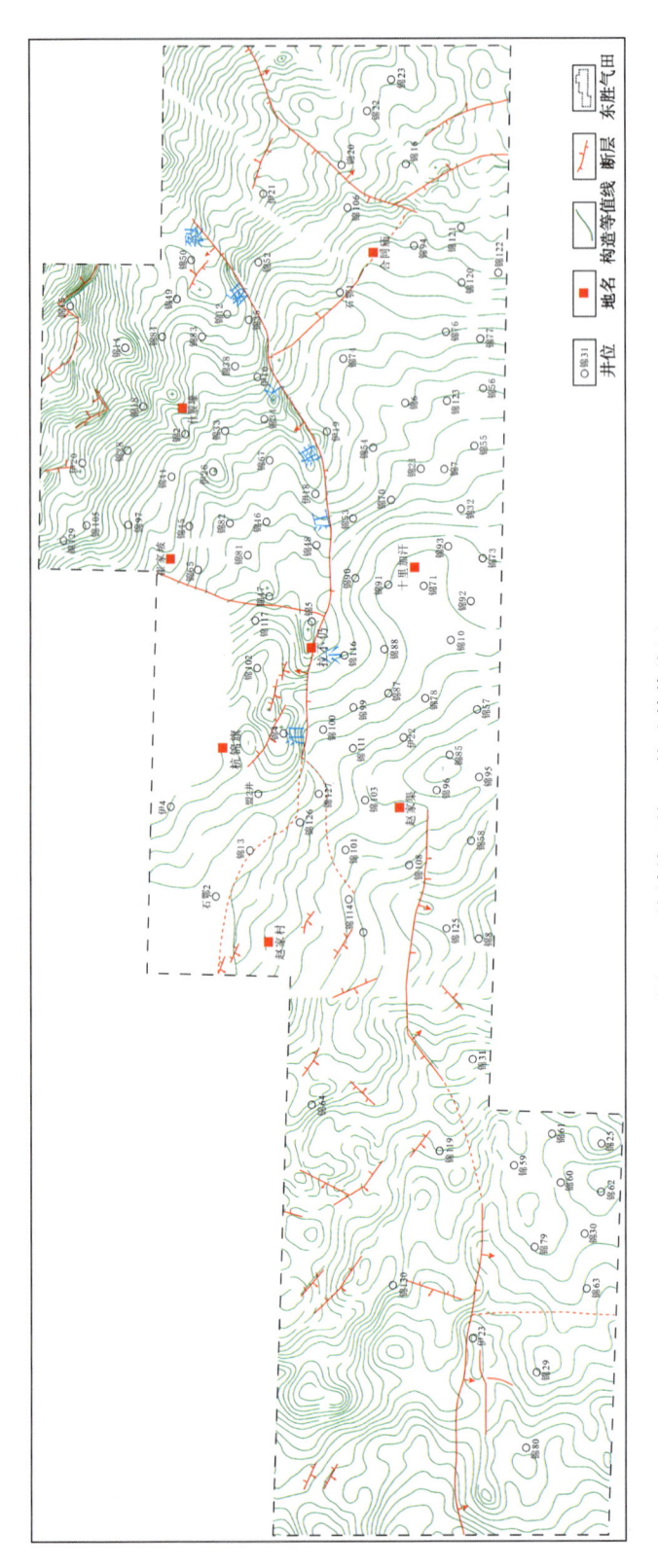

图2-3 杭锦旗区块T9e构造等值线图

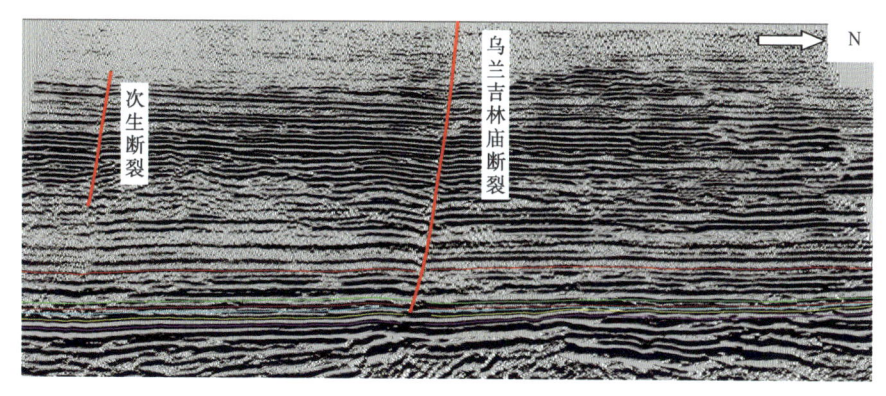

图 2-4 乌兰吉林庙断层剖面图

表 2-1 乌兰吉林庙断层要素表

断层名称	断层性质	断层走向	断层倾向	区内延伸长度(km)	断开层位	主要反射层断距(m)			
						T9b+c	T9d	T9e	T9f
乌兰吉林庙西	正断层	北西南东	南南西	17.8	T9b+c-T3	5~20	5~20	5~15	5~15
乌兰吉林庙东	正断层	北西南东	南南西	17.6	T9b+c-T3	5~15	5~15	5~10	5~10

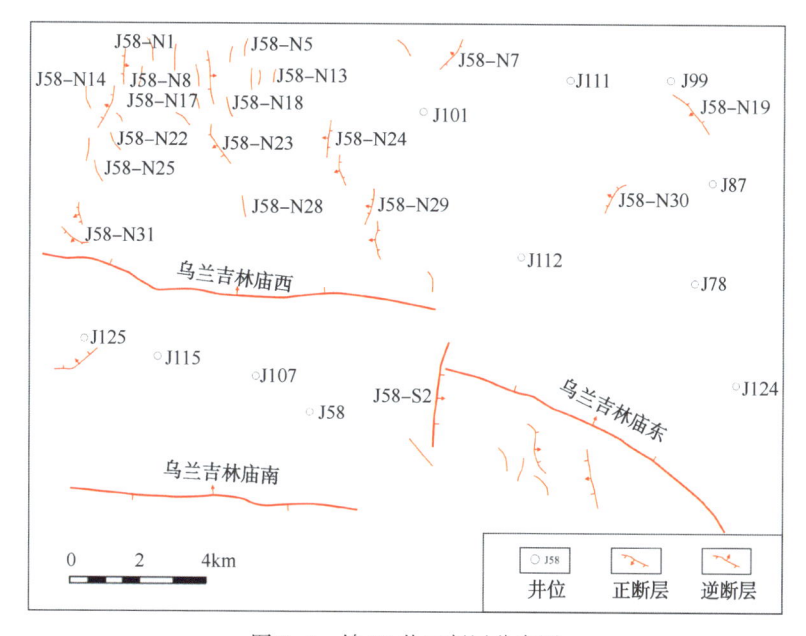

图 2-5 锦 58 井区断层分布图

表 2-2 锦 58 井区四级断层要素表

序号	断层名称	断层性质	断层走向	区内延伸长度(km)	断开层位	主要反射层断距(m)			
						T9bc	T9d	T9e	T9f
1	J58-N1	逆断层	北西	1.5	T9bc-T9d	10	10	—	
2	J58-N2	逆断层	南北	1.7	T9bc-T9d	10	10	—	
3	J58-N3	逆断层	南北	1.3	T9bc-T9e	10	15	20	

— 9 —

续表

序号	断层名称	断层性质	断层走向	区内延伸长度(km)	断开层位	主要反射层断距(m) T9bc	T9d	T9e	T9f
4	J58-N4	逆断层	北北东	0.8	T9bc-T9d	10	5	—	—
5	J58-N5	正断层	北北东	1.2	T9bc-T9d	10	5	—	—
6	J58-N6	正断层	北西	1.4	T9bc-T9d	10	10	—	—
7	J58-N7	逆断层	北东	2.4	T9bc-T9e	20	30	10	—
8	J58-N8	正断层	北东	1.1	T9bc-T9e	5	10	5	—
9	J58-N9	正断层	北北西	1.1	T9bc-T9e	10	10	10	—
10	J58-N10	逆断层	北北西	2.6	T9bc-T9f	10	15	10	10
11	J58-N11	正断层	南北	0.9	T9bc-T9e	5	10	10	—
12	J58-N12	逆断层	南北	0.6	T9bc-T9e	10	10	10	—
13	J58-N13	正断层	南北	0.7	T9bc-T9f	10	10	20	10
14	J58-N14	正断层	北北西	1.2	T9bc-T9e	50	35	—	—
15	J58-N15	正断层	北东	2.1	T9bc-T9e	25	60	—	—
16	J58-N16	正断层	北西	0.58	T9bc-T9d	20	20	—	—
17	J58-N17	逆断层	北西	0.8	T9bc-T9e	10	10	10	—
18	J58-N18	逆断层	北西	1	T9bc-T9e	20	20	10	—
19	J58-N19	逆断层	北西	2.6	T9bc-T9e	*	10	10	—
20	J58-N20	逆断层	北西	1	T9bc-T9d	10	10	—	—
21	J58-N21	逆断层	北北东	1.1	T9bc-T9e	5	5	5	—
22	J58-N22	正断层	北西	1	T9bc-T9d	35	25	—	—
23	J58-N23	正断层	北西	2.1	T9bc-T9d	10	5	—	—
24	J58-N24	逆断层	北北东	1.8	T9bc-T9d	5	5	—	—
25	J58-N25	正断层	北西	1	T9bc-T9d	5	5	—	—
26	J58-N26	逆断层	近南北	1.5	T9bc-T9d	25	20	—	—
27	J58-N27	正断层	北西	1	T9bc	5	*	—	—
28	J58-N28	正断层	近南北	1	T9bc-T9d	20	10	—	—
29	J58-N29	正断层	北东	1.8	T9bc-T9d	20	10	—	—
30	J58-N30	正断层	北东	1.8	T9bc	5	*	—	—
31	J58-N31	正断层	北西	1.6	T9bc-T9d	20	20	—	—
32	J58-N32	逆断层	南北	2	T9bc	5	*	—	—
33	J58-N33	正断层	北西	1.1	T9bc-T9d	10	5	—	—
34	J58-S1	正断层	北东	2.5	T9bc	20	*	—	—
35	J58-S2	正断层	近南北	5.3	T9bc	20	*	—	—
36	J58-S3	正断层	北西	1.7	T9bc	5	*	—	—
37	J58-S4	正断层	北西	2.7	T9bc-T9d	5	5	—	—
38	J58-S5	正断层	北西	1.2	T9bc-T9d	5	5	—	—

续表

序号	断层名称	断层性质	断层走向	区内延伸长度(km)	断开层位	主要反射层断距(m)			
						T9bc	T9d	T9e	T9f
39	J58-S6	逆断层	北东	1.2	T9bc-T9d	10	*	—	—
40	J58-S7	逆断层	北西	1.3	T9bc-T9d	15	10	—	—
41	J58-S8	正断层	北北西	2.9	T9bc-T9d	10	10	—	—
42	J58-S9	逆断层	北北东	0.5	T9bc-T9d	20	15	—	—

三、裂缝发育特征

根据钻井取心观察、描述表明，锦58井区下石盒子组砂岩中裂缝体系发育，通过成像测井和R/S分形方法开展裂缝识别。

（一）成像测井方法识别裂缝

利用井壁微电阻率成像测井仪，由地面仪器车控制向地层中发射电流，每个电极所发射的电流强度随其贴靠的井壁岩石及井壁条件的不同而变化。因此记录到的每个电极的电流强度及所施加的电压便反映了井壁四周的微电阻率变化。密集的采样数据经过一系列校正处理，如深度校正，速度校正，平衡等处理后，就可以形成电阻率图像。即用一种渐变的色板或灰度值刻度，将每个电极的每个采样点变成一个色元。常用的色板为黑—棕—黄—白，代表着电阻率由低变高。

由于裂缝开启程度及其内部充填物的电阻率与周围井壁的差异，高导裂缝在动态图像上往往表现为黑褐色正弦曲线，图像上的黑褐色表明此类裂缝未被高阻矿物完全充填，属于有效缝，构成良好的储层。高阻缝（可能的闭合缝）属于以构造作用为主形成的天然裂缝，裂缝被高电阻率矿物（方解石）全部充填，图像特征表现为亮黄色—白色的正弦曲线色晕。根据成像测井分析结果，以锦58井区JPH-322井水平段为例，微电阻率成像测井（CMI）共识别出57条裂缝，主要为高导缝和高阻缝，其中高导缝52条，高阻缝5条。裂缝以中高角度为主，裂缝横切井筒，走向为近东西向（图2-6）。

（二）R/S分形方法识别裂缝

选取自然伽马GR、声波时差AC、补偿中子CNL、深侧向LLD、浅侧向LLS、补偿密度DEN、井径CAL作为过程变量开展$R(n)/S(n)$变尺度分形。通过与成像测井资料对比，可找出识别裂缝最敏感的分形测井项目，并综合利用已有作业的信息、生产动态资料作为验证，实现裂缝的识别。

与成像测井对比发现，声波时差分形后，对岩石骨架更为敏感，裂缝识别效果好。在裂缝发育部位，声波时差的分形值和分形序列关系图中会出现明显的异常点，从而指示裂缝的存在。以锦128井下石盒子组为例，利用R/S分形方法与钻井岩心观察对比，R/S识别裂缝位置与单井实际裂缝发育部位一致，表明该方法能有效地进行裂缝识别（图2-7）。同样地，基于R/S分形方法对锦58井区盒1段裂缝分布的刻画情况，可知裂缝发育区主要集中在锦58井区的西北部和乌兰吉林庙断裂附近。

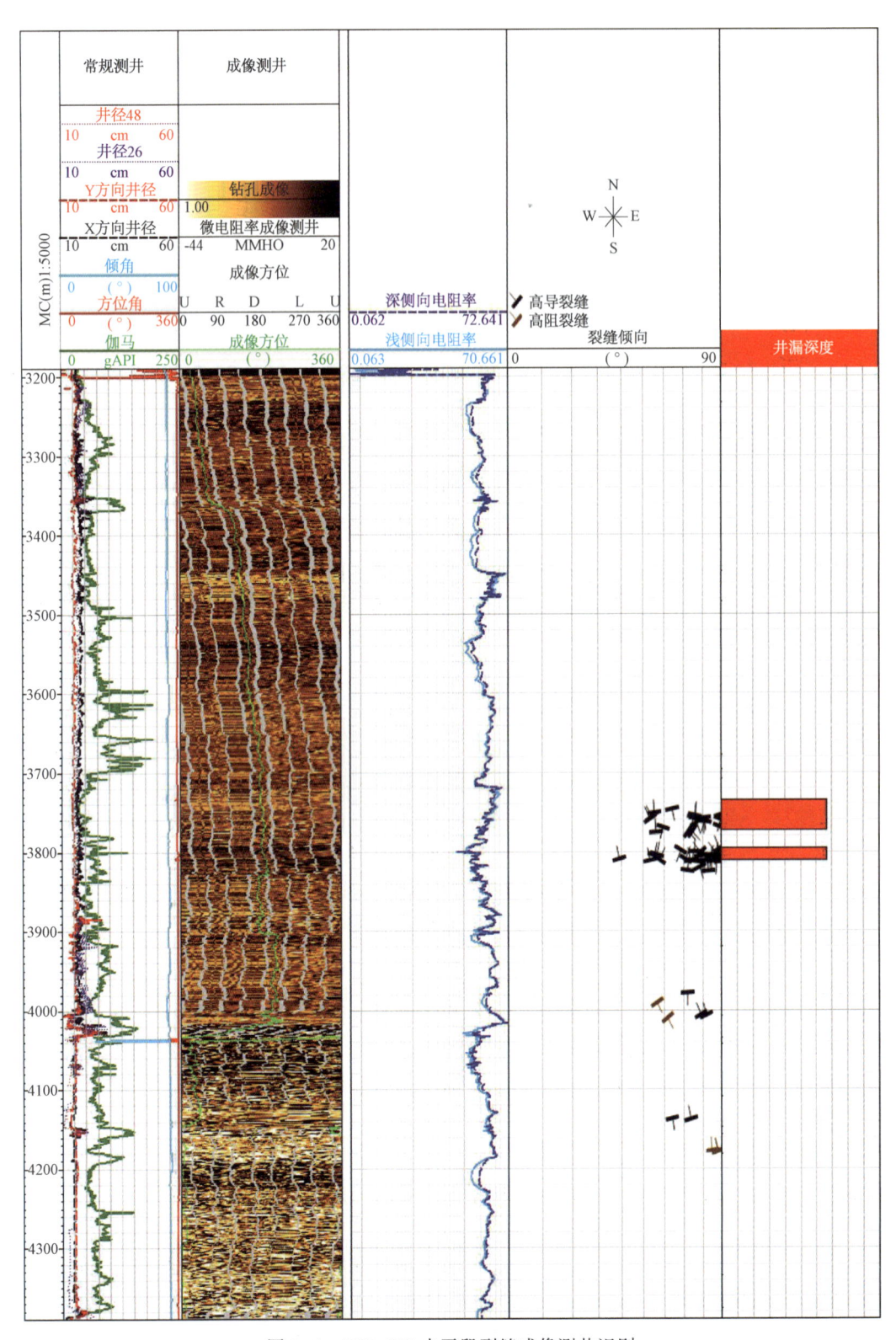

图 2-6 JPH-322 水平段裂缝成像测井识别

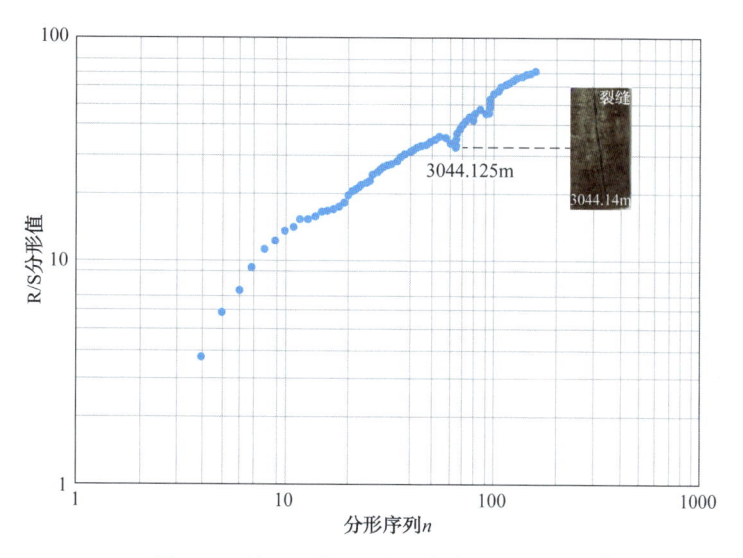

图 2-7 锦 128 井 AC 变尺度分形裂缝识别

第三章 地层特征

区域地层受区域古构造格局的控制和影响，其特征表现为前山西、太原组地层以海相沉积为主，沉积范围只限于东胜气田南部地区，地层走向近东西向，与古构造隆起走向基本一致。山西组至石千峰组的沉积期间，东胜气田北侧地区成为物源区，形成自北而南具充填性质的冲积平原沉积。由于公卡汗古隆起的影响，地层沉积厚度东厚西薄或尖灭，地层走向线由气田东部的近南北向转为研究区西部的近北东向。通过标志层精细的对比与划分，明确了气田地层的空间分布特征，为后续研究奠定了基础。

第一节 小层划分对比

一、划分对比原则

小层指在一次沉积事件中所沉积的全部岩系，包括渗透性的砂岩和非渗透性泥岩，是组成砂层组的最基础单元（邹才能等，2011）。小层划分对比主要是综合考虑岩心观察与描述成果，依据纵向上岩性组合特征、沉积相序组合特征以及沉积旋回特征等。

锦58井区小层划分对比的原则是：选择"山西组—太原组横向分布稳定的厚层煤层、下石盒子组底部厚砂层和上石盒子组区域分布稳定的厚层泥岩"作为对比的标志，采用逐级细分原则，以标准井为中心，建立岩性和电性标志层，然后进行井震标定和地震剖面追踪。由点到线、由线到面，对东胜气田锦58井区内的所有钻井进行精细对比。

二、标志层

（一）岩性标志层

东胜气田锦58井区二叠系区域上共有三个对比标志层，其岩性、电性特征明显，且横向分布稳定。三个对比标志层分别为：山西组—太原组横向分布稳定的厚层煤层（K1-1、K1-2、K1-3）、下石盒子组底部厚砂层（K2）和上石盒子组区域分布稳定的厚层泥岩（图3-1）。

1. 山西组—太原组横向分布稳定的厚层煤层

整个东胜气田山西组—太原组厚层煤层电性特征为低密度、高电阻、高声波、高中子，厚5~20m。由于锦58井区下石盒子组距离物源区近，煤层分布相对不稳定，由南东向北西方向，下部山西组地层有减薄尖灭趋势，山西组煤层主要发育于58井区南部地区。

2. 下石盒子组底部区域分布稳定的厚砂层

下石盒子组底部厚层砂岩岩性为浅灰色含砾粗砂岩、中粗砂岩，与下伏泥岩突变接触，厚15~35m；电性特征为低伽马、自然电位负异常，呈钟形、箱形。剖面上下泥—上厚砂的组合特征明显，该标志层在锦58井区全区分布稳定。

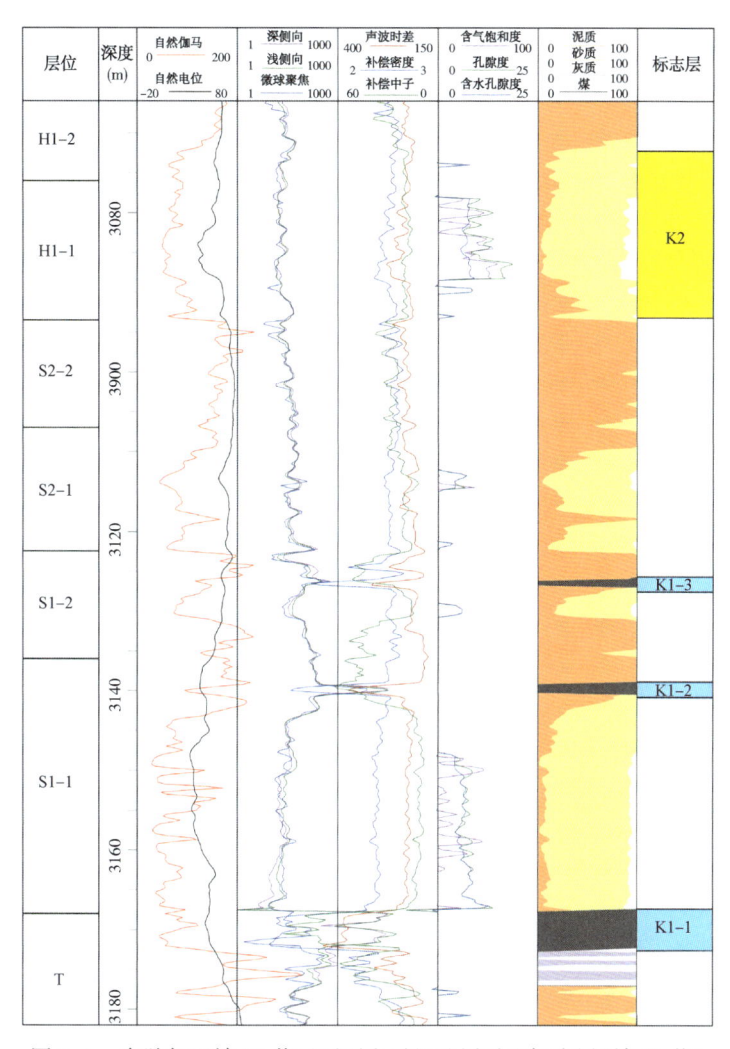

图 3-1　东胜气田锦 58 井区下石盒子组地层对比标志层（锦 98 井）

3. 上石盒子组区域分布稳定的厚层泥岩

上石盒子组岩性主要以紫褐、棕、棕褐色泥岩为主，夹棕、灰色中、细砂岩，厚 80~150m，分布稳定；电性表现为高伽马、低电阻特征，与石千峰组、下石盒子组相比，具"细脖子"的现象；同时，该段声波"跳波"现象明显，不同于其上、下层位。可作为锦 58 井区下石盒子组顶界面的划分标志层。

（二）井震标定

地震层位在地震反射轴上的精确标定是连接地质和地球物理的桥梁，是应用地震资料进行构造解释和储层预测的基础。层位标定首先要立足于地震波组、地质标志层的一致性分析及速度分析，通过制作合成记录进行精细标定。精细的井震标定关键是将深度域的测井信息和地质信息正确地转换到时间域，在时间域对地震数据进行对比、计算和解释，建立起地震剖面中的同向轴与测井岩性之间的正确对应关系，进而将测井曲线的深度域准确地转换到时间域。

综合分析东胜气田锦58井区的测井曲线与地震子波合成记录,并开展井震标定和对比分析,结果表明锦58井区下石盒子组地震界面与地质界面有很好的对应关系(图3-2)。地震界面T_9d对应地层界面盒1段底,地震界面T_9e对应地层界面盒2段底,地震层位T_9f对应地层界面下石盒子组顶。

系	统	组	段	代号	气层	对应波阻
二叠系	上统	上石盒子组		P_2s		T_9f
二叠系	下统	下石盒子组	盒3	P_1x_3	√	
二叠系	下统	下石盒子组	盒2	P_1x_2	√	T_9e
二叠系	下统	下石盒子组	盒1	P_1x_1	√	T_9d
二叠系	下统	山西组	山2	P_1s_2	√	
二叠系	下统	山西组	山1	P_1s_1	√	
石炭系	上统	太原组	太2	C_2t_2	√	T_9c
石炭系	上统	太原组	太1	C_2t_1	√	
石炭系	中统	本溪组		C_2b		T_9b

图3-2 锦58井区地质分层与地震界面对应关系图

T_9f地震界面特征变化较大,能量中等—弱,频率中等、连续性中等—差,同向轴分支分叉现象严重,识别与对比比较困难。T_9d地震界面特征较稳定,能量强,频率中等,连续性好,易于识别与对比,且井间趋势细节性较好。因此,利用T_9d构造面作为构造模型的趋势约束数据。在井震标定基础上,以地震界面为标志层,在地震剖面上开展地层对比,建立了锦58井区下石盒子组井震结合的地层格架(图3-3)。

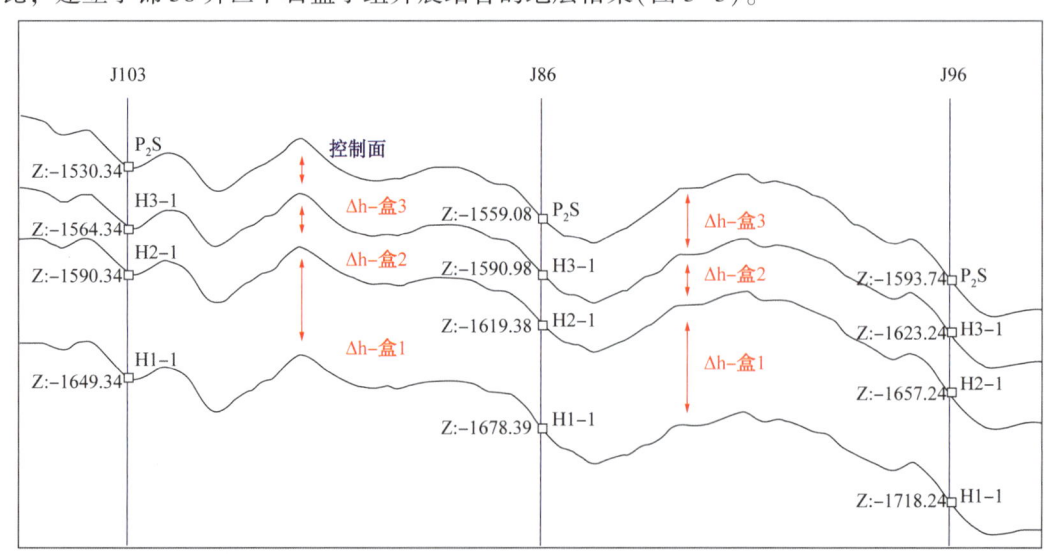

图3-3 锦58井区下石盒子组井震标定对比图

第二节 小层划分方案

东胜气田锦58井区太古宇、元古宇、下古生界、上古生界、中生界、新生界地层均发育，东胜气田锦58井区主要目的层为下石盒子组盒1段和盒3段(表3-1)。其中盒1段埋深2900~3300m，平均埋深3100m；盒3段埋深2800~3200m，平均埋深3000m。

表3-1 东胜气田锦58井区上古生界地层划分简表

层位					厚度(m)	岩性描述
界	系	统	组	段		
上古生界	二叠系	中统	上石盒子组		100~140	红色泥岩及砂质泥岩互层，夹薄层砂岩及粉砂岩
^	^	下统	下石盒子组	盒3	35~40	浅灰色细砂岩、泥质粉砂岩等厚互层，底部浅灰色中砂岩
^	^	^	^	盒2	30~45	浅灰色细砂岩、泥质粉砂岩
^	^	^	^	盒1	45~65	浅灰色、灰白色中、细砂岩与棕褐色泥岩
^	^	^	山西组	山2	25~40	灰白色、浅灰色中、细砂岩、泥质粉砂岩与棕褐、深灰、灰黑色泥岩
^	^	^	^	山1	25~40	煤、灰黑色泥岩、碳质泥岩与浅灰色细砂岩
^	石炭系	上统	太原组		0~35	煤、灰白色、浅灰色中—细砂岩与灰黑色泥岩
下古生界	奥陶系	下统	马家沟组		0~60	灰色白云岩、泥云岩、石灰岩

下二叠统下石盒子组主要为一套由北而南的冲积扇—辫状河沉积，地层厚110~150m。按照其旋回性可分为三段，由下往上分别为盒1段、盒2段和盒3段，各段粒度下粗上细，正粒序特征明显。盒1段是冲积扇—辫状河沉积作用鼎盛时期，砂体粒度粗且厚度大，以砂砾岩、含砾粗砂岩为主，分布较广泛。盒2段由下向上为浅灰色细—粗砂岩与泥质粉砂岩、泥岩，构成向上变细的正旋回。盒3段岩性相似，为浅灰色细砂岩、泥质粉砂岩和泥岩等厚互层。

依据锦58井区上古生界地层划分标志层、沉积旋回、地层厚度等，将东胜气田下石盒子组盒1段、盒2段和盒3段开展小层划分(表3-2)。盒1段4个小层由下至上分别为盒1-1(H1-1)、盒1-2(H1-2)、盒1-3(H1-3)和盒1-4(H1-4)；盒2段2个小层分别为盒2-1(H2-1)和盒2-2(H2-2)；盒3段亦可划分出2个小层，分别为盒3-1(H3-1)和盒3-2(H3-2)。

表3-2 东胜气田锦58井区下石盒子组小层划分表

系	统	组	段	小层号	气层	代号
二叠系	上统	上石盒子组					
^	下统	下石盒子组	盒3	2	盒3-2	H3-2
^	^	^	^	1	盒3-1	H3-1

续表

系	统	组	段	小层号	气层	代号
二叠系	下统	下石盒子组	盒2	2	盒2-2	H2-2
				1	盒2-1	H2-1
			盒1	4	盒1-4	H1-4
				3	盒1-3	H1-3
				2	盒1-2	H1-2
				1	盒1-1	H1-1

以小层划分方案为基础开展对比，东西方向上，受当时古地貌影响，锦58井区太原组沉积时期存在隆坳相间的古地貌格局，导致太原组分布存在差异(图3-4)。锦58井区北部太原组不发育，至中部锦103—锦11—锦99一线零散分布，且厚度较薄，向南逐渐增厚，地层分布逐渐稳定。山西组沉积较太原组稳定，山1段在东北部仍然不发育，至山2段沉积范围扩大。下石盒子组东西向厚度较为均一，横向上延伸稳定(图3-4)。

南北方向上，太原组、山西组自北向南表现为地层缺失—逐渐发育—地层增厚—逐渐稳定的分布规律(图3-5)，其中太原组在锦58井区发育局限。下石盒子组在南北向上的分布与东西向相似，整体厚度较为稳定。整体来看，锦58井区盒1段、盒3段各小层区域上发育完整、横向分布稳定、厚度相当。为小层格架内单砂体期次划分及单砂体分布规律研究奠定了基础。

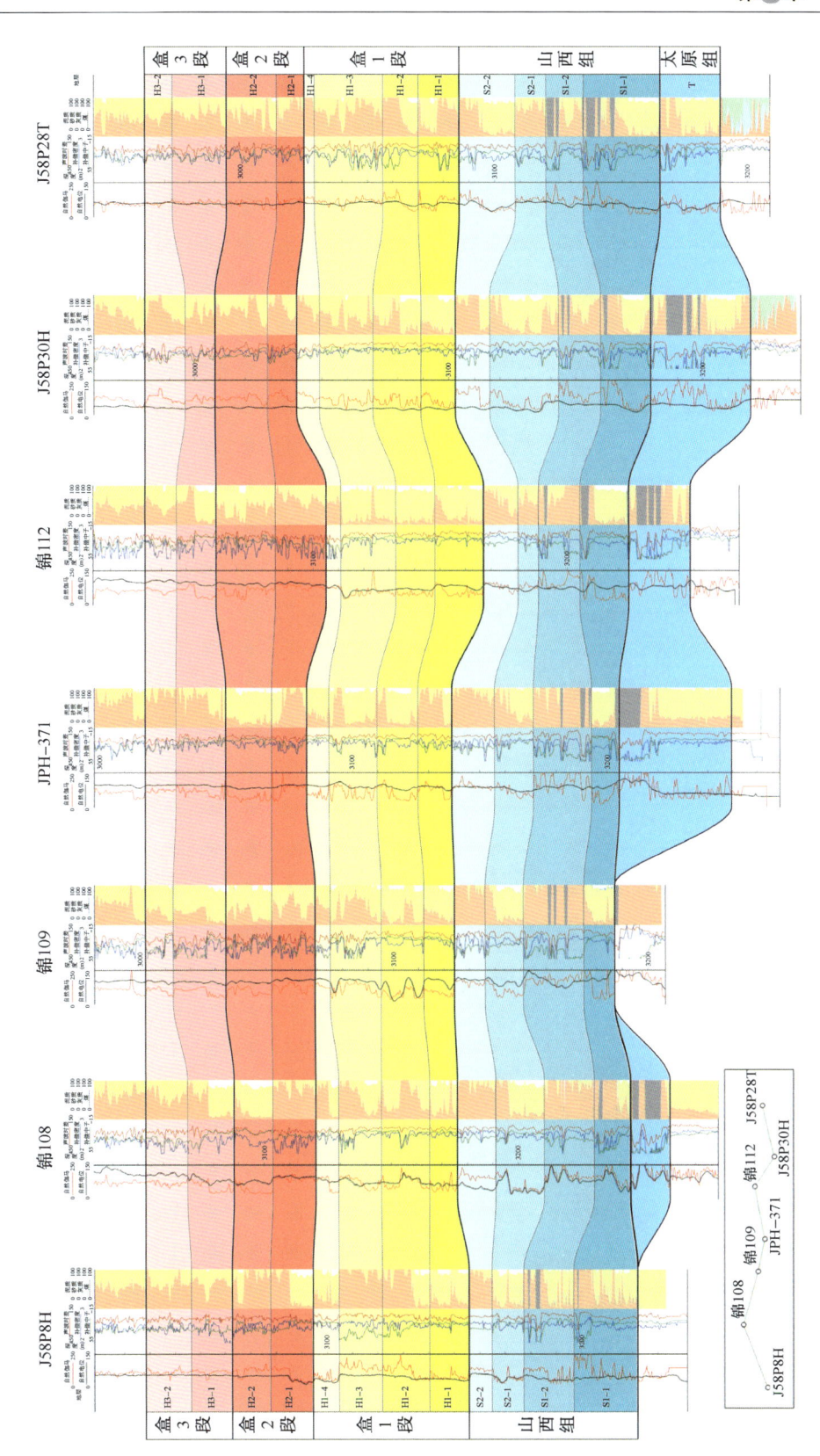

图3-4 东胜气田锦58井区J58P8H-J58P28T井东西向地层对比图

图3-5 东胜气田锦58井区锦126-J58P7HDY井南北向地层对比图

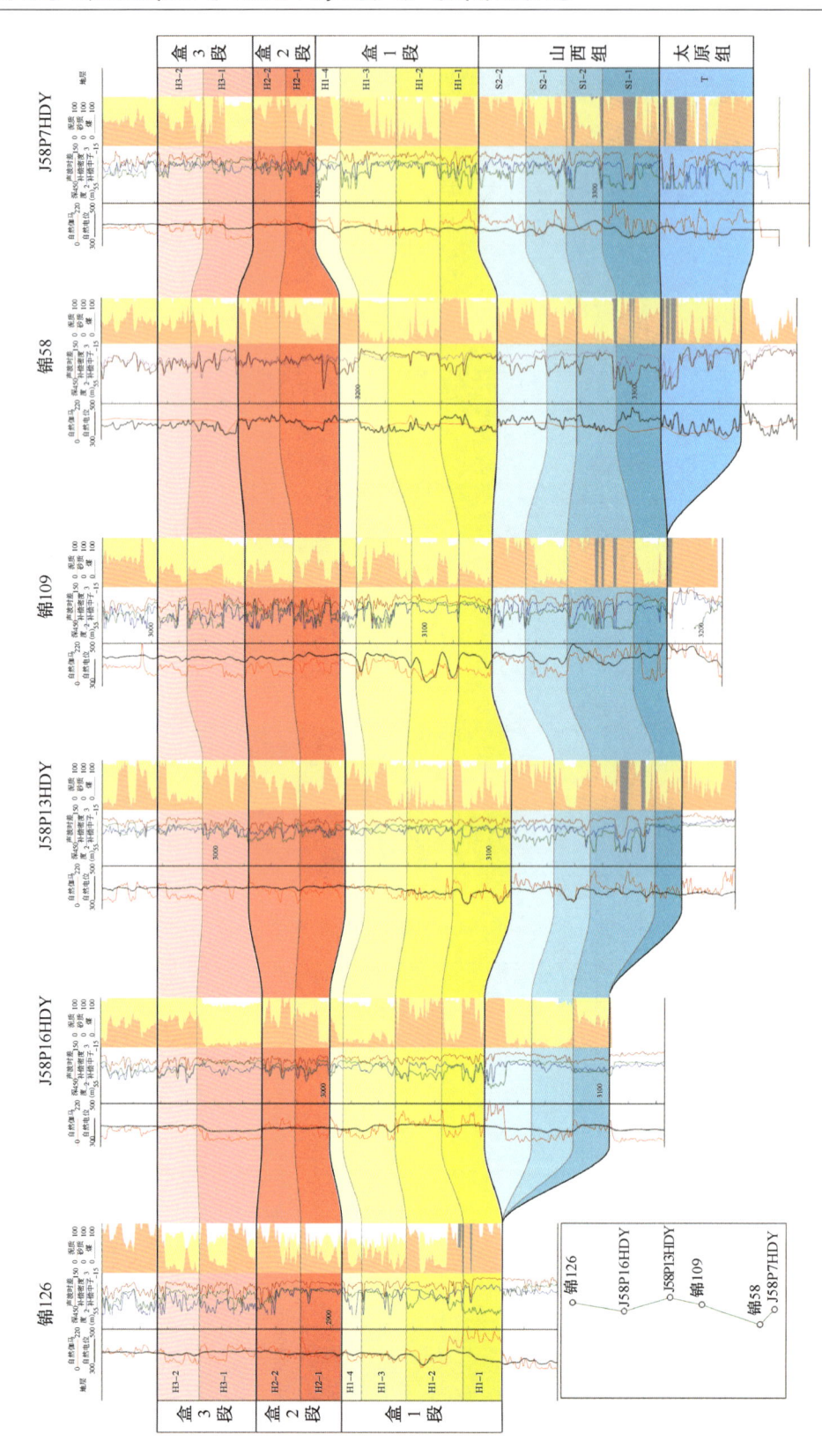

第四章　下石盒子组沉积相及沉积模式

沉积相是反映一定自然环境特征的沉积体。从沉积物(岩)的岩性、结构、构造和古生物等特征可以判断沉积时的环境和作用过程。分析古代沉积环境，为寻找有利的生储盖油气相带及油气资源的勘探是极其重要的(冯增昭等，1994)。东胜气田下石盒子组沉积演化服从于鄂尔多斯盆地上古生界沉积演化历史，总体格局是在北高南低的倾斜构造背景上，沉积了一套近源陆相沉积。本专著充分利用钻井取心、测井及录井等资料，识别出冲积扇和辫状河两种沉积相类型。在古构造背景、古地形条件综合分析下，系统编制了东胜气田盒1段、盒3段不同小层的沉积微相平面图，研究不同时期沉积微相平面分布及垂向演化，刻画了不同时期有利储集砂体平面分布。应用沉积相分析与古地貌坡度相结合的方法，建立了东胜气田下石盒子组冲积扇—辫状河沉积演化模式。

第一节　沉积微相划分标志

在东胜气田锦58井区钻井岩心详细观察、描述的基础上，结合测井、地震等资料，系统研究了岩石颜色、岩石结构、沉积构造、剖面结构和测井相等沉积微相识别标志。

一、岩石颜色标志

沉积岩中岩石的颜色，尤其是泥岩的颜色对于恢复沉积环境具有重要作用，能灵敏地指示沉积环境的氧化还原状态(刘宝珺等，1999；曹琦等，2014)。引起沉积岩颜色差异性的原因主要在于岩石成分，岩石中所含色素(如含有铁化合物或游离碳等)决定了沉积岩的颜色。

一般情况下，包括炭质或者沥青质在内的有机质或者包括萤铁矿或者白铁矿等在内的分散装硫化铁，这些物质含量越高，沉积岩颜色越深，如黑色、深灰色、灰黑色、暗色，一般属于自生色，表明沉积岩形成于深水还原环境。例如，碳质含量高形成深灰—黑色，常与沼泽环境有关。而浅色如灰色、灰白色、浅灰色、灰绿色等反映了浅水半氧化、半还原沉积环境。氧化环境常与铁的氧化物或者包括赤铁矿与褐铁矿在内的氢氧化物等有关。红色地层中，有时出现局部灰绿色或灰绿色斑点，这是沉积物沉积后局部被还原的结果。岩石的颜色还可能与矿物有关，含铜化合物(如孔雀石)富集的岩石常呈绿色，但它们形成于弱氧化—弱还原环境。需要注意的是，如果上述颜色属于继承色或次生色，则不能作为沉积环境分析的依据。东胜气田锦58井区岩心呈现出不同的颜色，表明了不同的沉积环境，如锦98井盒1段灰白色粗砂岩来自半氧化环境[图4-1(a)]，具冲积扇扇根的沉积特征；锦112井灰绿色含砾粗砂岩来自半还原环境[图4-1(b)]，具有冲积扇辫状水道的沉积特征。

(a)灰白色粗砂岩，锦98井，盒1段，3060.65m 　　(b)灰绿色含砾粗砂岩，锦112井，盒1段，3116.89m

图 4-1　锦 58 井区不同颜色砂岩岩心特征

二、岩石类型标志

岩石类型在一定程度上可指示沉积环境，还可反映陆源区或沉积盆地的大地构造状况和古气候条件。通过钻井岩心观察、描述，东胜气田锦 58 井区下石盒子组盒 1 段、盒 3 段岩石类型多样，宏观上主要由（细）砾岩[图 4-2（a）]、含砾粗砂岩[图 4-2（b）]、粗粒砂岩、中粒砂岩、细砂岩、粉砂岩及少量泥岩组成。通过镜下显微薄片观察，微观上主要为岩屑砂岩[图 4-2（c）]、岩屑石英砂岩[图 4-2（d）]和石英砂岩。

(a)块状砾岩，锦8井，盒1段，3223.5m 　　(b)含砾粗砂岩，锦10井，盒1段，3087.15m

(c)岩屑砂岩，锦112井，盒1段，3129.16m 　　(d)岩屑石英砂岩，锦108井，盒3段，3096.59m

图 4-2　锦 58 井区下石盒子组不同岩石类型

三、岩石结构标志

岩石结构是指岩石中矿物颗粒自身及颗粒之间的相互关系所反映出来的岩石构成特征（刘宝珺等，1999；任龙，2013）。碎屑岩的结构组分包括碎屑颗粒、填隙物和孔隙。因此碎屑岩的结构就应包括碎屑颗粒的结构、杂基、胶结物和孔隙结构，以及它们之间的关系等诸方面的特征。碎屑岩的成因十分复杂，这些成因特点常常会在沉积岩的结构上有所反映。因此，结构在沉积岩的研究中除可作为鉴别、描述、分类命名的依据以外，同时也是沉积成因分析的重要标志。锦58井区下石盒子组砂岩粒度分布特征显示岩性以含砾中—粗砂岩为主，其次为粗砂岩、粉砂岩、砾岩。砂岩颗粒磨圆中等，多呈次圆状—次棱角状，颗粒支撑为主，杂基支撑少见。粒度概率曲线和C-M图均能有效反映沉积物水动力条件和沉积环境（肖晨曦等，2006；彭飚等，2019；袁红旗等，2019）。

（一）粒度概率曲线特征

概率累积曲线亦称粒度概率图，是一种在概率坐标纸上作出的累积曲线。概率纸上的纵坐标是概率分度的百分数值，横坐标是(等差的)算术分度的ϕ值，它通常是由若干直线段组成。不同性质的沉积物，其线段的数目交切点和线段的斜率等性质亦不同。借助它可直观地比较沉积物之间的差别和辨别沉积环境。以锦58井区锦115井、锦116井盒1段砂岩为例，粒度分布参数统计图（图4-3）能有效地反映砂岩粒径规律。砂岩以巨砂、粗砂为主，ϕ值的主要区间为-1到1，其中，巨砂($-1<\phi\leq 0$)占比32.24%，粗砂($0<\phi\leq 1$)占比56.13%，其余则为少量的中砂和细砾。如图4-3(b)所示，砂岩以粗砂为主，粗砂占比达到62.97%，中砂($1<\phi\leq 2$)、巨砂分别为18.85%和15.88%，其余为极少量细砂，此为典型的粗砂岩特征，分选中等。二者都是较强水动力条件下牵引流的产物。

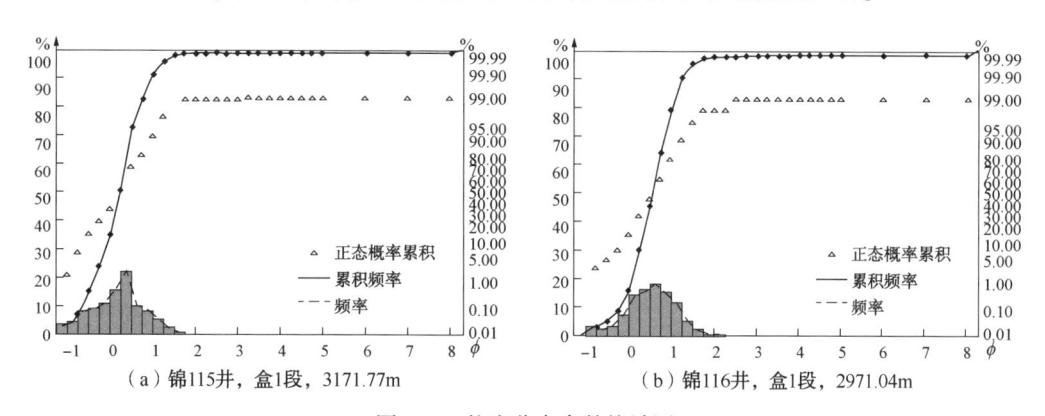

图4-3 粒度分布参数统计图

(a) 锦115井，盒1段，3171.77m
(b) 锦116井，盒1段，2971.04m

（二）C-M图特征

微观下的粒度分析由C-M图和粒度累计曲线开展。C-M图是一种综合性成因图解，是表示沉积物结构与沉积作用关系的样品集合图，它也属于粒度参数散点图。其中，C值和M值最能反映介质搬运和沉积作用的能力，将这两个参数分别作为双对数坐标上的纵横坐标，构成C-M图（周家林，2018）。C值为累积曲线上含量为1%的粒径值，M值为累积曲线上含量为 50% 的粒径值。不同沉积环境下粒度组成、分布不同，导致 C-M 图呈现出差异性，常见重力流和牵引流沉积物的 C-M 图版如图 4-4 所示。

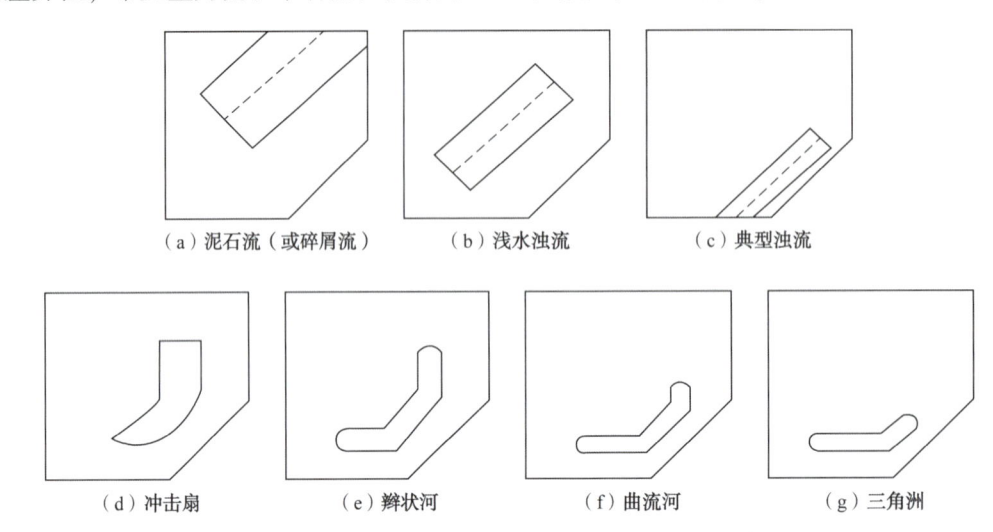

（a）泥石流（或碎屑流）　（b）浅水浊流　（c）典型浊流

（d）冲击扇　（e）辫状河　（f）曲流河　（g）三角洲

图 4-4　不同重力流和牵引流沉积物的 C-M 图图版

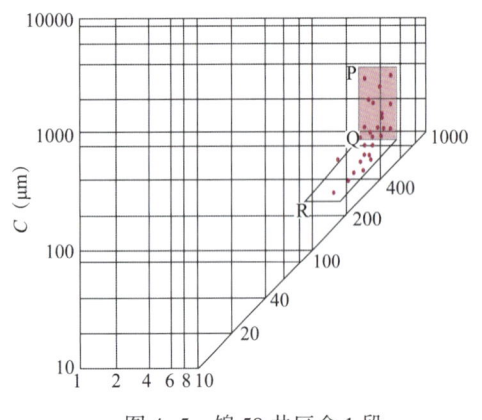

图 4-5　锦 58 井区盒 1 段 C-M 特征图

锦 58 井区盒 1 段岩心粒度数据 C-M（图 4-5）可划分为 PQ 和 QR 两段，不同区段代表不同沉积作用的产物。PQ 段：代表底负载最粗的沉积物，由递变悬浮物和少量滚动颗粒组成，C 值变化大，表示向下游滚动颗粒因水动力减低而粒度明显降低。QR 段：代表递变悬浮沉积，在流体中表现为沉积物由下向上粒度逐渐变细，密度逐渐变低，一般位于水流下部。根据不同重力流和牵引流沉积物的 C-M 图版（图 4-4），可知锦 58 井区 P-Q-R 段发育，未见 R-S 段，表现为明显牵引流沉积特征，反映了扇中辫状河道或辫状河辫状水道的沉积特征。

四、沉积构造标志

沉积构造是指沉积物沉积时，或沉积后，由于物理作用、化学作用及生物作用形成的各种构造（刘宝珺等，1985）。在沉积物沉积过程中及沉积物固结成岩之前形成的构造即原生构造，它是鉴别和划分沉积相和沉积环境的重要标志，而最有意义的则是同生期形成的构造，如层理、波痕、侵蚀痕、生物遗迹、干裂、结核等。通过钻井岩心观察、描述，东胜气田锦 58 井区下石盒子组沉积构造类型丰富，主要发育有水平层理、平行层理、板状交错层理、槽状交错层理、沙纹层理、递变层理、冲刷面、泥裂和同生变形构造等沉积构造，上述沉积构造分别发育于不同类型岩相中，并具有不同的成因（表 4-1）。

表 4-1　锦 58 井区盒 1 段岩相类型及沉积构造特征

代码	沉积构造	岩石相	特征描述	成因解释
S_g		含砾粗砂岩相	块状中粗粒砂岩，见冲刷面，砾石成分复杂，呈杂乱或弱的定向排列	多形成于近源水道中，水体高能，搬运能力强，且冲刷作用强烈
S_t		槽状交错层理砂岩相	中细砂岩，砂质较纯，偶见漂浮的细砾，底部常见冲刷面	常发育在辫状水河道中，砂体迁移频繁，冲刷作用较为强烈
S_p		板状交错层理砂岩相	中细砂岩，板状交错层理，纹层相互平行或者向下收敛，可呈多组叠置出现	形成于具有顺流加积或者侧向加积的砂体中，水体能量较高，但冲刷作用不明显
S_h		平行层理砂岩相	细砂岩—极细砂岩，纹层之间互相平行，纹层等间距或呈韵律状	形成于水体能量稳定，沉积空间充足，水体较浅但流速较快，为单向水流高流态的产物
S_d		小型沙纹层理砂岩相	中细砂，砂岩层理通常不发育，泥质条带呈起伏或披覆状	水体能量不稳定，水动力较弱，变化频繁，常形成于河道边部落淤处或进水体的扇端处
S_m		块状层理砂岩相	中细砂岩，灰色或灰白色，质纯，无明显层理	由悬浮且较纯的中细砂岩非常快速地沉积形成，如常见的洪水沉积
G_m		块状砾岩相	块状砾岩，排列杂乱无序，无明显层理，砾石分选磨圆均较差，颗粒支撑	多形成于坡度较陡，物源充足且有突发性洪水，主要发育在冲积扇扇根
G_h		平行层理砾岩相	砾石粒度较小，以极细砾和细砾为主，颗粒或砂质支撑，可见砾石定向排列	具有明显牵引流沉积特征，为辫状河道底部的滞留沉积，常与下伏砂岩之间形成冲刷面
M_m		块状层理泥岩相	泥岩，灰色或深灰色，块状，质纯，无沉积构造，无明显层理	形成于水体稳定的静水环境，一般展布范围局限，常见于分流间湾和泛滥平原

冲刷面：指水体流速加大，对其下伏沉积物进行冲刷所造成的凹凸不平的沉积面，说明冲刷面下部地层沉积后有过强烈的冲刷过程。固结和半固结的沉积层的顶面，会因水流冲刷而成为凹凸不平的冲刷面。冲刷面之上，再沉积时，被冲刷下来的下伏岩层的碎块和砾石，又往往堆积在冲刷出的沟、槽中。因岩心体积小、在岩心上只能看到起伏平缓的冲刷面。锦 58 井区下石盒子组冲刷面大多出现在冲积扇扇中辫状水道和辫状河辫状水道底部，常见砾岩、粗砂岩对下伏细砂岩、粉砂岩和泥岩的冲刷侵蚀(图 4-6)。

块状层理：层内物质均匀，组分和结构均无分异现象，不显示细层构造的层理。它是一类以沉积物快速堆积为特征，由沉积物的垂向加积作用形成的产物，在砾岩、砂岩、粉砂岩和泥岩中均可出现块状层理。锦58井区砾岩和砂岩中块状层理发育，出现在辫状河辫状水道和心滩，岩石结构为均一型。

(a) 冲刷面构造，含砾粗砂岩对下伏细砂岩的冲刷侵蚀，锦9井，盒1段，2988.73m

(b) 冲刷面构造，粗砂岩对下伏泥质粉砂岩冲刷侵蚀，锦78井，盒1段，3108.53m

图 4-6 锦58井区下石盒子组冲刷面沟组岩心特征

斜(交错)层理：是最常见的一种层理构造，在层的内部边一组倾斜的细层(前积层)与层面或层系界面相交，又称交错层理。岩性由灰色—浅灰色中、细粒砂岩组成，主要特征为层系上下界面平直的层理组成，呈板状，层系为10~15cm，厚度较稳定，细层厚度1.0cm左右，纹理呈连续、断续两种，纹层可向层系底面收敛，夹角常小于10°。板状(交错)层理在锦58井区下石盒子组最为发育，在岩心上常表现为板状斜层理(图4-7)，与辫状河辫状水道沉积环境有关。

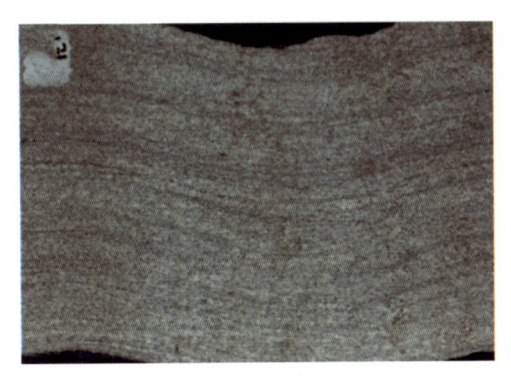

(a) 板状斜层理，锦57，盒3段

(b) 板状斜层理，锦78井，盒1段，3100.47m

图 4-7 锦58井区下石盒子组板状斜层理岩心特征

平行层理：主要产于砂岩中，是在较强的水动力条件下，高流态中由平坦的床沙迁移而成的，一般出现在急流或高能环境中，如河道、湖岸、海滩等环境。锦58井区下石盒子组平行层理多见于中、细粒砂岩中，纹层厚度一般在0.5~1.0cm，由相互平行且与层面平行的平直连续或断续纹理组成(图4-8)，纹理可由岩屑或暗色矿物及颜色差异而显示，主要见于较强水动力的冲积扇扇中辫状水道和辫状河河道沉积中。如锦9井2989.1m井段细砂岩中发育的平行层理，锦57井2991.28m井段中砂岩中发育的平行层理，均反映了辫状河辫状水道高能的沉积特征。

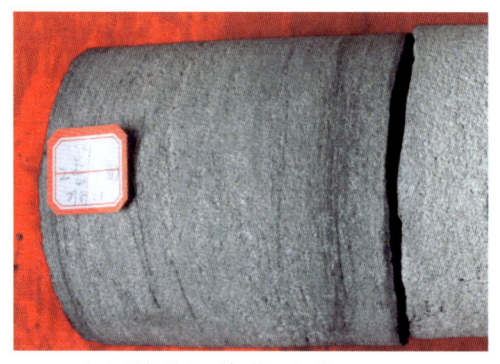

（a）平行层理，锦9井，盒1段，2989.1m　　　　（b）平行层理，锦57井，盒3段，2991.28m

图 4-8　锦 58 井区下石盒子组平行层理岩心特征

槽状交错层理：层系底界为槽形冲刷面，纹层在顶部被切割。横切面上，层系界面是槽状，纹层与之一致也是槽状；纵切面上，层系底界面呈弧状，纹层与之斜交。岩性一般为细砂岩、粉细砂岩，发育小型槽状交错层理，它的特征是横剖面上各层系的底界下凹呈弧形（图 4-9），具有明显的槽状侵蚀底界，层面上见有细小炭屑、植物碎屑，偶见小型冲刷面，一般由大型不对称的舌状或新月形沙坡迁移而成。常发育于河道中，如锦 58 井区锦 96 井 3057.75m 井段盒 3 段辫状河道砂岩中发育的槽状交错层理。

沙纹层理：主要出现在粉砂岩，泥质粉砂岩中，是多层系的小型交错层理，层系下界面为微波形，纹层面不规则，呈断续或连续状［图 4-9（b）］，细层向一方倾斜并向下收敛，层理面上见炭屑和云母片，且常与平行层理、板状层理及小型交错层理。它是由沙纹迁移形成的，主要形成于水动力条件较弱的环境。

（a）槽状交错层理，锦96井，盒3段，3057.75m　　　　（b）沙纹层理，锦9井，盒1段，2973.36m

图 4-9　锦 58 井区下石盒子组槽状交错层理与沙纹层理岩心特征

水平层理：是在比较弱的水动力条件下，由悬浮物沉积而成，主要产于泥质岩、粉砂岩中，多发育于泛滥平原、河间湖泊等环境。锦 58 井区下石盒子组泥岩和粉砂岩中发育的水平层理，纹层相互平行并平行于层面，常形成于低能环境的低流态及物质供应不足的情况下，主要由悬浮物质缓慢垂向加积而成。在辫状河泛滥平原泥岩和冲积扇扇端沉积中常见。

五、剖面结构

剖面结构是指垂向上沉积物结构、岩性、沉积物构造等综合特征,受沉积物水动力条件、可容空间、沉积物注入量、水进、水退等因素控制,是划分沉积微相的重要标志(刘宝珺等,1985)。根据东胜气田锦 58 井区取心资料详细分析,常见的剖面结构有向上变细型(正粒序)、向上变粗型(逆粒序)、均一型和复合粒序型。

(1) 向上变细型(正粒序)剖面结构:从层的底部至顶部沉积物粒度由粗逐渐变细。岩性由粗砂岩→中、细粒砂岩,层系由厚变薄[图 4-10(a),图 4-11(a)]。沉积构造常由平行层理→大、中型板状交错层理→小型板状交错层理。反映了退积沉积过程中,水动力条件逐渐减弱,辫状水道中沉积物粒度由粗到细的沉积特征。

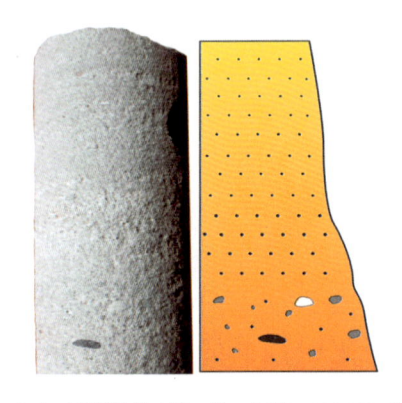

(a)正粒序结构(锦57井,盒3段,2996.82m)　(b)均一的杂色砾岩(锦78井,盒1段,3107.37m)

图 4-10　岩石典型结构特征

(2) 向上变粗型(逆粒序)剖面结构:从下往上粒度由细逐渐变粗,岩性由泥岩、粉砂岩逐渐变为细、中粒砂岩。层厚由薄变厚,沉积构造由水平层理,波状层理、沙纹层理逐渐变为大、中型板状交错层理、平行层理。该类沉积序列常出现在进积沉积过程中,伴随水动力条件由弱到强,辫状水道中沉积物粒度由细到粗[图 4-11(b)]。

(3) 均一型(块状)剖面结构:一类是由粗粒沉积物组成,很少夹有泥、粉砂,沉积构造有平行层理或大、中型板状交错层理,这种剖面结构主要出现在辫状河及扇中辫状水道微相,由多个辫状水道垂向叠置而成[图 4-11(c)];也可出现在冲积扇的扇根,由大量的杂色砾岩组成[图 4-10(b)]。另一类是由细粒沉积物组成,常为泥岩、粉砂质泥岩与粉砂岩薄互层,沉积构造有水平层理、沙纹层理等,主要出现在辫状河和冲积扇泛滥平原沉积微相中。

(4) 复合变化型剖面结构:由两个以上粒序型组成的剖面结构类型,包括连续正粒序、连续逆粒序和正、逆粒序复合型。连续正粒序组成一个大的向上变细的正粒序剖面结构,常为退积条件下,多期辫状水道叠置组成。正、逆粒序复合剖面结构常为由粗变细再变粗的粒序组成,主要发育在扇中、辫状河辫状水道,在退积(向上粒度变细)→进积(向上粒度变粗)的沉积过程中形成[图 4-11(d)]。

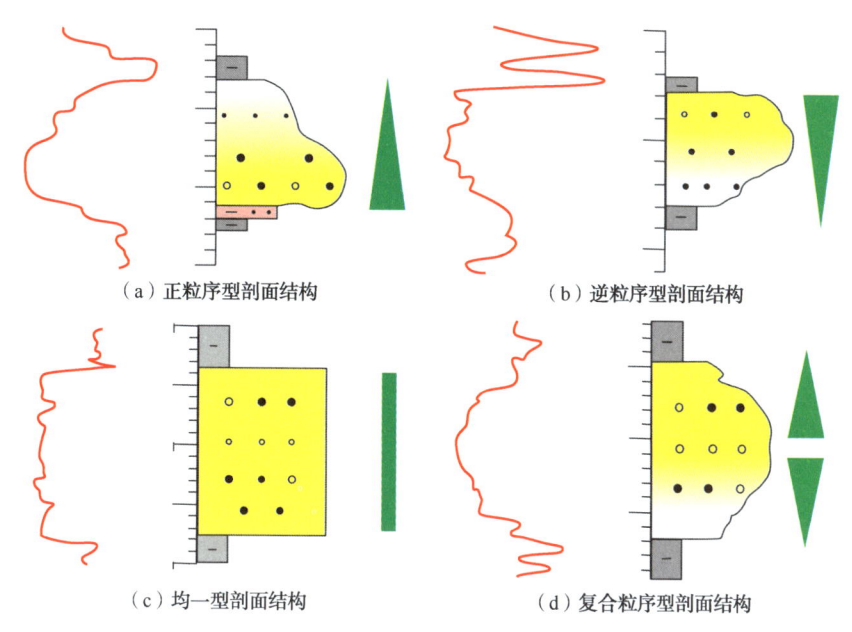

（a）正粒序型剖面结构　　　　（b）逆粒序型剖面结构

（c）均一型剖面结构　　　　（d）复合粒序型剖面结构

图 4-11　自然伽马曲线对应的剖面结构图

六、测井相标志

测井相是由斯伦贝谢公司及测井分析家 O.serra 于1979年提出来的，其目的在于利用测井资料（即数据集）来评价或解释沉积相。O.serra 认为，测井相是"表征地层特征，并且可以使该地层与其他地层区别开来的一组测井响应特征集"。测井相识别标志以自然伽马曲线为主，并与自然电位曲线相结合，深侧向电阻率、浅侧向电阻率和声波时差曲线为辅的测井响应序列为依据。东胜气田锦58井区下石盒子组冲积扇和辫状河沉积中发育箱形、叠置箱形、齿化箱形或直线形、钟形等测井相类型（图 4-12）。如曲线形态为钟形，即自然伽马向上增大，常表现为正旋回结构；而向上变粗的旋回则表现为漏斗型，二者也可组合形成钟形+漏斗形，直线形则是泥岩的特征。

（1）箱形测井曲线一般对应均一的砂岩、含砾砂岩[图 4-12（a）]。可进一步识别出光滑形型、叠置箱形和齿化箱形三种类型。

① 光滑箱形：顶、底均与泥岩呈突变接触关系，岩性以含砾粗砂岩、粗—中粒砂岩为主，岩性较单一，无粉砂或泥质夹层。反映了物源充足、强而稳定的水动力特征，其对应的沉积微相为冲积扇与辫状河辫状水道和心滩微相。

② 叠置箱形：为两期或者多期河道叠置形成，各期河流水动力都较强。反映了主河道上多期心滩砂体连续叠置特征[图 4-12（b）]。

③ 齿化箱形：反映了水动力条件强但不稳定，强弱频繁交替的特征，对应的沉积微相为辫状河河道的侧翼[图 4-12（c）]。

（2）钟形测井曲线岩性具正粒序结构，底部与泥岩呈突变接触关系，一般对应底冲刷，顶部与泥岩渐变接触，反映了逐渐变弱的水动力特征，代表了单一河道的沉积特征[图 4-12（d）]。

(3）直线形在垂向上的幅度变化不大，主要反映静水环境，以细粒悬浮沉积为主，沉积环境多为泛滥平原[图4-12(f)]。

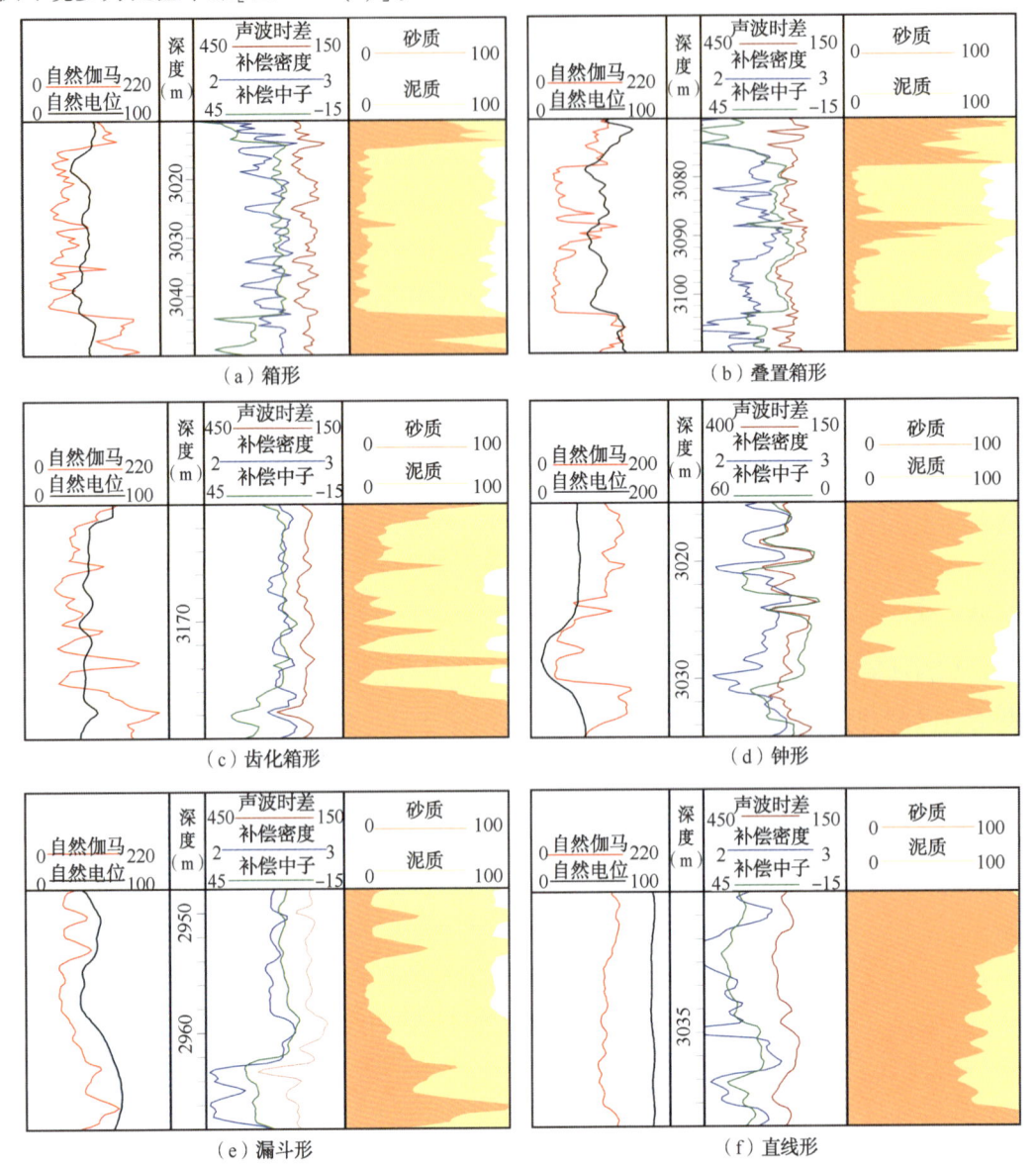

图4-12　东胜气田锦58井区下石盒子组测井相类型

第二节　沉积相类型及特征

一、沉积相类型

依据上述岩石颜色、岩石结构、沉积构造、剖面结构及测井相等沉积微相标志，东胜气田锦58井区盒1段、盒3段划分为冲积扇和辫状河两个沉积相（表4-2）。冲积扇识别出扇根、扇中、扇端三个沉积亚相,其中扇根以发育泥石流为主,扇中为辫状水道和片流沉积,扇端以漫流沉积为特征。辫状河划分为河道和河漫两个沉积亚相,其中河道以河床滞留、辫状水道、心滩为主,河漫则主要发育泛滥平原。

表 4-2　锦 58 井区下石盒子组冲积扇—辫状河沉积相划分方案

相	亚相	微相	层段
冲积扇	扇根	泥石流	盒 1 段底部
	扇中	辫状水道、片流	
	扇端	漫流	
辫状河	河道	河床滞留、辫状水道、心滩	盒 1 段、盒 3 段
	河漫	泛滥平原	

二、冲积扇、辫状河沉积相特征

(一) 冲积扇沉积相特征

冲积扇是由洪水将沉积物从山区带出,在山口的山麓地带因坡降减小堆积而成扇状分布的锥状堆积体(冯增昭等,1994;刘宝珺等,1999)。常发育在地势起伏比较大而且沉积物补给丰富的地区。一般分布在大陆地区的平原与山地接壤地带的山口处,经常看到大大小小的锥状或扇状沉积体,其延伸长度可达数百米至百余千米。纵向剖面上,冲积扇呈下凹的透镜状或呈楔形,横剖面呈上凸状。冲积扇因为近物源沉积,因此,沉积物粒度粗、磨圆中等—差、分选差。根据岩心特征、测井相、沉积构造等相标志综合分析,锦 58 井区冲积扇发育于盒 1 段沉积期,平面上分布于锦 58 井区北部,按冲积扇地貌特征和沉积特征可划分为扇根、扇中和扇端三个亚相(图 4-13)。

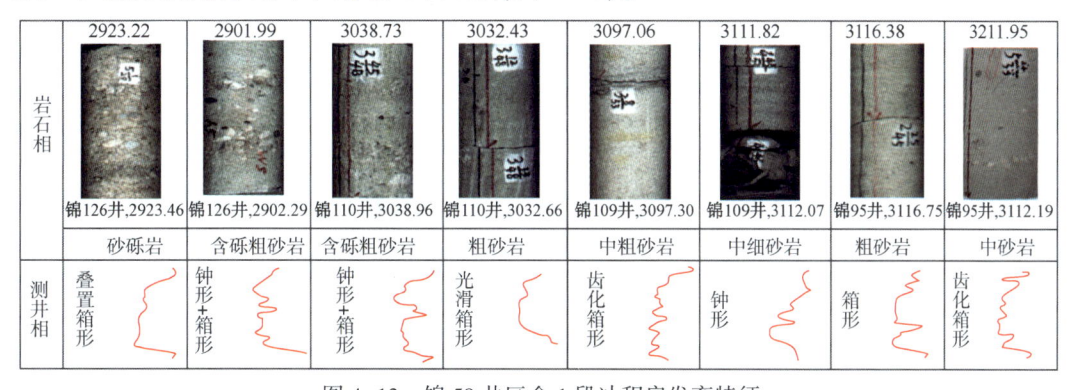

图 4-13　锦 58 井区盒 1 段冲积扇发育特征

1. 扇根

扇根也称为扇头或扇首,分布于冲积扇顶部地带,沉积类型主要为河床充填沉积及泥石流沉积。扇根亚相以发育泥石流沉积为特征,沉积物粒度粗,以块状砾岩为主,单期冲积形成的厚度大,测井相为叠置箱形(图 4-13)。如锦 58 井区锦 110 井盒 1 段底部发育多期扇根泥石流沉积,岩性为灰白色块状层理中—粗砾岩,砾石分选差、砾石排列杂乱,具杂基支撑结构(图 4-14)。

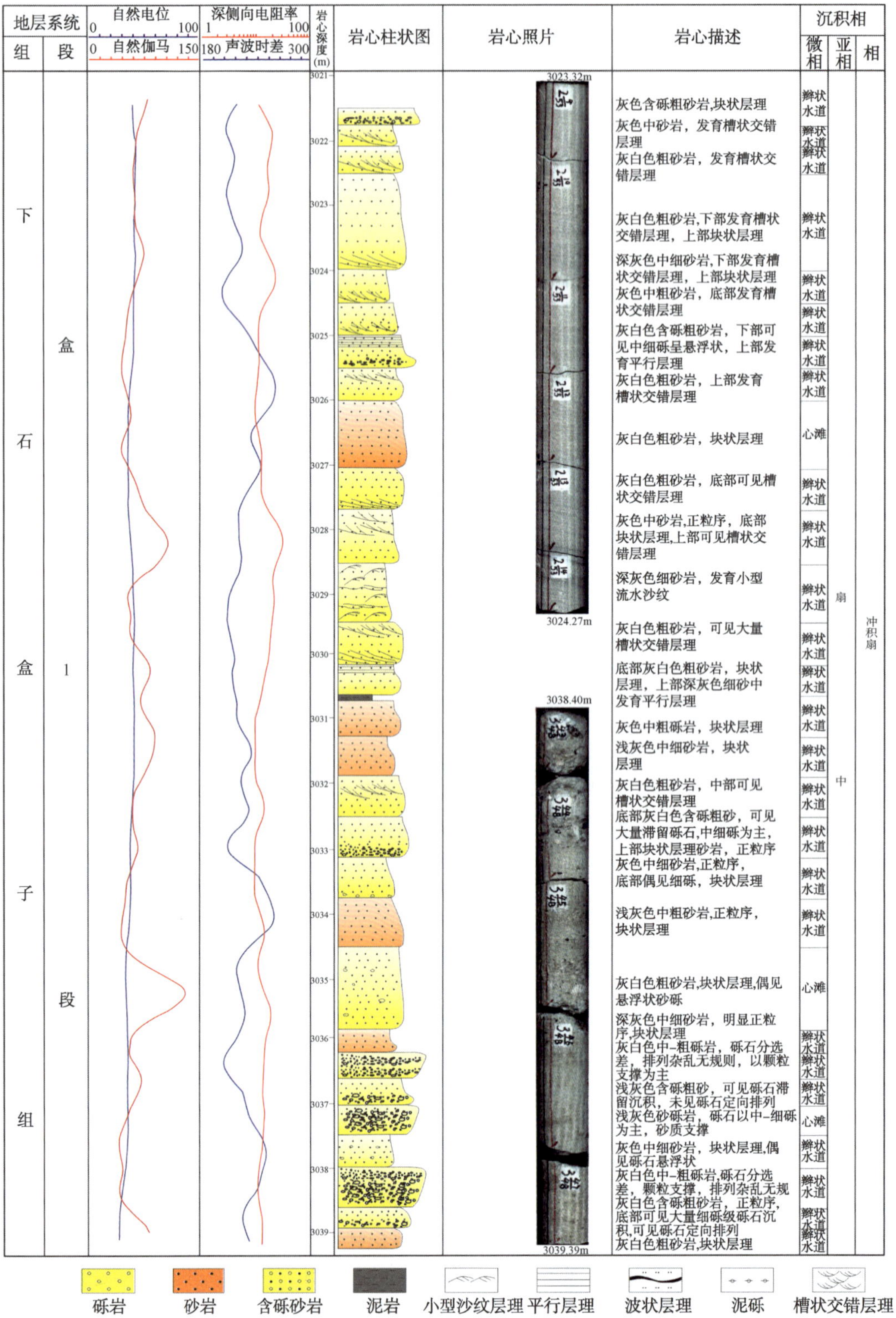

图 4-14 锦 110 井下石盒子组盒 1 段冲积扇综合柱状图

2. 扇中

位于冲积扇的中部，构成冲积扇的主体，沉积坡度放缓，发育辫状河道，以辫状水道和漫流沉积为主，与扇根相比，砂/砾较大，岩性以含砾粗砂岩、中—粗砂岩为主，可见平行层理和交错层理。单期河道沉积厚度较扇根薄，测井相为钟形和光滑箱形(图4-13)。由于受多期辫状河道下切和河道频繁迁移影响，扇中由多期辫状水道叠置组成，垂向上发育多个正旋回，向上为多期大套厚层状砂岩叠置组成。每期河道底部多发育冲刷面构造，槽状交错层理、板状交错层理发育(图4-14)。

3. 扇端

也称扇缘，扇端位于冲积扇的趾部，地形平缓，以漫流沉积为主，沉积物粒度细，岩性通常由细砂岩夹泥岩、粉砂岩组成，发育水平层理，测井相为钟形和直线形。与扇中相比，扇端沉积物粒度较细，岩性以中—细砂岩和泥岩为主，发育块状层理、平行层理和槽状交错层理，单期河道沉积厚度较薄。

(二) 辫状河沉积相特征

辫状河多发育在山区或河流上游河段，是冲积扇的延伸。多河道、多次分叉和汇聚构成的辫状河道宽而浅，弯曲度小，河道沙坝(心滩)发育。河流坡降大，河道不固定，迁移迅速，河道沙坝位置不固定，故天然堤和河漫滩不发育。辫状河沉积相可进一步划分出河道和河漫亚相，其中河道亚相又划分出河床滞留、辫状水道和心滩微相，河漫亚相以泛滥平原微相为主(图4-15、图4-16)。

1. 河道亚相

1) 河床滞留沉积微相

由粗—细砾岩、含砾粗砂岩组成，它是在河流流量最高峰时(洪水期)短距离搬运的产物。正常流动情况下，由于流水冲刷与分选作用，细粒物质不断被带走，砾石则残留在河床底部较深部位。这类沉积常位于河流沉积剖面的底部，向上颗粒逐渐变细过渡为辫状水道。河床滞留沉积中砾石成分一般较复杂，岩性以杂色细砾岩为主。电测曲线特征一般为中—高幅的齿化或微齿化的箱形、钟形，底部一般为突变接触方式，自然电位曲线有时呈顶底突变的箱状负异常，视电阻率曲线为中、低阻(图4-16)。

2) 辫状水道沉积微相

辫状水道是河道经常充水部位，包括接受粗屑物质沉积的河床空间，位于河床内主水流线内，水动力能量强，其沉积在河床滞留沉积之上(图4-15、图4-16)。当河床滞留较薄时，通常把二者都算作辫状水道，底面具明显的冲刷面。

3) 心滩沉积微相

心滩又称河道砂坝，是双向环流的产物，是辫状河最典型的沉积类型。辫状河流不断移动、游荡，在两条分叉河道之间发育心滩沉积。主剖面上河道砂明显多于泛滥平原细粒沉积物，形成"砂包泥"特点。从垂向上看，砂体由多个旋回反复叠置而成，在退积过程中心滩具正粒序特征，在进积过程中具逆粒序特征。心滩根据测井曲线形态又分为高能心滩和低能心滩(图4-16)。总的来说，心滩沉积物厚度近似河床深度，其宽度取决于河流大

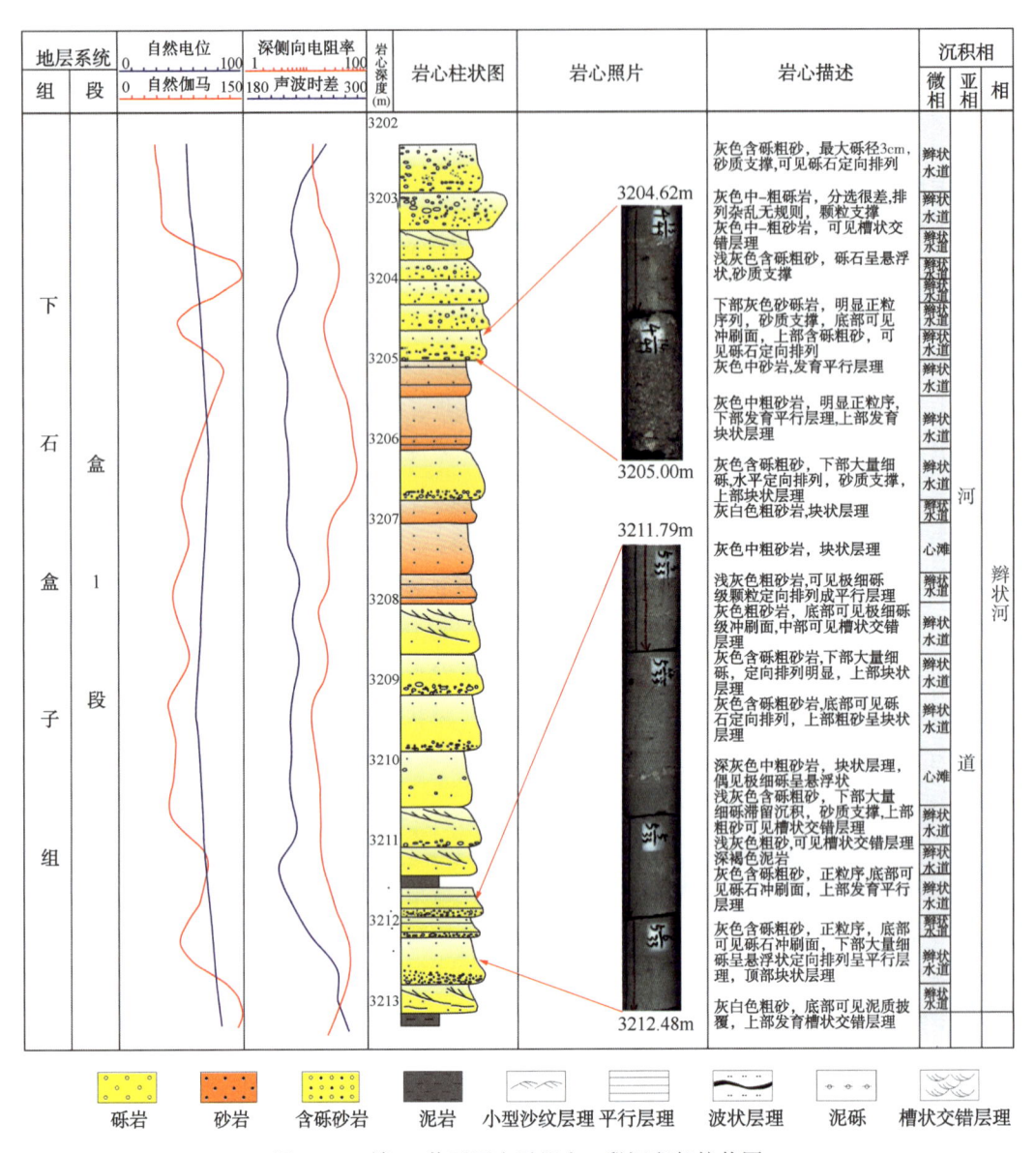

图 4-15 锦 95 井下石盒子组盒 1 段沉积相柱状图

小。心滩沉积物以成分成熟度和结构成熟度较低的岩屑砂岩和岩屑石英砂岩为主。岩石类型一般由分选不好的含砾粗砂岩、粗砂、中砂、细砂等组成。在粒度分布上主要为跳跃总体和牵引总体，分选中等到差。心滩沉积中，层理非常发育，主要以大、中型板状交错层理和楔状交错层理为主，可见槽状交错层理，在较细的沉积物中也常出现各种中—小型交错层理。电测曲线特征一般为中—高幅的齿化、微齿化的箱形、光滑箱形、钟形及组合型，底部为突变接触方式。

2. 河漫亚相

河漫沉积以泛滥平原微相沉积为特征，在平面上分布于辫状河道外侧，主要由泛滥平原杂色和紫红色泥岩和灰绿色粉砂质泥岩和泥质粉砂岩组成。水平层理、沙纹层理发育。电测曲线特征为中—低幅的微齿化或平滑的泥岩基线(图 4-16)。

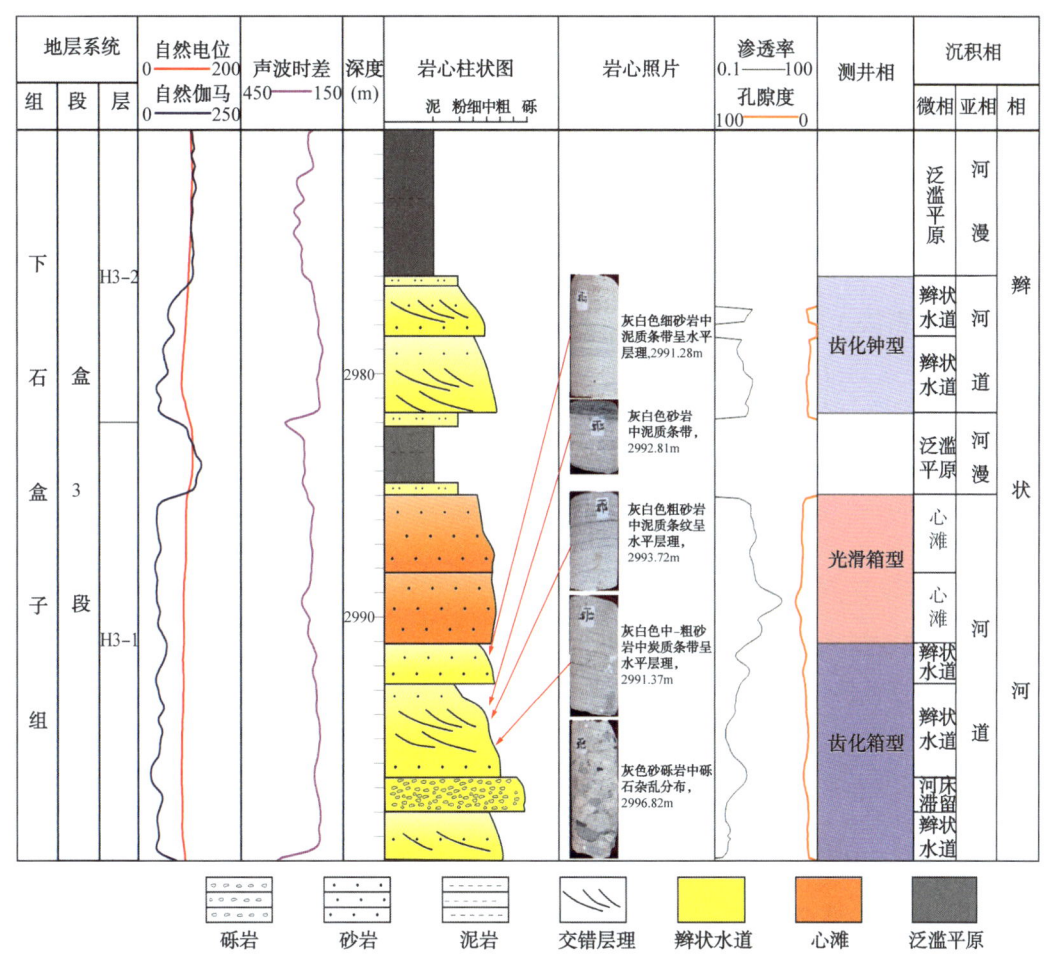

图 4-16 锦 57 井盒 3 段辫状河柱状图

第三节 古地貌及对沉积作用的控制

古地形地貌是控制一个盆地后期沉积相发育与分布的一个重要因素，在再现原始构造格局、揭示物源体系、沉积体系空间发育特征等方面占有重要地位。同现今地貌一样，古地貌形态受到了所处的区域构造位置、气候、基准面变化及构造运动等因素的综合影响(杨满平等，2017；吴晓川，2019；胡华蕊等，2019)。东胜气田下石盒子组沉积于前期的不整合面之上，沉积相带展布方向受古地貌高低控制，河道受控于沉积前古地貌的隆坳格局。因此，下石盒子组沉积前古地貌恢复，为重塑下石盒子组不同时期沉积相平面分布具有重要意义。

一、古地貌刻画方法

古地貌恢复是通过相关技术，恢复盆地某一发育期的原始地貌形态，有助于揭示物源体系、沉积体系的发育特征与空间配置关系，对油气勘探具有重要的指导意义。古地貌是受构造变形、沉积充填、差异压实、风化剥蚀等综合作用的结果。中国的古地貌研究始于20世纪70年代，随着相关技术的发展，古地貌恢复技术已逐渐从定性走向定量。传统的古地貌恢复方法有压实法、地球物理法、回剥法、印模法、层序地层学方法等（杨华等，2006；阳孝法等，2008；庞军刚等，2013；何祥丽等，2014；刘聪颖，2014；申秀香，2016）。

（一）回剥法

回剥法是盆地分析中进行古地貌恢复的有效方法，其原理是利用现在的沉积物厚度，逐层恢复到地表，并进行压实、古水深和海平面变化的校正，从而获得各层的原始厚度及盆地可能的原始形状。

（二）印模法

印模法的技术原理是假设各地层单元的原始厚度不变，视待恢复地貌结束剥蚀开始上覆地层沉积时的地层界面为等时面，利用上覆地层与古地貌之间存在的"镜像"关系，通过上覆地层的厚度恢复古地貌的形态。

（三）层序地层学法

层序地层学法是以基准面旋回变化和可容纳空间变化原理为基础，揭示基准面旋回与沉积动力学和地层响应过程的关系。

二、古地貌单元特征

本书在鄂尔多斯盆地北部构造演化认识基础上，充分利用锦58井区测井数据和地震资料，结合石炭系残余厚度和剥蚀厚度参数，对锦58井区前石炭纪进行了古地貌恢复。石炭系残余地层厚度分析，北部坡降14.7m/km，南部坡降10.0m/km，全区平均坡降12.4m/km，表明锦58井区整体为一个北高南低的宽缓斜坡，并具有北部坡降大、南部坡降缓的特征。

古地貌恢复是盆地分析的重要方面，古地貌构造单元可简单地概括为古隆起、古坡折带、古沟谷和古凹陷等。根据北高南低的古地貌、石炭系残余厚度及坡降特征（图4-17），锦58井区可识别出三类古地貌单元，由北向南分别为：高地剥蚀区、斜坡阶地区和凹陷沉积区。

（一）高地剥蚀区

位于锦58井区西北部的公卡汉凸起，该区域下石炭统残余厚度<50m，为长期隆升高地区。高地剥蚀区位于鄂尔多斯盆地北部边缘，隆升高度大，长期处于暴露风化剥蚀状态。该地貌单元为锦58井区下石盒子组沉积的物源区，与南部斜坡阶地区相邻。

（二）斜坡阶地区

斜坡阶地区下石炭统平均残余厚度在 100~200m，位于公卡汉凸起与南部宽缓冲积平原之间，分布于锦128—锦109—锦111—锦100—锦102 一线。斜坡阶地区地形坡度较大，受差异侵蚀作用影响，呈隆坳相间状展布。主要发育5条沟谷。该区处于剥蚀与沉积的过渡地带，是连接高地剥蚀区和凹陷沉积区的纽带。斜坡阶地区沟谷地貌约束了下石盒子组冲积扇辫状水道的沉积位置，为辫状水道发育区。

（三）凹陷沉积区

该区下石炭统残余厚度大于 280m，为早石炭世长条状低凹地区，位于研究区南部，是古地貌最低的部位，地形最为平缓。凹陷区可以孤立发育，也可以互相连片。

三、古地貌对沉积的控制作用

古地貌作为沉积地层发育的背景，不仅再现了原始构造格局，还构建了古物源供给系统，包括物源区、沉积区、搬运方向和方式等。古地貌对东胜气田锦58井区下石盒子组沉积物来源及物源方向、河道位置和沉积相带分布的具有明显的控制作用，并指导了下石盒子组不同时期沉积相平面图编制，具体表现为：

（1）控制物源方向。锦58井区下石盒子组沉积前古地貌由北向南依次划分为"高地剥蚀区—斜坡阶地区—凹陷沉积区"。北高南低的古地貌格局表明物源方向为由北向南，锦58井区沉积物来源于北部的公卡汉凸起（图4-17）。

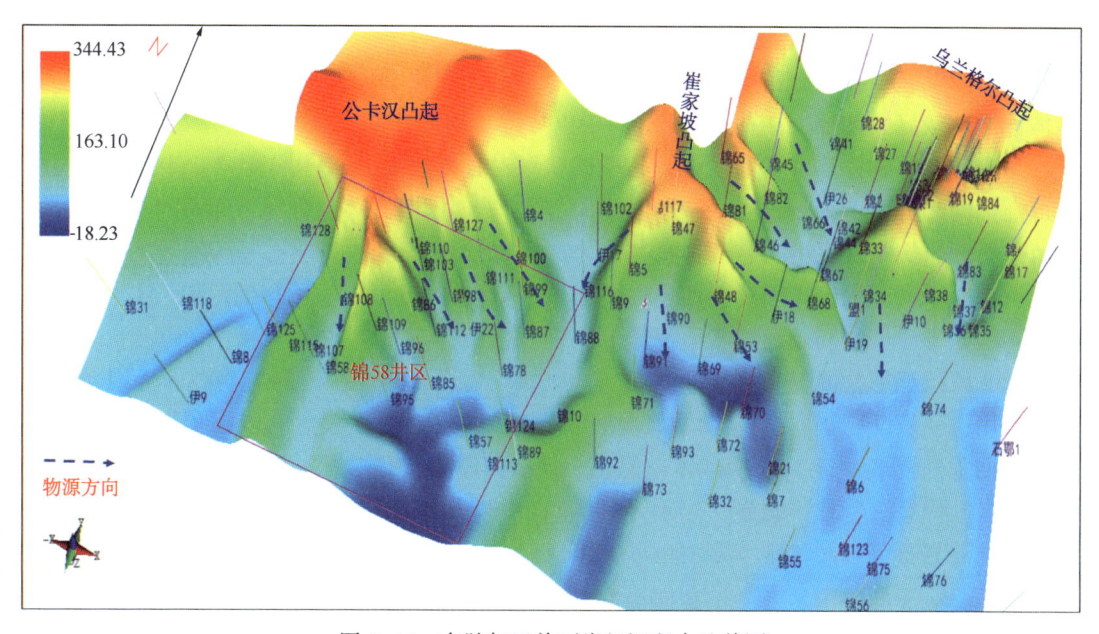

图4-17 东胜气田前石炭纪沉积古地貌图

（2）分隔剥蚀区及沉积区。"高地剥蚀区"位于盆地北部边缘，长期处于基准面之上，为隆起剥蚀区。"斜坡阶地区"和"凹陷沉积区"位于基准面之下，均为沉积区。

(3) 控制沉积相带分布、约束古河道位置。盒 1 段沉积早期为冲积扇沉积，伴随填平补齐和溯源作用，在冲积扇沉积之上叠置辫状河沉积。盒 1 段沉积早期，"斜坡阶地区"坡降大、水动力条件强，且离物源区近，为冲积扇扇根和扇中沉积区；并且沟谷地貌约束了古河道的发育位置。"凹陷沉积区"由于地形平缓，沉积时水动力条件弱，盒 1 段沉积期以冲积扇扇端沉积为特征。伴随盒 2 段和盒 3 段沉积作用的垂向加积和物源区后退，冲积扇沉积退出研究区，锦 58 井区全为辫状河沉积占据。

(4) 控制下石盒子组地层厚度。总体具有"凹陷沉积区—斜坡阶地区—高地剥蚀区"的古地貌单元，下石盒子组各段沉积厚度具有"由厚—变薄—尖灭"的变化特征；具体表现为由南向北地层厚度逐渐变薄、逐渐尖灭。

第四节　沉积相分布特征

一、沉积相纵横向对比研究

在上述沉积相特征和单井沉积相特征研究基础上，开展了锦 58 井区下石盒子组东西向、南北向沉积相的对比研究(图 4-18、图 4-19)。

(一) 锦 58 井区下石盒子组南北向沉积相对比研究

以锦 110 井—锦 58P4HDY 井—锦 86 井—锦 96 井—锦 95 井—J58P3HDY 井为例开展锦 58 井区下石盒子组南北向沉积相对比研究。南北向沉积相对比表明，盒 1 段沉积期由北向南沉积环境由冲积扇逐渐过渡至辫状河。

盒 1 段沉积期，北部各井砂体非常发育，砂体厚度大；垂向上由多期砂体叠置组成，砂体连通性较好。如锦 110 井和锦 58P4HDY 井位于剖面北部，垂向上发育 2~3 套厚层砂体，每一期厚层砂体均由多期冲积扇扇中辫状河道叠置组成，砂体厚度大、连通性好。向南逐渐远离物源区，沉积物供给减弱，垂向上发育 3~4 期砂体，但每一期砂体厚度减薄，泛滥平原泥岩沉积逐渐增多，砂体被泛滥平原泥岩分隔。如锦 86 井、锦 96 井盒 1 段为辫状河沉积，垂向上发育 4 期辫状河道砂体，每一期砂体厚度均较北部砂体薄，且砂体叠置特征不明显，砂体之间被泛滥平原泥岩分隔。

盒 3 段沉积期物源仍来自北部地区，全区演化为辫状河沉积但随着物源区后退及填平补齐作用，受坡降减小、沉积物供给减少控制，砂体发育规模较盒 1 段沉积期减小。盒 3 段沉积期垂向上多发育 2~3 期砂体，但每一期砂体厚度较盒 1 段沉积期减薄，砂体以单砂体为主、砂体叠置特征不明显。如锦 86 井垂向上发育两期辫状河道砂体，砂体多为厚层泛滥平原泥岩分隔。同时砂体多由单砂体组成。

(二) 锦 58 井区下石盒子组东西向沉积相对比研究

以锦 58 井—J58P18HDY—锦 95 井—J58P12HDY—锦 57 井—锦 113 井—锦 89 井开展东西向沉积相对比研究(图 4-19)，该对比剖面位于锦 58 井区南部，总体均为辫状河沉积。

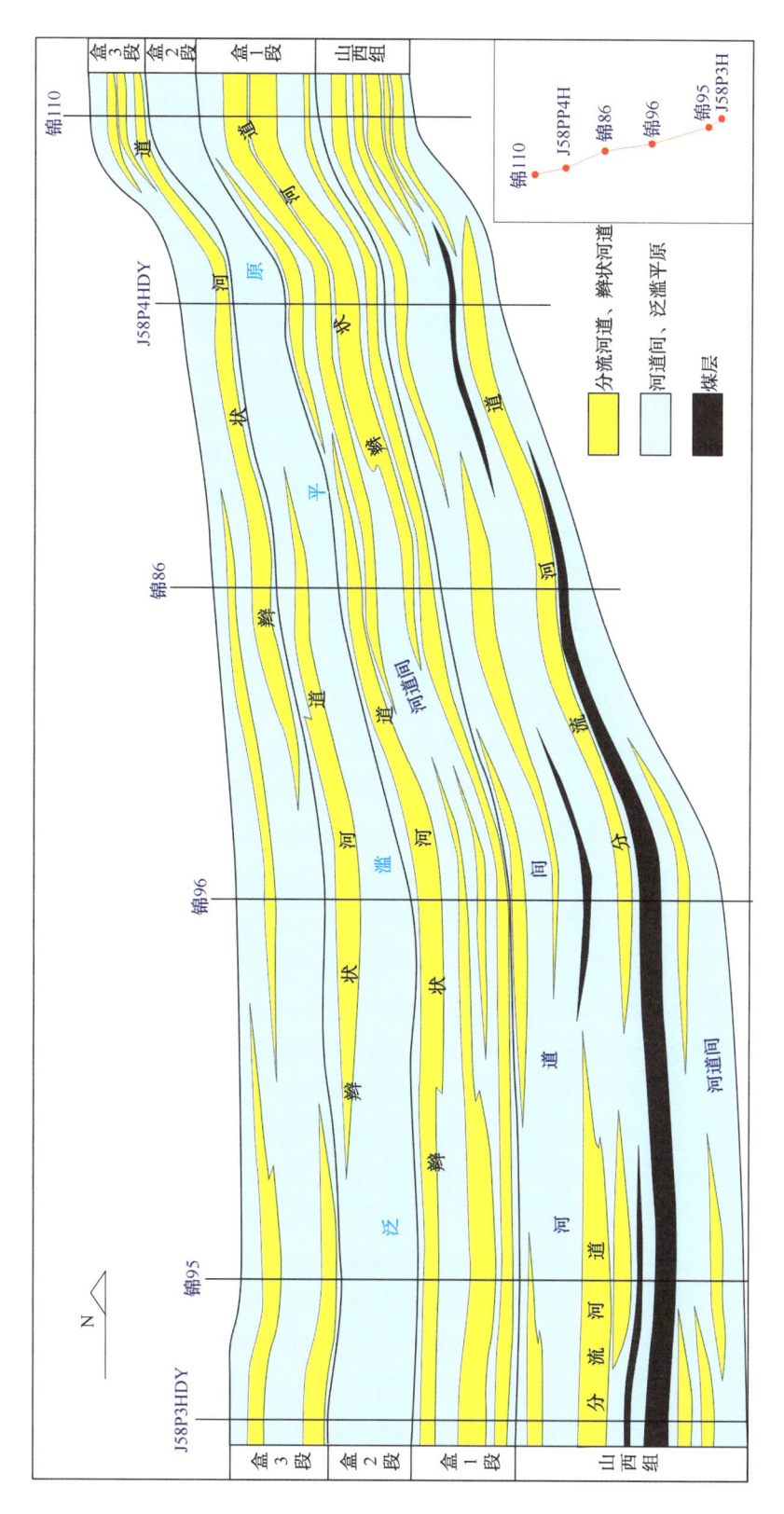

图4-18 锦58井区下石盒子组南北向剖面图

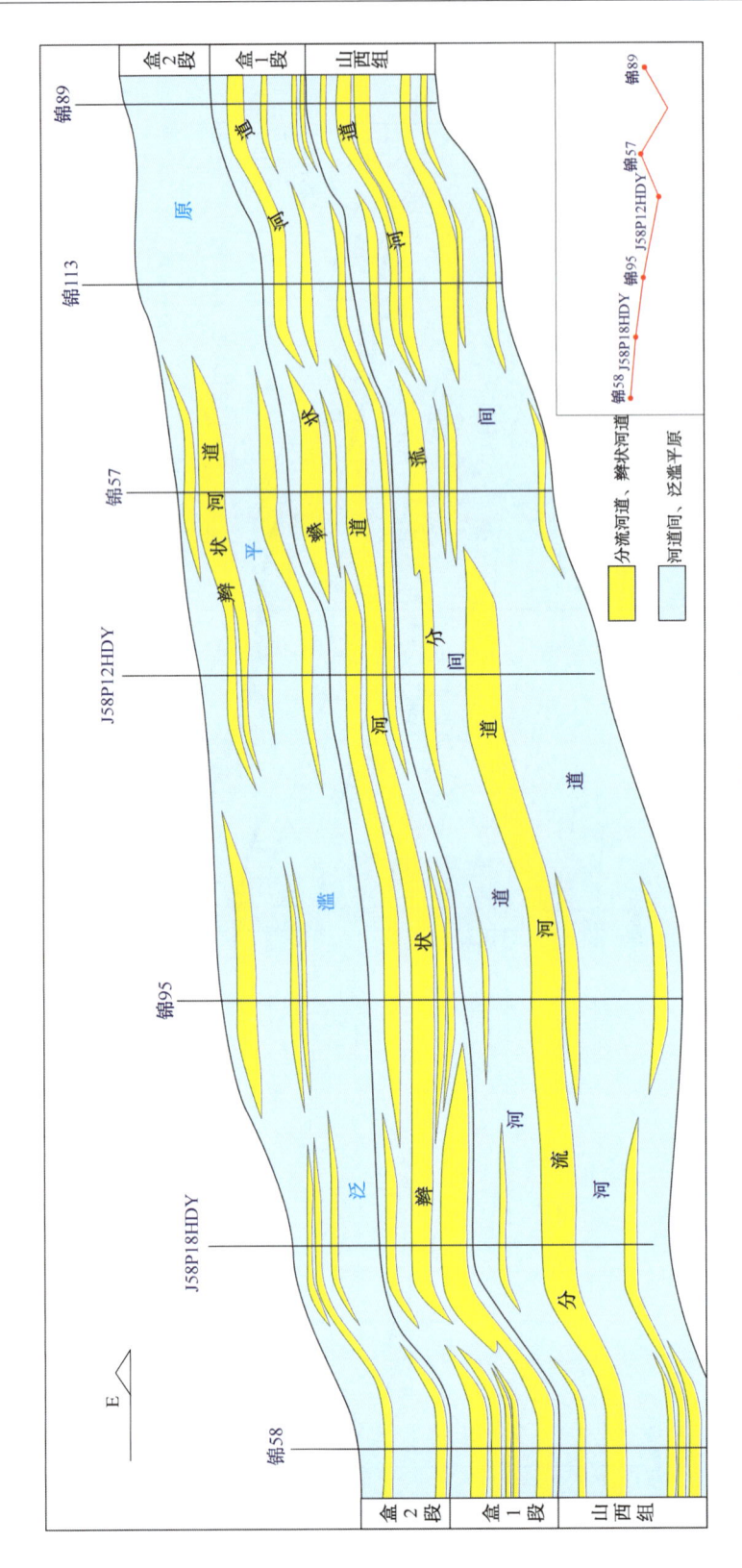

图4-19 锦58井区南部下石盒子组东西向剖面图

盒 1 段沉积期为辫状河沉积，纵向上为多期辫状河道砂体叠置组成，辫状河道之间为泛滥平原泥岩分隔，河道连续性小于北部冲积扇辫状河道。横向上，辫状河道砂体呈透镜状分布，砂体的展布范围为 2~7km。在河道沉积中心，多期辫状河道砂体垂向叠置特征明显，如锦 95 井垂向上由 4 期辫状河道砂体叠置组成；在河道侧翼，砂体发育数量少、且砂体厚度薄，如锦 113 井垂向上由 3 期辫状河道砂体组成，砂体厚度薄，测井曲线以钟形形态为特征。

盒 3 段沉积期继承了盒 1 段沉积特征，仍为辫状河沉积。但该时期无论是河道宽度、还是河道砂体发育厚度均大幅度小于盒 1 段沉积期。横向上顺水流方向辫状河道仍为透镜状，河道砂体展布范围为 1~2km。纵向上仍为多期辫状河道砂体叠置组成，每一期河道砂体发育规模均较盒 1 段沉积期减小，如锦 95 井垂向上由 3 期相对孤立的透镜状辫状河道砂体叠置组成，砂体之间均被泛滥平原泥岩分隔，砂体厚度小。该时期辫状河道砂体之间的连通性进一步降低，河道之间泛滥平原泥岩的分隔性增强，辫状河道砂体并未全区分布，如东部的锦 113 井和锦 89 井辫状河道砂体不发育，为泛滥平原泥岩占据。

二、沉积微相平面分布特征

东胜气田锦 58 井区下石盒子组沉积相展布及演化受构造作用及古地貌所控制（李蓉，2014；张占杨，2015；邓东，2019），在其晚古生代的沉积演化过程中，从晚石炭世太原期至早二叠世晚期下石盒子期，研究区经历了由海到陆的古地理演化过程。本专著在沉积相划分及沉积相特征研究基础上，以古地貌为基础，结合砂体平面分布规律、单井优势相，系统编绘了锦 58 井区盒 1 段、盒 3 段各小层沉积微相平面分布图，展示不同时期沉积微相平面分布及垂向演化特征。

（一）盒 1 段不同时期沉积微相平面分布特征

盒 1 段沉积期虽仍为北高南低的古地貌格局、物源来自北部，但该时期北部构造活动增强，物源供给丰富，沉积环境由山西组三角洲沉积演化为冲积扇—辫状河沉积。

1. 盒 1-1 时期沉积微相平面分布特征

锦 58 井区北西角为公卡汉古隆起，顺着古陆向南，山前发育冲积扇（图 4-20）。扇体上由东向西发育多条辫状河道，河道中发育心滩，由于河道摆动迁移频繁，心滩在侧向上叠合连片，垂向上叠置发育，砂体发育较厚且展布面积大。由北向南共发育 4~5 条主辫状河道，河道相互交错，辫状河道之上发育心滩，河道之间为低水动力条件的河漫沉积物，主要为泛滥平原，洪水期后堆积的细粒沉积物。这一时期辫状河道依据初具规模，但各河道砂体的连通性一般。

2. 盒 1-2 时期沉积微相平面分布特征

锦 58 井区古隆起范围有所缩小，冲积扇发育弱，主要以辫状河沉积为主（图 4-21）。这一时期辫状河规模进一步扩大，河道宽于盒 1-1 时期的河道，砂体厚度也更大。由北向南发育 4 条主辫状河道，河道间交汇、分叉，河道连通性较好，河漫沉积范围较盒 1-1 时期有所减小，主要集中在研究区西部和东部，中部河道集中。整体上盒 1-2 时期河道砂体连片，提高了油气的运移能力。

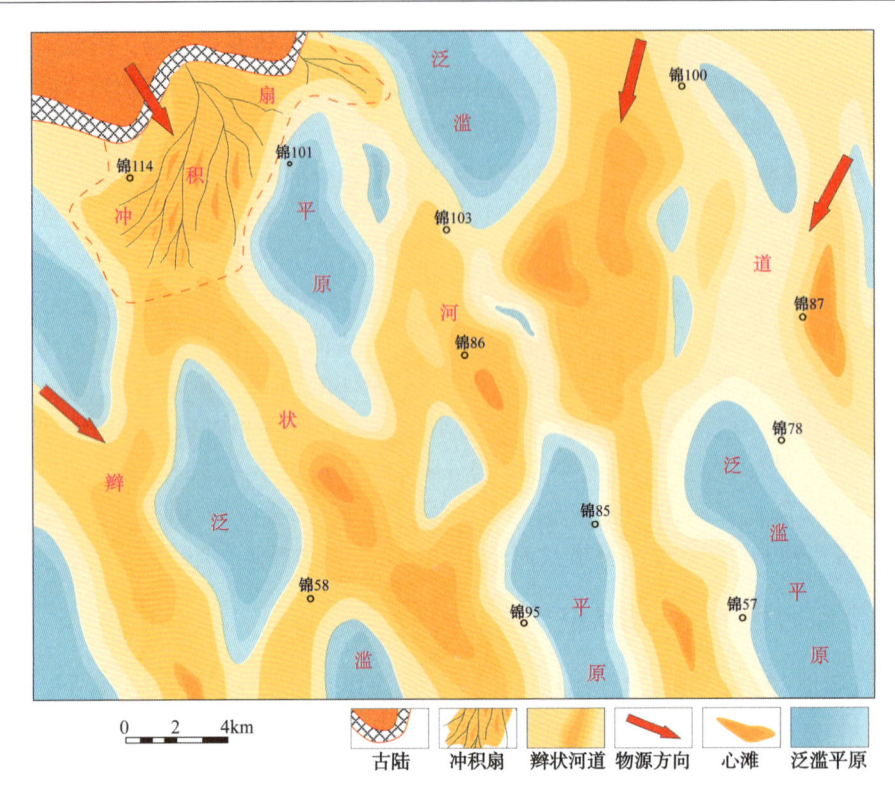

图 4-20　锦 58 井区盒 1-1 沉积相平面分布图

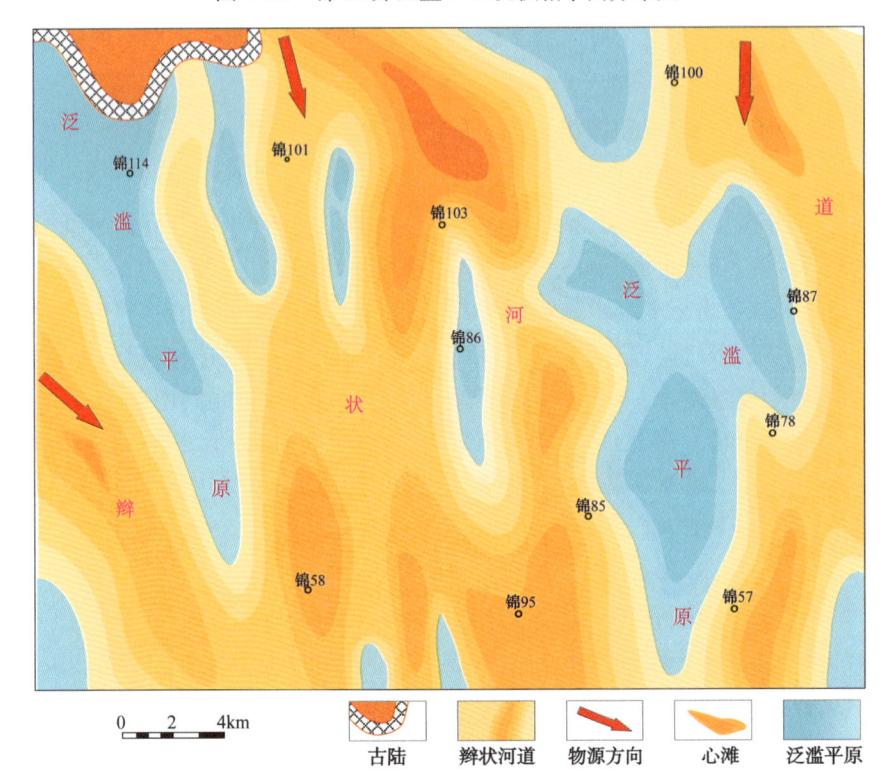

图 4-21　锦 58 井区盒 1-2 沉积相平面分布图

第四章 下石盒子组沉积相及沉积模式

3. 盒1-3时期沉积相平面分布特征

古隆起在研究区内已经基本消失，辫状河继续发展。辫状河道规模略有减小，河道宽度不如盒1-2时期宽阔，河道主体有所东移，由北向南延伸（图4-22）。主辫状河道位于锦103井—锦86井—锦85井一带，河道在锦58井区中东部锦86井—锦87井一带汇聚，向南再次分叉。南西部泛滥平原规模有所增大，心滩也主要集中在中东部。整体上砂体连通性一般，东部优于西部。

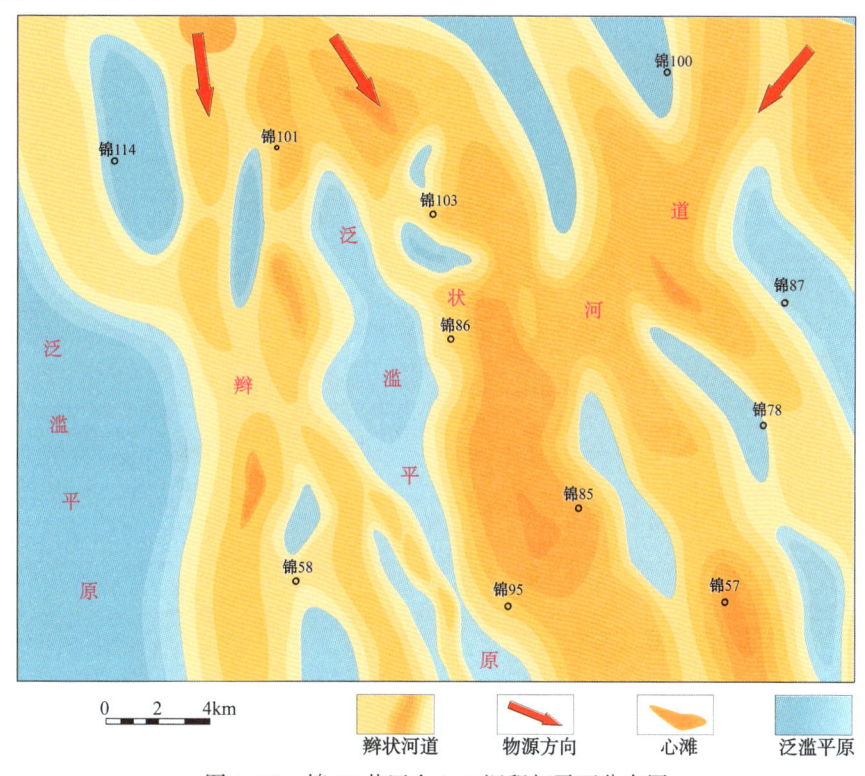

图4-22 锦58井区盒1-3沉积相平面分布图

4. 盒1-4时期沉积相平面分布特征

盒1末期，辫状河发育规模明显减小，河道萎缩，泛滥平原范围扩大，河道间区域宽阔（图4-23）。井区内发育4条辫状河道，主河道沿着锦101井—锦103井—锦85井一带，河道主要的汇聚和分叉区域也在锦103井一带。这一时期河道宽度、砂体厚度明显不如前三个时期，心滩发育程度也更弱。

（二）盒3段不同时期沉积相平面分布特征

盒3段整体上继承了前期的辫状河沉积体系，但随着构造活动的减弱及古气候的变化，辫状河发育程度与前期有所差异。

1. 盒3-1时期沉积相平面分布特征

辫状河仍然为由北向南发育，河道宽度相较于盒1段有了明显的减小（图4-24），河流分叉更为明显，泛滥平原范围也有增大的趋势，但河道沉积的砂体厚度并没有明显的变化，心滩仍然发育，砂体横向延伸的规模有所缩小，砂体连通性尚可。

— 43 —

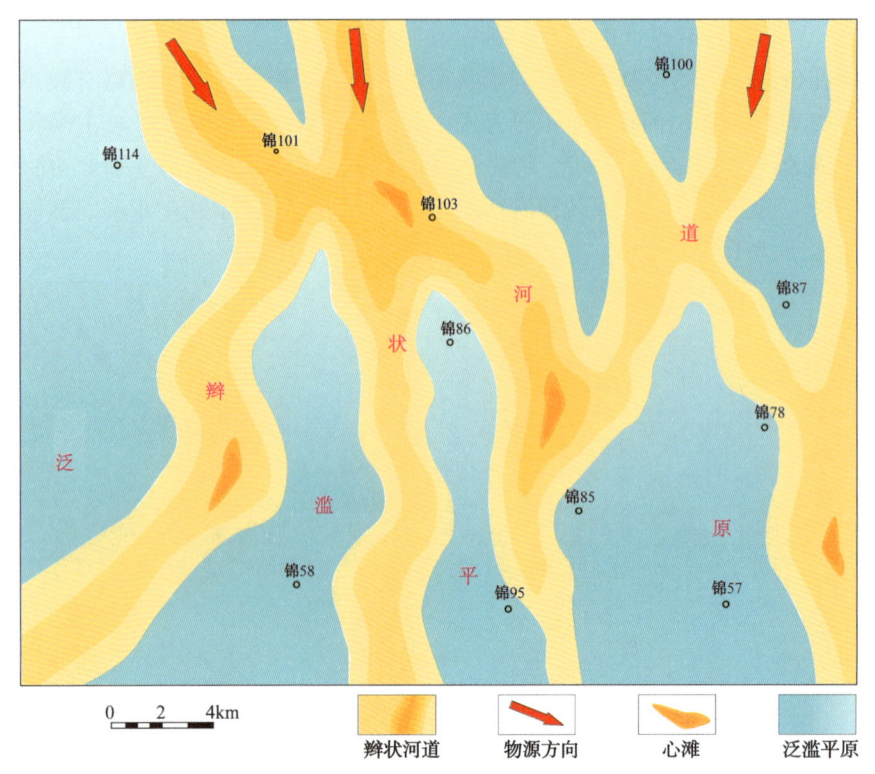

图4-23 锦58井区盒1-4沉积相平面分布图

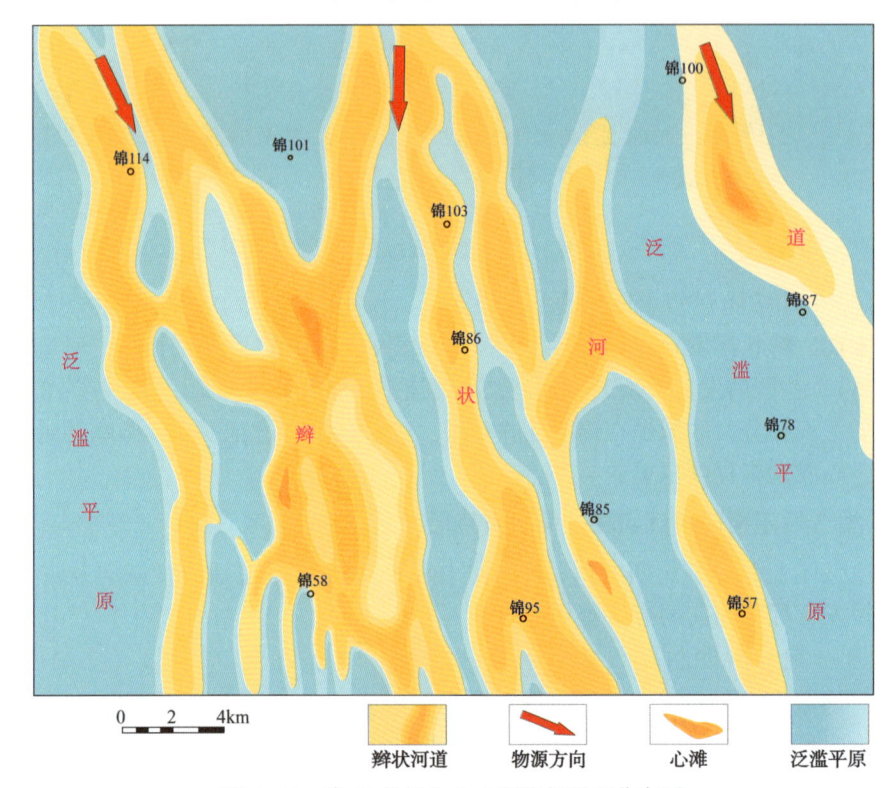

图4-24 锦58井区盒3-1沉积相平面分布图

2. 盒3-2时期沉积相平面分布特征

该时期辫状河道的发育程度进一步减小，河道分叉不多，河道由北向南延伸稳定（图4-25），河道宽度较窄，砂体厚度较低，普遍小于10m。心滩发育局限，仅在少量的辫状河道之上可以见到。

整体上看，下石盒子组沉积期内辫状河为沉积主体，辫状河道与心滩叠置，河流改道频繁，河道交叉、汇聚，其中以盒1-1、盒1-2、盒1-3和盒3-1为辫状河最发育的时期。

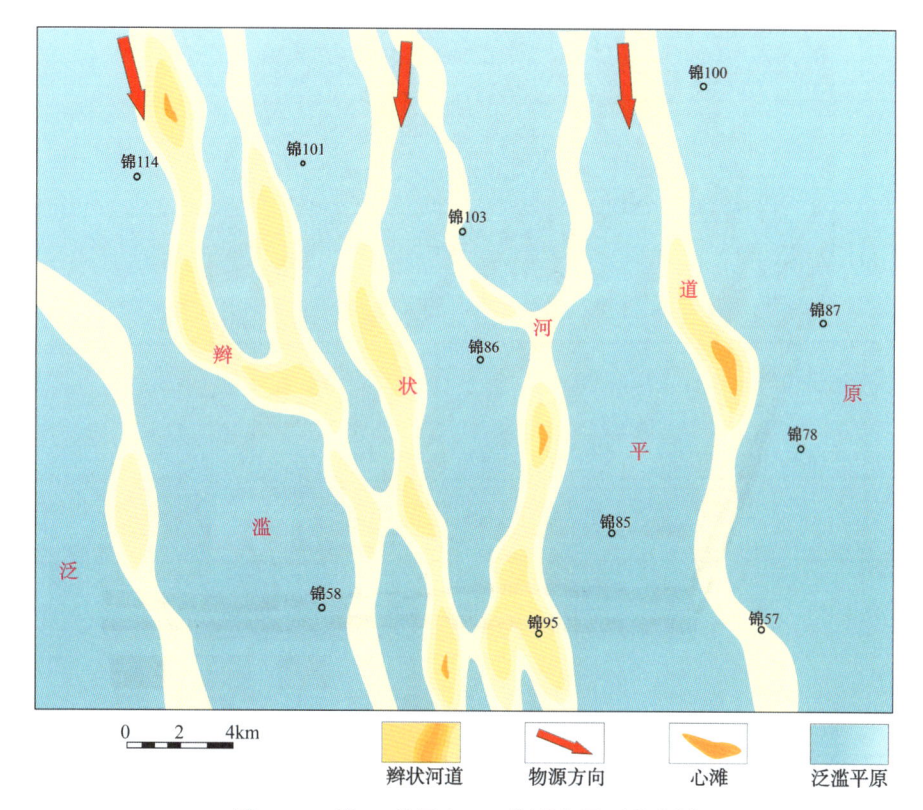

图4-25 锦58井区盒3-2沉积相平面分布图

第五节 冲积扇—辫状河沉积模式

沉积模式是指在对一定环境中的现代沉积物的物理、化学、生物特征综合研究的基础上概括出的沉积环境及其沉积物的物化模型（刘宝珺等，1985）。通过沉积相特征及古地貌特征综合分析，建立了锦58井区下石盒子组不同时期冲积扇—辫状河沉积演化模式，经历了冲积扇—辫状河的沉积演化过程。

一、盒1段冲积扇—辫状河沉积模式

东胜气田锦58井区盒1段沉积期由北向南具有冲积扇→辫状河的相带展布特征（图

4-26)。该时期受物源和古地貌控制明显,研究区北部公卡汉凸起为物源区,紧邻物源区为冲积扇,由北向南依次发育扇根—扇中—扇端沉积。冲积扇中泥石流和辫状河道限定于沟谷地貌中,构成冲积扇沉积主体;其中泥石流主要为块状砂泥岩,辫状河道为多期叠置的含砾粗砂岩和粗砂岩组成。冲积扇以北地区为辫状河沉积,平面上主体以辫状河道、心滩和泛滥平原发育为特征。

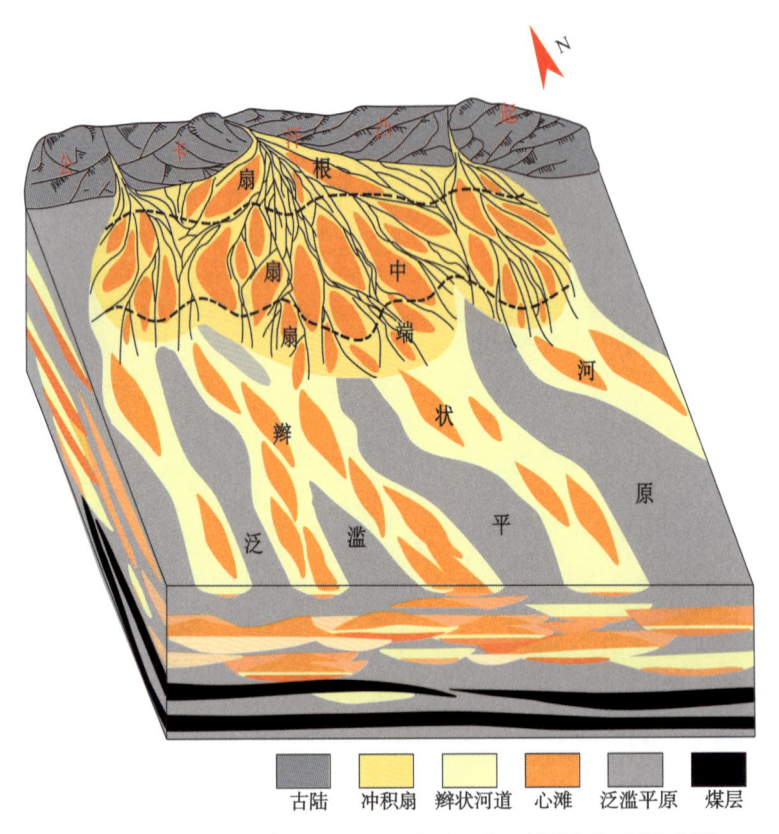

图 4-26 东胜气田锦 58 井区盒 1 段冲积扇—辫状河沉积模式图

二、盒 2 段—盒 3 段辫状河沉积模式

盒 1 段沉积后受北部构造沉降、填平补齐作用,冲积扇向北退出研究区,全区被辫状河沉积所替代(图 4-27)。该时期主体由辫状河道、心滩和泛滥平原沉积组成。辫状河河道被多期心滩分割,其间为辫状河道沉积,河道之外为泛滥平原沉积。盒 1 段沉积期河道宽度和砂体规模均较盒 3 段大。盒 1 段河道砂体多期叠置特征明显,砂体厚度大、河道宽度大;盒 3 段沉积期河道规模减弱,多由单砂体组成,河道宽度变窄、砂体厚度减薄。

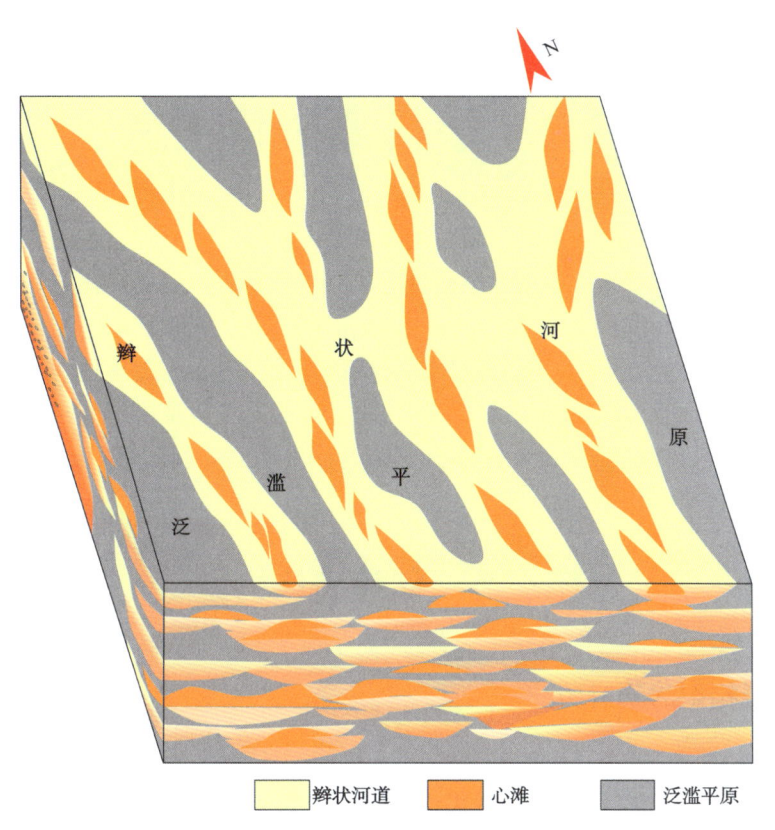

图 4-27 东胜气田锦 58 井区盒 3 段辫状河沉积模式图

第五章　下石盒子组储集砂体构型

砂体构型的前提和基础是精细地层格架的建立，进行精细地层对比与划分是构型分析的难点之一。在河流相沉积地层中，沉积环境侧向变化大，河流切割、充填作用强，地层与岩性厚度变化大，标志层少，且沉积作用导致的自旋回容易掩盖构造、气候等作用形成的异旋回，地层对比难度大。在基于冲积扇—辫状河心滩坝构型模式分析基础上，结合沉积物源及沉积模式分析，利用 R/S 分形手段及储层预测技术，进行精细地层对比与单砂体刻画，明确单砂体空间分布。

第一节　储集砂体构型

一、储层构型的研究历史

英国雷丁大学的 J. R. L. Allen 教授在 1977 年首次提出了"Fluvial architecture"（河流构型）的概念，将储层构型这一历史性的概念引入到河流沉积相的研究工作中。并在 1983 年将河流相划分为三个界面。随后 A. D. Miall（1985）首次完整地阐述了储层构型的概念，并针对河流相的研究，建立了一套储层构型要素的分析方法，使储层构型系统化，真正成为了一门学科。储层构型就是研究构成不同级次储层的单元（一般为单砂体）之间的规模、形态以及叠置关系。这一概念反映了不同级次、不同成因的储层构型单元之间的关系，对油田剩余油挖潜和精细注水具有十分重要的意义。储层构型的概念由河流相提出后，引起了国内外学者的重视，早期的研究成果主要是在露头和现代沉积中获得的，局限于构型成因的分析和剩余油平面上的分布，并没有真正从剖面、平面结合建立三维储层构型模型。经过几十年的研究和发展，储层构型从最初的河流相研究，逐渐推广到三角洲相以及滨浅湖相等沉积相的构型研究，并形成了比较完善的构型分析方法。

二、储层构型的级次划分

Allen 在提出"Fluvial architecture"的概念后，将河流相划分为三个构型界面：一级为交错层系的界面；二级为交错层序组的界面；三级为复合体的界面。A. D. Maill 在 1985—1991 年开始对河流相沉积研究时共划分出 6 个级次界面，后来又将界面的等级体系扩大到冲积体系的 8 个级次界面，并且归纳总结了 20 种岩石相类型和 8 种河道要素（赵永强，2010；李锦红，2013；赵容生，2016）。这 8 个级次界面分别为：0 级界面——沉积纹层间的界面；1 级界面——单个交错层系界面；2 级界面——交错层系组界面或成因相关的一套岩石相组合界面；3 级界面——一组构型要素或复合体的界面；4 级界面——古峡谷中的河道带的底界面或大型底型,如点坝、天然堤、决口扇;5级界面——河道底部冲刷面;6级界面——河道复合体界面;7级界面——大的沉积体系、扇域和层序;8级界面——盆地充填复合体(周银邦,2011)。8种河道要素分别为:河道(CH)、砂砾岩坝和底形(GB)、沉积物重力流(SG)、砂质底形(SB)、顺流加积底形(DA)、侧向加积底形(LA)、纹层席状砂(LS)、溢岸细粒沉积(OF)。

我国学者吴胜和在Miall九级构型界面的划分基础上,提出了一个12级构型分级方案(表5-1)。1~6级界面的划分参考了层序地层学的研究,其限定的构型单元与经典层序地层学的1~6级层序单元一一对应,即从1级巨层序或大层序到6级小层序,6级构型界面为最小级次层序构型单元,在垂向上与单河道沉积相当。7~9级界面分别对应Miall构型分级方案的5~3级界面,其限定的构型单元本质上为"facies architecture"(相构型),即7级河道、三角洲舌体等,8级点坝、天然堤等大型地形,9级侧积体等大型地形内增生体。10~12级界面分别对应Miall构型分级方案的2~0级界面,即10级层序组、11级层系、12级纹层。

表5-1 单砂体构型界面分级表

构型界面级别	时间规模(a)	构型单元(以曲流相、三角洲为例)	经典层序地层分级	基准面旋回分级
1级	10^8	叠合盆地充填复合体	巨层序	
2级	$10^7 \sim 10^8$	盆地充填复合体	超层序	
3级	$10^6 \sim 10^7$	盆地充填体	层序	长期
4级	$10^5 \sim 10^6$	体系域	准层序组	中期
5级	$10^4 \sim 10^5$	叠置河流沉积体	准层序	短期
6级	$10^3 \sim 10^4$	河流沉积体	层组	超短期
7级	$10^3 \sim 10^4$	曲流带、辫流带、复合分流河道	层	
8级	$10^2 \sim 10^3$	点坝、心滩、单期分流河道		
9级	$10^0 \sim 10^1$	增生体		
10级	$10^{-2} \sim 10^{-1}$	层系组	纹层组	
11级	$10^{-3} \sim 10^{-5}$	层系		
12级	10^{-6}	纹层	纹层	

单砂体是指时间单元等时的地层中,垂向上和平面上都连续,但与上、下砂体间有泥岩夹层或物理夹层分隔的砂体(梁卫卫等,2020;芦凤明等,2020)。单砂体研究的重点是单砂体期次的划分,进而明确单一成因砂体的形态、规模、方向、叠置关系,并恢复沉积过程与河道变化,为精细描述储层内部非均质性奠定基础(朱志良,2014;陈薪凯等,2020;王钰婷,2020)。东胜气田勘探、开发早期多以小层或段开展砂体研究,在段或小层内由多期河道砂体叠置组成,垂向上砂体累积厚度大、叠置河道砂体分布范围广。由于勘探、开发早期受钻井等资料限制,研究精度不高,造成与实际砂体平面分布规模认识偏差大的问题。随着气田开发的不断深入,剩余气的挖潜难度越来越大,剩余气分布呈现高度分散、局部集中的特点,迫切需要在段和小层研究基础上,以单砂体为研究对象,精细

刻画辫状河道内砂体结构形态,刻画河道内部单砂体,对井位部署、井网井距论证具有指导意义,同时对类似的致密砂岩气藏开发也具有重要借鉴意义。

第二节 单砂体识别及期次划分

单砂体识别是指进行砂体界面划分。单砂体的沉积间断面是指纵向上一期连续稳定沉积结束到下一期连续稳定沉积开始之间形成的有别于上、下相邻地层的特征岩性。东胜气田锦58井区下石盒子组主要依据钻井岩心资料和测井资料开展单砂体识别及期次划分。岩心资料是有限的和不连续的,在岩心资料上可以有效的开展单砂体界面识别,但不能连续的进行单砂体期次划分。而常规测井曲线识别单砂体的精度较低,只能大致对曲线具有明显回返特征的部分进行砂体界面划分。因此,本专著在岩心、测井曲线识别单砂体界面基础上,采用R/S(rescaled analysis)分形敏感性分析方法精确的、连续的开展东胜气田锦58井区下石盒子组单砂体识别和期次划分。

一、钻井岩心单砂体识别

东胜气田锦58井区拥有丰富的取心资料,为单砂体界面识别和期次划分奠定了坚实的基础。单砂体划分主要以钻井岩心上粒序变化、上下地层的接触关系作为依据。东胜气田锦58井区盒1段为冲积扇—辫状河沉积相,砂体成因类型为扇中辫状水道、辫状河辫状水道和心滩砂体。因此,单砂体顶底以辫状水道冲刷界面作为划分标志。底界面多以两类界面为特征,其一为辫状水道含砾粗砂岩或砾岩与下伏泛滥平原泥岩的冲刷面,其二底界面仍为冲刷面接触,主要为砂砂接触。单砂体顶界面仍表现为两种成因类型,其一为砂体向上过渡为泛滥平原泥岩;其二为砂砂叠置特征的冲刷面。垂向上,顶底界面限定的单砂体内部由多期具正粒序特征的辫状水道砂体叠置组成。如在锦112井盒1段钻井上识别出两期以辫状水道冲刷面为界面的单砂体,即将盒1-3小层划分出盒1-3-1(H1-3-1)、盒1-3-2(H1-3-2)和盒1-3-3(H1-3-3)三期单砂体(图5-1),在取心柱状图上,盒1-3-3与盒1-3-2小层之间呈冲刷接触关系,细砾岩与下伏中粗粒砂岩不整合接触(图5-1)。

二、测井曲线单砂体识别

测井曲线的形态和幅度变化特征,能够反映地层的接触关系和旋回性,如测井曲线的底部突变接触反映了砂泥岩地层的冲刷不整合接触,测井曲线的钟形对应于岩石序列的正粒序,测井曲线的倒钟形对应于岩石序列的逆粒序等(侯国伟,2005;杨忠亮,2012)。由于东胜气田锦58井区下石盒子组大部分取心资料仅局限于局部层段,开展不了全井段单砂体期次划分。可以根据沉积相与测井相相互转换关系,利用测井资料连续的开展单砂体界面识别、划分,进而确定单砂体发育期次。通过对测井曲线综合分析,在锦58井区下石盒子组中测井曲线形态多样,主要识别出光滑箱形、齿化箱形、叠置箱形、钟形和直线形等5类测井相类型。

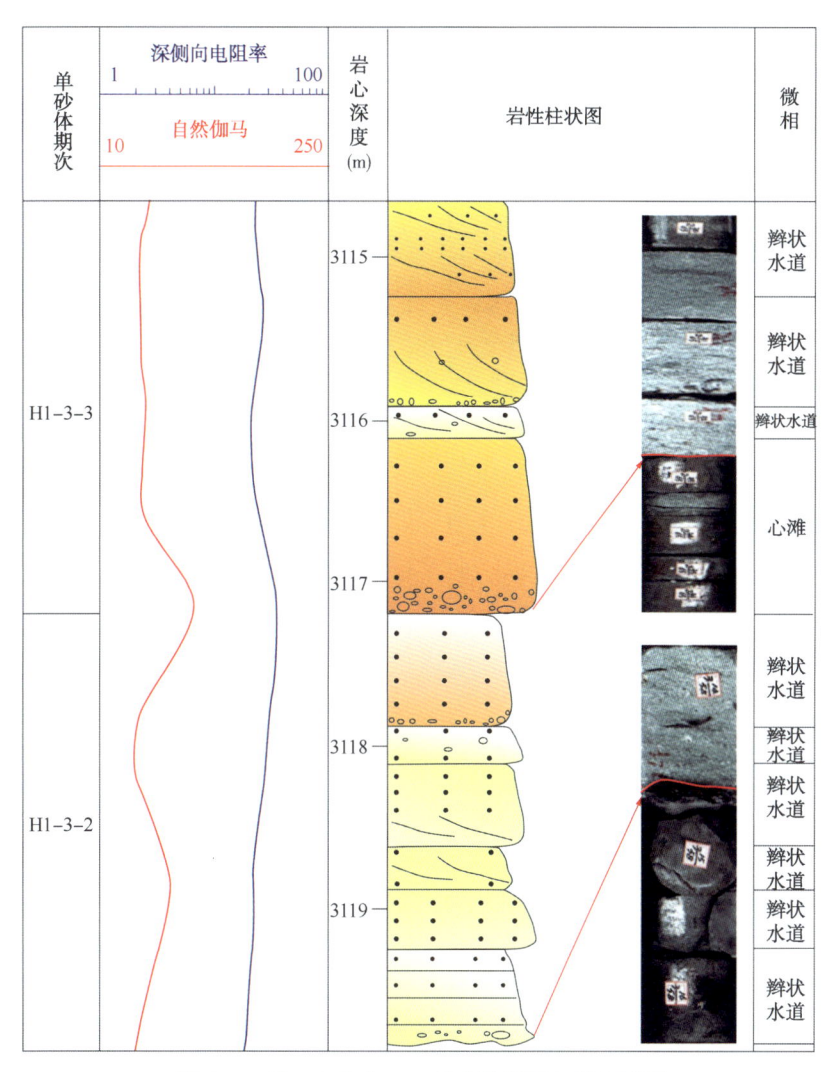

图 5-1　锦 112 井盒 1-3 单砂体识别与岩心特征

（1）光滑箱形：顶、底均与泥岩呈突变接触关系，岩性以含砾粗砂岩、粗—中粒砂岩为主，岩性较单一，反映了物源充足、强而稳定的水动力特征，其对应的沉积微相为辫状河道主体部分。如锦 58-1 盒 1-2 小层中的光滑箱形底界即为单砂体划分的底界，钻井岩心上为对应含砾粗砂岩与下伏泥岩冲刷侵蚀（图 5-2）。

（2）叠置箱形：为两期或者多期河道叠置形成，反映单砂体内多期辫状河道砂体叠置特征。如锦 58-1 盒 1-3 小层为多期箱形叠置组成。

（3）齿状箱形：反映了水动力条件强但不稳定，强弱频繁交替的特征，对应的沉积微相为辫状河底部的河道充填。

（4）钟形：具正粒序结构，底部与泥岩呈突变接触关系，一般对应底冲刷，顶部与泥岩渐变过渡，反映了逐渐变弱的水动力特征，其对应的沉积微相为辫状河的废弃河道。如锦 58-1 盒 1-3 小层中的光滑钟形底界为单砂体的底界，表现为粗砂岩多下伏泥岩冲刷不整合。

(5) 直线形：变化幅度不大，主要反映静水环境，以细粒沉积为主，沉积环境多为泥岩发育的泛滥平原。

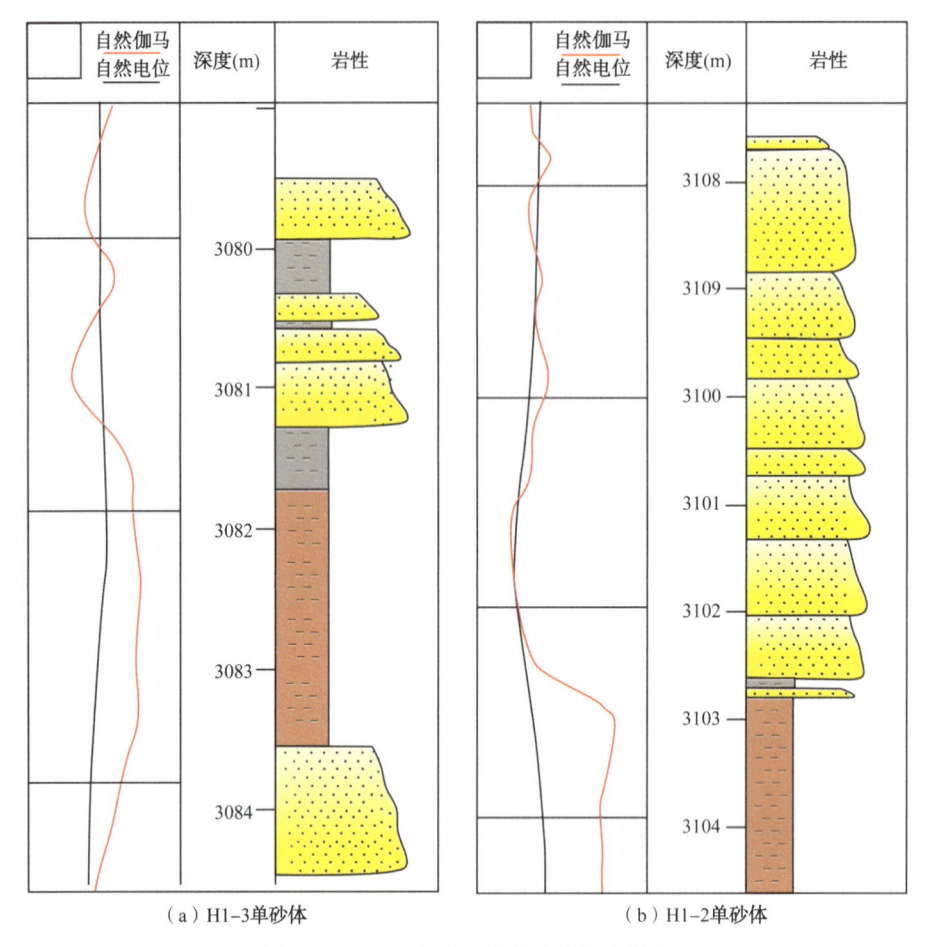

(a) H1-3 单砂体

(b) H1-2 单砂体

图 5-2 J58-1 井盒 1 段单砂体期次划分

三、R/S 分形敏感性分析方法

(一) R/S 分形敏感性分析方法

1. R/S 分形分析方法与测井曲线单砂体划分对比

R/S(rescaled analysis)分形是目前应用最广泛、最成熟的一维分形统计方法，通过分形建立规律的双对数关系，充分放大测井曲线的响应强度，弥补单纯采用常规测井曲线精度低的问题，能更直观地表现储层垂向砂体分布变化(张亮，2020)，亦可运用此方法更精细地开展单砂体期次划分。如锦 58-1 井 H1-3 段自然伽马曲线随深度变化，曲线出现 2 次回返，只能识别出一期河道[图 5-3(a)]；通过 R/S 分形敏感性分析后，自然伽马分形曲线随深度变化，出现 8 处特征点，可划分出 4 期单砂体[图 5-3(b)]。再如锦 58P1H 井采用常规的测井曲线仅划分出 2 期单砂体，通过 R/S 分形敏感性分析，可精细的划分出 4 期单砂体(图 5-4)。

第五章 下石盒子组储集砂体构型

(a) J58-1井H1-3段自然伽马曲线随深度变化曲线
出现2次回返，前期认为一期复合河道

(b) J58-1井H1-3段自然伽马分形曲线
随深度变化出现8处特征点，划分出4期单砂体

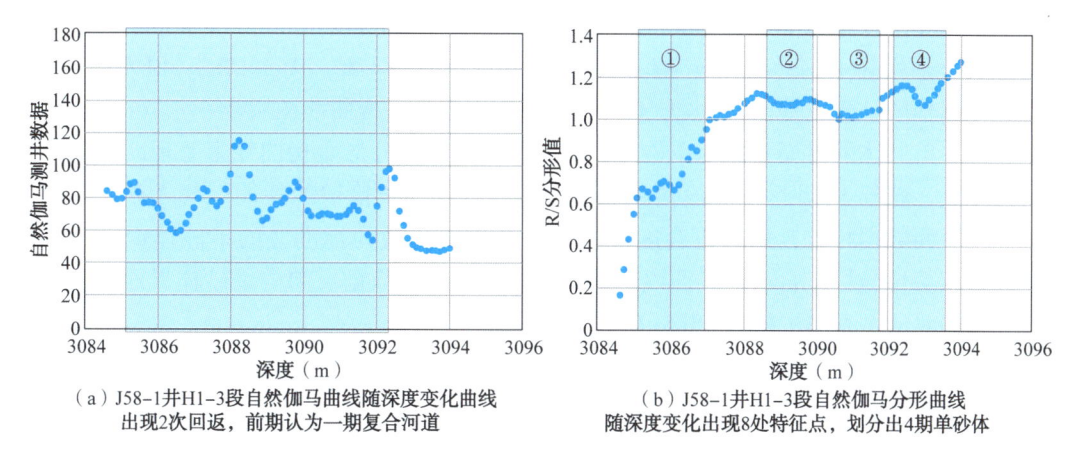

图 5-3 J58-1 井 H1-3 段测井曲线分形前后单砂体识别对比图

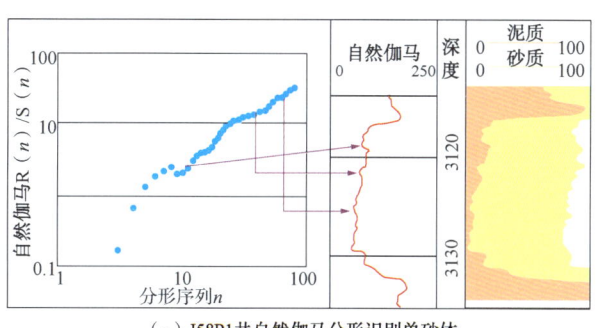

(a) J58P1井自然伽马分形识别单砂体

(b) 分形前后单砂体识别对比

图 5-4 锦 58P1H 井自然伽马分析方法进行单砂体识别

2. R/S 分形敏感性分析计算方法

R/S 分形敏感性分析方法为：对于一维过程 $Z(i)$，R/S 分析过程如下：

$$R(n) = \max\left[\sum_{i=1}^{u} Z(i) - \frac{u}{n}\sum_{j=1}^{n} Z(j)\right] - \min\left[\sum_{i=1}^{u} Z(i) - \frac{u}{n}\sum_{j=1}^{n} Z(j)\right]$$

$$S(n) = \sqrt{\sum_{i=1}^{n} Z^2(i) - \left[\frac{1}{n}\sum_{j=1}^{n} Z(j)\right]^2}$$

式中 $R(n)$——过程序列全层段极差，代表采样点间的复杂程度；

$S(n)$——过程序列全层段标准差，代表采样点的平均趋势；

n——逐点分析层段的测井采样点数；

Z——随 0~n 变化的测井数据；

u——由端点开始在 0~n 之间依次增加的采样点数；

i, j——采样点个数的变量。

（二）R/S 分形方法开展单砂体划分

本专著首次将分形理论应用到东胜气田锦 58 井区下石盒子组单砂体划分中，相较钻井岩心和测井曲线，能够更为精确地进行单砂体期次划分。实际应用中，依据上述 R/S 分形敏感性分析方法，分别选取钻井自然伽马 GR、自然电位 SP、补偿中子 CN、深侧向电

阻率LLD、深感应电阻率ILD等测井曲线作为过程进行R(n)/S(n)变尺度分形重构,计算后得到一系列R(n)/S(n)与n对应的数据点。以n值为x轴,R(n)/S(n)值为y轴,在双对数坐标轴中,建立锦58井区盒1段测井曲线的分形重构曲线图版。

各期次单砂体的界面数据为单砂体界面的深度数据。分形重构曲线上呈现跳点的响应即为特征点。将锦58井区盒1段钻井分形重构的各种曲线拾取的特征点与之对应岩心中单砂体的界面数据相比,选取符合度最高的分形重构曲线为标准井的单砂体识别分形曲线。通过相关性分析,自然伽马曲线上的各特征点与岩心数据反映的单砂体界面深度数据具有良好的对应关系(图5-5、图5-6)。

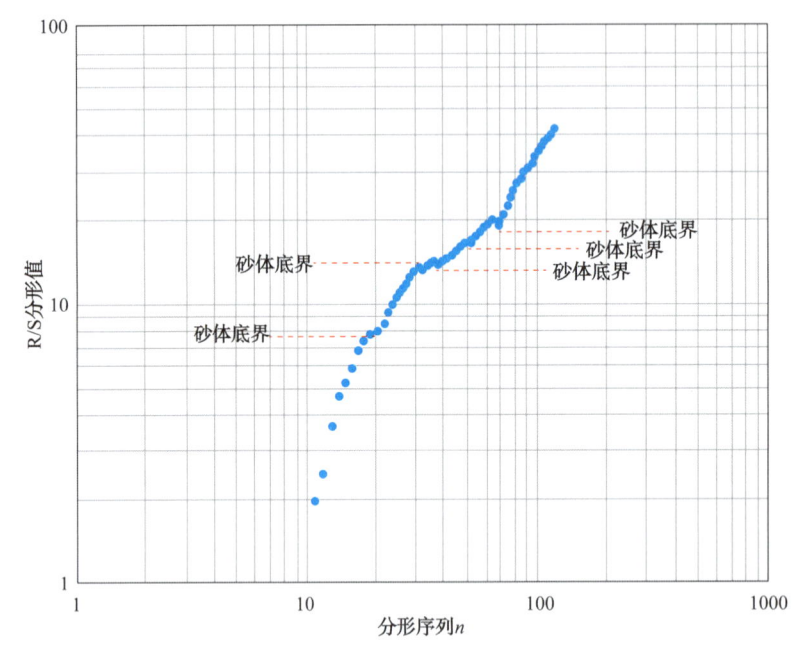

图5-5 J58-1井自然伽马(GR)分形曲线识别单砂体界面

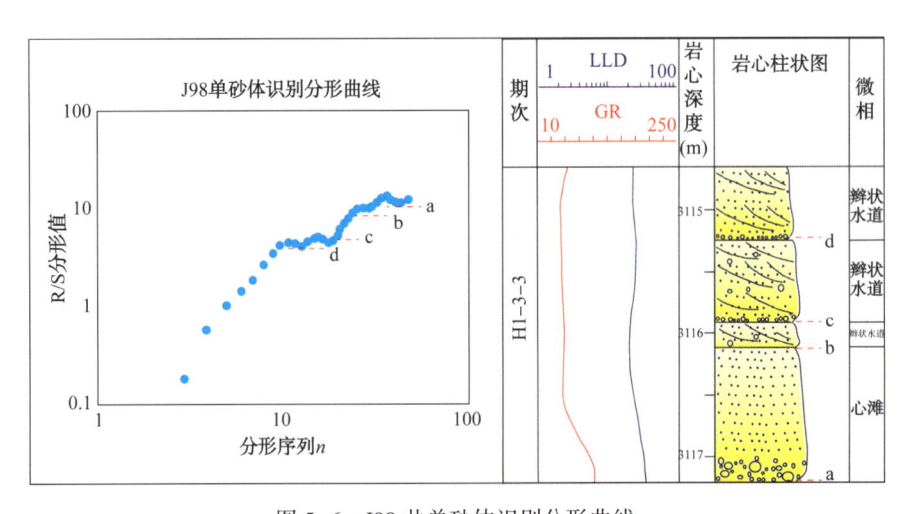

图5-6 J98井单砂体识别分形曲线

选取锦 58 井区的 23 口取心井,对单砂体界面数据与自然伽马分形后识别的单砂体界面数据进行相关性分析,采用 R/S 分形敏感性分析,单砂体界面划分的吻合率占到了总井数的 70%(图 5-7)。综合不同曲线的相关性分析,确定自然伽马测井曲线为反映岩性变化的敏感测井曲线类型。

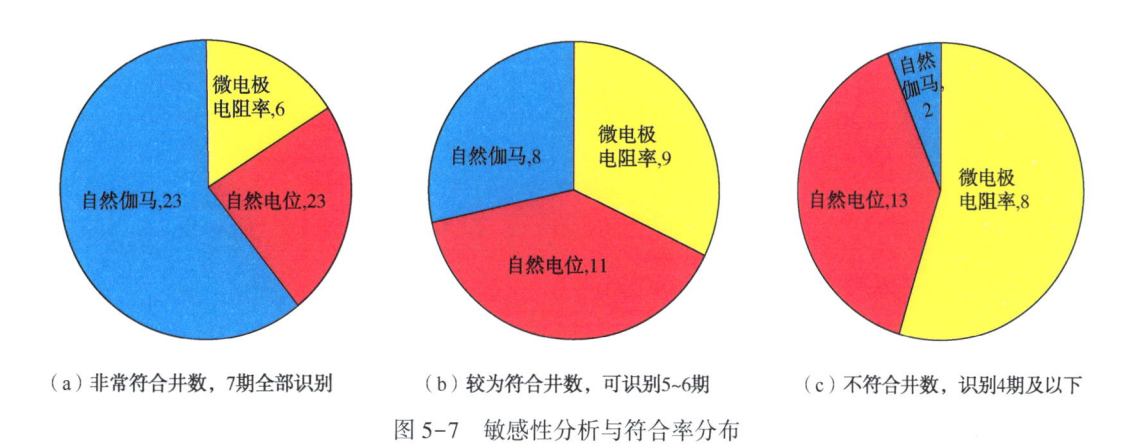

(a) 非常符合井数,7 期全部识别

(b) 较为符合井数,可识别 5~6 期

(c) 不符合井数,识别 4 期及以下

图 5-7 敏感性分析与符合率分布

四、单砂体垂向期次划分

对锦 58 井区内的测井数据利用分形理论对自然伽马曲线进行重构,再依据分形曲线上的特征点划分各期次单砂体的界面,并对比常规测井曲线剔除钻井过程中由于井径扩大,测井仪器影响等因素造成的错误界面(图 5-8),最终在锦 58 井区盒 1 段中开展了精细的单砂体识别和期次划分。在东胜气田锦 58 井区盒 1 段的三个小层(H1-1、H1-2、H1-3,H1-4 小层主要为泥岩,没有进行砂体划分)中识别出 7 期单砂体。其中,H1-1、H1-2 小层均划分为 2 期单砂体,H1-3 小层识别出 3 期单砂体(图 5-9)。

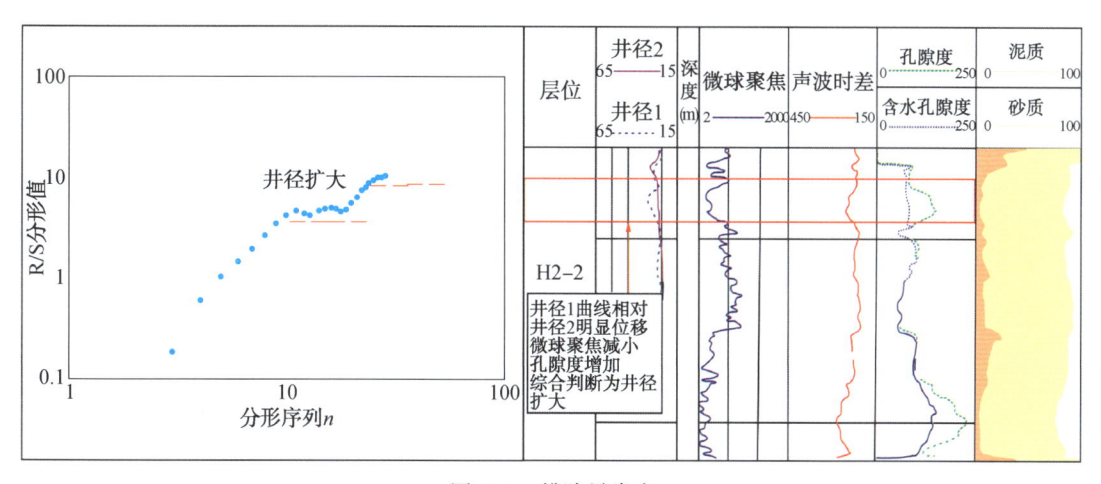

图 5-8 排除异常点

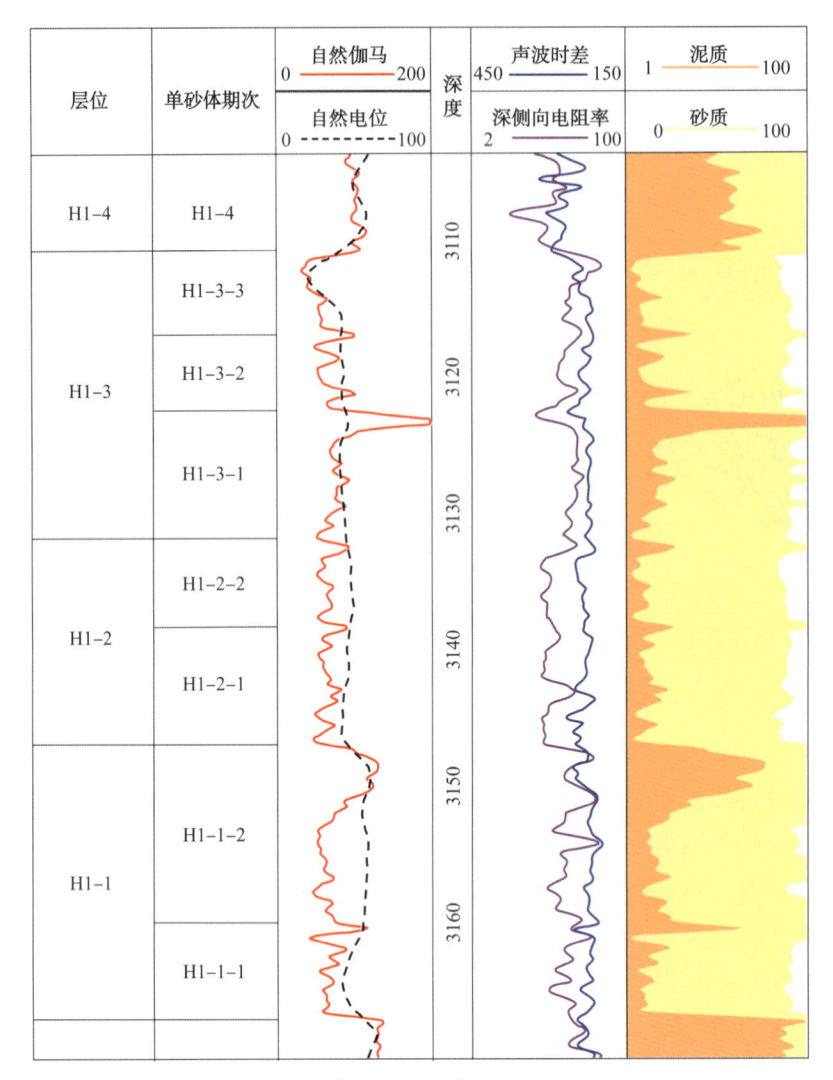

图 5-9 盒 1 段期单砂体期次划分图(锦 112 井)

第三节　单砂体叠置模式

在单砂体期次划分的基础上,对东胜气田锦 58 井区盒 1 段单砂体之间的叠置样式进行了划分,盒 1 段不同时期的冲积扇—辫状河河道砂体垂向叠置发育多种组合样式,包括垂向叠置、侧向叠置、垂向切叠、侧向切叠和孤立式等 5 种样式(图 5-10),并且每种单砂体叠置样式与测井曲线具有较好的响应关系。

一、垂向叠置

两期单砂体连续垂向叠置组成,并且上覆单砂体对下伏单砂体没有明显的冲刷侵蚀作用或冲刷侵蚀作用弱,表现为两期单砂体直接接触,单砂体之间的隔层厚度较小,一般小于 1m[图 5-10(a)]。在单井分形曲线上表现为两个间距较小的波动点,且波动幅度中等。自然伽马曲线上整体表现为两个相连接的钟形或箱形,曲线回返幅度较小。

二、侧向叠置

两期单砂体垂向上接触,砂体厚度向连接方向逐渐变薄,后期形成的单砂体对前期形成的单砂体没有明显的冲刷侵蚀等作用[图 5-10(b)]。单井分形曲线中均呈现出明显波动点,小层顶面拉平后存在一定高程差,在两期砂体叠置处的单井分形曲线出现两个波动点,幅度中等。自然伽马曲线上整体表现为具有高程差的钟形或箱形,连接处表现为单期河道侧翼叠加的沉积特征。

三、垂向切叠

两期单砂体垂向叠置,河道持续处于河道中心,后期砂体对前期砂体垂向上具有明显的冲刷侵蚀作用,导致两期单砂体的垂向切叠现象[图 5-10(c)]。单井分形曲线上表现为两个间距小于 3m 的波动点,且波动幅度较小。自然伽马曲线难以识别单砂体界面。

(a)单砂体垂向叠置样式　　(b)单砂体侧向叠置样式

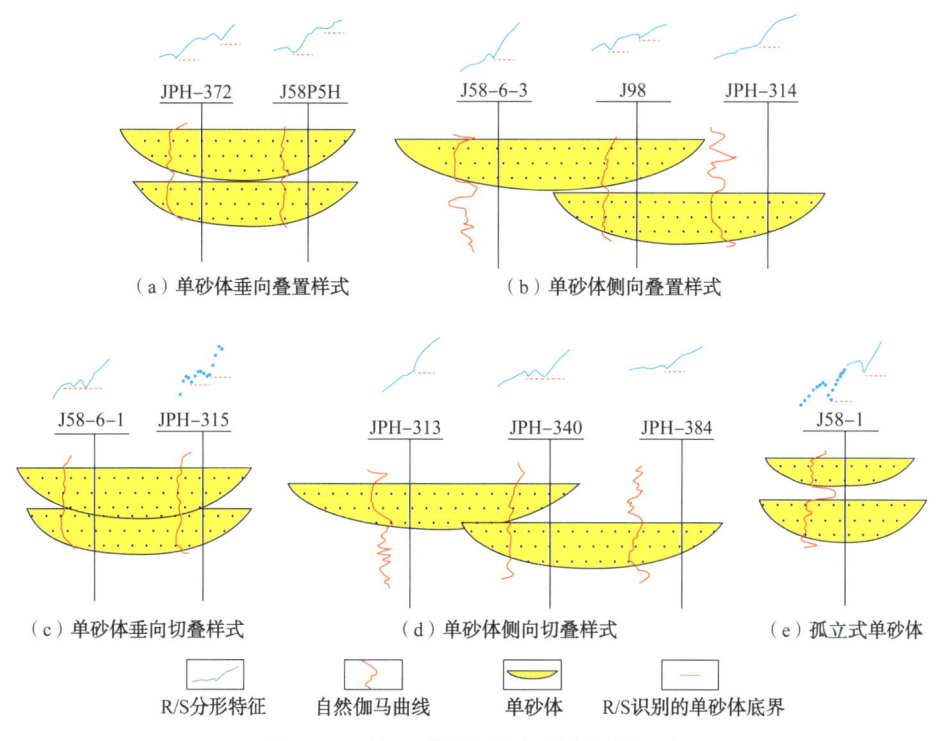

(c)单砂体垂向切叠样式　　(d)单砂体侧向切叠样式　　(e)孤立式单砂体

R/S分形特征　　自然伽马曲线　　单砂体　　R/S识别的单砂体底界

图 5-10　锦 58 井区单砂体垂向叠置样式

四、侧向切叠

两期单砂体垂向上接触,砂体厚度向连接方向逐渐变薄,由于河道的摆动,造成后期单砂体对前期单砂体侧向上具有明显的冲刷侵蚀作用,导致两期单砂体的侧向切叠现象[图 5-10(d)]。单井分形曲线中均呈现出明显波动点,小层顶面拉平后存在一定高程差,在两期砂体叠置处的单井分形曲线出现两个距离小于 3m 的波动点,且波动幅度较小。自然伽马曲线难以识别单砂体界面。

五、孤立式

两期单砂体垂向上不接触,垂向上存在明显的非渗透性的泥岩隔层或物性隔层,导致上下两期砂体不连通[图 5-10(e)]。在单井分形曲线上表现为两个间距在较大的波动点,且波动幅度较大。自然伽马曲线上整体表现为两个有一定距离的钟形或箱形,曲线回返幅度较大。

第四节 砂体构型模式

一、单砂体河道发育规模

(一)辫状河主河道流向及位置确定

要确定主河道流向,首先要明确河道的物源方向、再确定古河道的位置(刘锐娥等,2013;张大帅,2017)。辨别古水流方向,具体方法有三种:(1)古地貌相对低洼部位为古河道发育区;(2)河道中心水动力较强,GR 测井形态呈箱形,采用"串珠法"将箱形串联可判断河道中心;(3)河道中心部位砂体厚度大,厚砂体中心连线为河道中心。

根据东胜气田前石炭纪北高南低的古地貌特征[图 5-11(a)],表明锦 58 井区下石盒子组沉积期古河道的物源方向为由北向南。由于河道中心位置水动力强,砂体沉积物粒度粗、厚度大,自然伽马曲线呈现光滑箱形特征;河道边部水动力弱,沉积物粒度细或泥质夹层多,自然伽马曲线齿化明显,具齿化箱形或钟形形态特征。依据主河道和河道边部的测井形态特征,对锦 58 井区所有单井开展自然伽马形态划分、统计(光滑箱形、齿化箱形、钟形等)。并将各单井自然伽马特征投点到平面图上[图 5-11(b)]。再按由北向南的物源方向,采用"串珠法"将自然伽马为光滑箱形的钻井相连接,该连线即为该时期单砂体的主河道位置。以东胜气田锦 58 井区盒 1-3-2 小层为例,该时期发育三期主水流线,分别为 JPH-314—JPH-340 一线、JPH-425—JPH-384—JPH-383 一线以及 JPH-424—JPH-385 一线[图 5-11(c)]

(二)定性—定量约束单砂体河道边界

东胜气田锦 58 井区盒 1 段为冲积扇—辫状河沉积,单砂体河道边界的约束就是约束辫状河道的边界。本专著充分利用研究区钻井、地震资料,采用定性—定量的方法进行单砂体河道边界约束。刻画流程为:在有钻井的地区利用钻井计算齿化率约束,没有钻井的地区根据地震属性特征约束(图 5-12)。

1. 钻井齿化率半定量确定河道边界

齿化率的意义在于反映水动力条件和沉积物粒度的变化程度,其大小可以通过代表测井曲线齿化程度的幅度、密度和频率三个参数来定量计算。进而根据齿化率数值半定量刻画单砂体河道边界(张广权等,2018)。

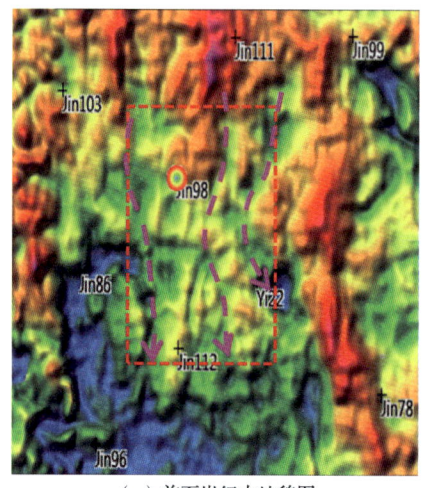

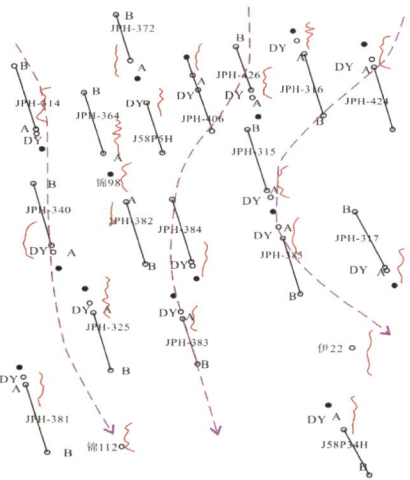

（a）前石炭纪古地貌图　　　　（b）H1-3-2的GR测井曲线形态分布图

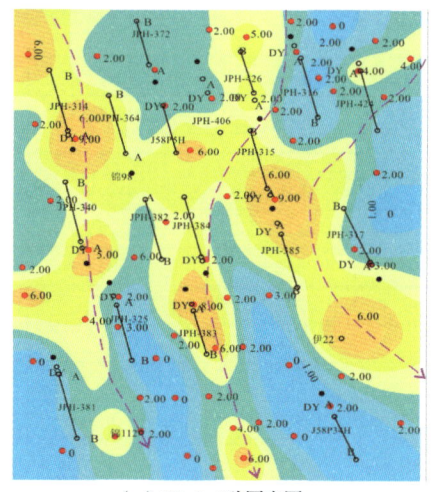

（c）H1-3-2砂厚度图

图 5-11　河道展布方向图

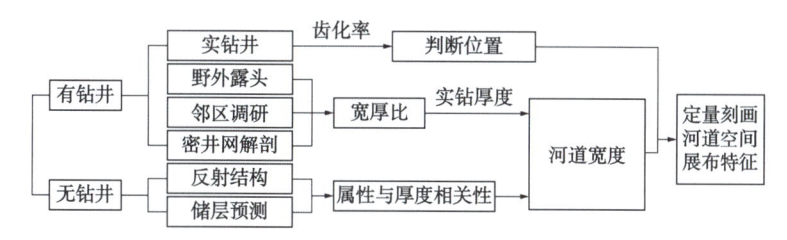

图 5-12　锦 58 井区单砂体河道半定量刻画流程图

幅度：$E_{\text{tooth}} = (\text{Gr}_{\text{tooth}} - \text{Gr}_{\min})/\text{Gr}_{\text{tooth}}$

密度：$D_{\text{tooth}} = H_{\text{tooth}}/H$

频率：$F_{\text{tooth}} = N_{\text{tooth}}/H$

式中　E_{tooth}——齿的幅度(指示沉积水动力的强度)，无量纲；

　　　Gr_{tooth}——齿的伽马值，API；

　　　$\text{Gr}_{\min}$——该段测井曲线的最小伽马值，API；

D_{tooth}——齿的分布密度(指示沉积物供给的强度)，m/m；

H_{tooth}——齿的累积厚度，m；

H——河道砂体的厚度，m；

F_{tooth}——齿的分布频率(反映水动力的变化强度)，个/m；

N_{tooth}——齿的个数。

在识别东胜气田锦58井区盒1段钻井测井曲线的幅度、密度、频率三个参数的基础上，运用数学方法赋予每个参数权重，得出齿化率指数公式($G_{tooth} = X_1 * E_{tooth} + X_2 * D_{tooth} + X_3 * F_{tooth}$)。共对锦58井区内32口探井和开发井的测井曲线幅度、密度和频率进行统计，并计算了各钻井的齿化率(表5-2)。

表5-2 齿化率三参数及计算表

序号	井名	幅度	密度	频率	齿化率
1	锦57	0.41	0.37	0.38	0.39
2	锦58	0.21	0.26	0.17	0.22
3	锦78	0.18	0.41	0.42	0.32
4	锦85	0.52	0.43	0.4	0.46
5	锦86	0.51	0.24	0.17	0.33
6	锦87	0.3	0.26	0.17	0.25
7	锦88	0.21	0.25	0.35	0.26
8	锦89	0.47	0.35	0.16	0.35
9	锦95	0.37	0.41	0.33	0.37
10	锦96	0.48	0.23	0.12	0.3
11	锦98	0	0	0	0
12	锦99	0	0	0	0
13	锦101	0.39	0.31	0.2	0.32
14	锦103	0.26	0.25	0.23	0.25
15	锦108	0.41	0.31	0.33	0.36
16	锦109	0.35	0.18	0.18	0.26
17	锦110	0.35	0.18	0.3	0.28
18	锦111	0.38	0.36	0.3	0.35
19	锦112	0.34	0.47	0.33	0.38
20	锦113	0.27	0.15	0.14	0.19
21	锦115	0.22	0.48	0.47	0.37
22	锦124	0	0	0	0
23	锦125	0.18	0.06	0.09	0.12
24	锦126	0.42	0.48	0.19	0.39
25	锦128	0.7	0.14	0.14	0.37
26	J58P1HDY	0	0	0	0
27	J58P2HDY	0.37	0.24	0.35	0.32
28	J58P3HDY	0.45	0.32	0.25	0.35
29	J58P4HDY	0.42	0.23	0.12	0.28

续表

序号	井名	幅度	密度	频率	齿化率
30	J58P5HDY	0.4	0.27	0.17	0.3
31	J58P6HDY	0.28	0.38	0.23	0.3
32	J58P8HDY	0.25	0.19	0.18	0.21

将锦58井区单井测井曲线形态与测井曲线齿化率指数进行对比分析（图5-13），如JPH-332DY井3168~3185m井段自然伽马为光滑箱形，代表了主河道位置，其计算齿化率为0.28，齿化率值低（图5-13）；锦108井3160~3178m井段自然伽马曲线为齿化箱形，代表了河道的边部位置，齿化率为0.36，齿化率值高。

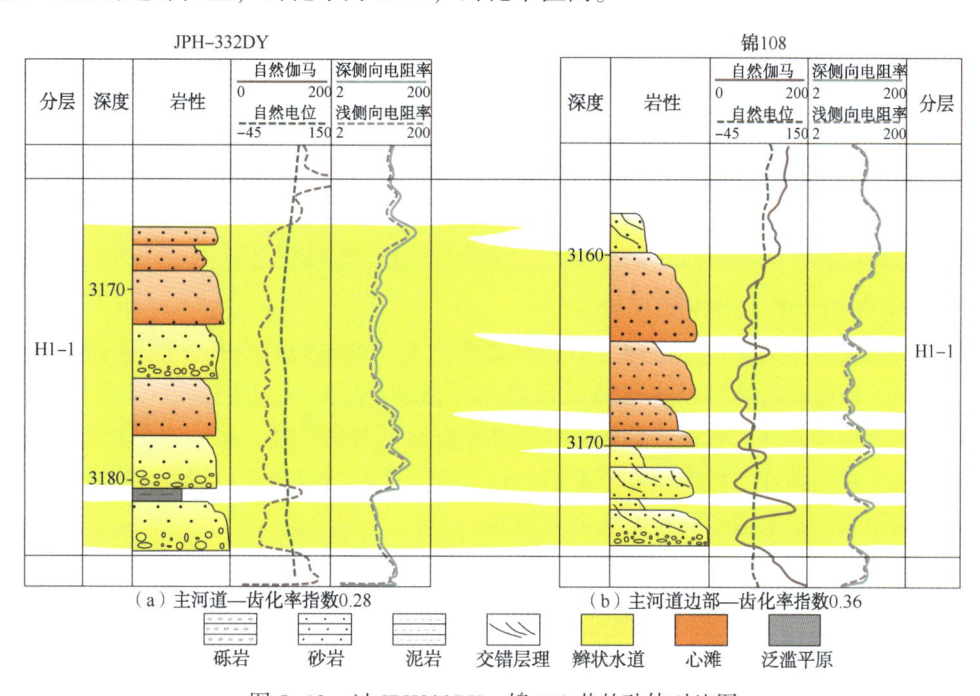

图5-13 过JPH332DY—锦108井的砂体对比图

根据对比统计结果，建立东胜气田锦58井区不同河道位置（河道主体、河道边部、河道侧缘）齿化率划分标准（表5-3）。主河道主体位置齿化率<0.3，主河道边部齿化率分布于0.3~0.4，主河道侧缘齿化率>0.4。

表5-3 东胜气田河道位置齿化率划分标准

河道部位	主河道主体	主河道边部	主河道侧缘/间
齿化率值	<0.3	0.3~0.4	>0.4

依据河道位置齿化率标准，通过计算研究区内钻井的齿化率指数，对锦58井区盒1段各小层砂体边界进行刻画，实现了河道边界的半定量刻画。如确定锦58井区盒1-1小层河道边界位置，首先依据锦58井区内所有钻井自然伽马曲线形态进行主河道位置标定，再根据各钻井计算齿化率值进行河道边界确定（图5-14）。

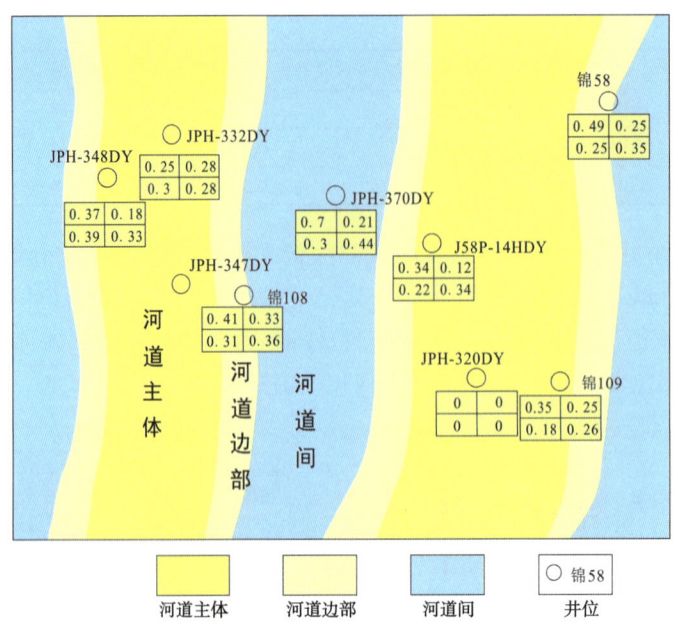

图 5-14　锦 58 井区 H1-1 小层齿化率与河道边界关系

2. 地震属性约束下砂体规模约束

辫状河道单砂体类型包括心滩、辫状水道两大类。通过统计分析，明确了锦 58 井区盒 1 段不同沉积微相岩物性及电性特征及其有效值域（表 5-4、图 5-15）。在此基础上，建立辫状河道不同岩性、微相测井响应与三维地震波形对比模式，明确地震相与沉积微相之间的关系，进而结合三维地震波形聚类分析、有利反射结构及叠后属性优化提取等多种技术，准确刻画辫状水道空间展布及河道边界。

表 5-4　沉积微相及有效值域

沉积微相	v_p/v_s	砂层厚度（m）	沉积微相	v_p/v_s	砂层厚度（m）
河漫	>1.72	<4	单心滩	1.58~1.68	5~13
辫状水道	1.66~1.74	3~9	叠置心滩	1.46~1.60	11~20

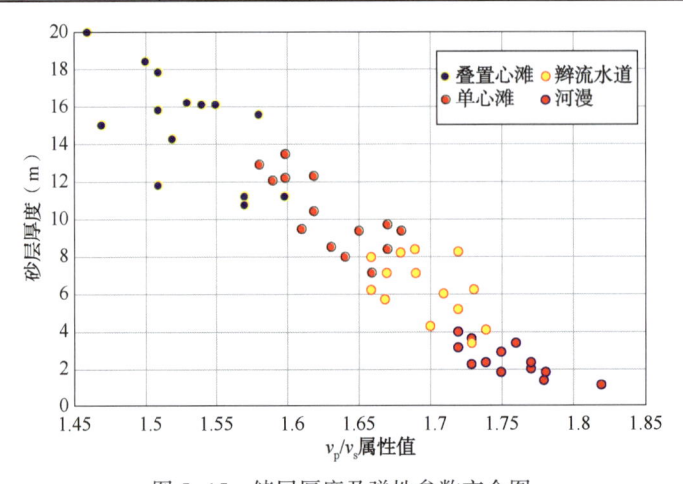

图 5-15　储层厚度及弹性参数交会图

在地震剖面上，主要根据地震波的反射波特征进行河道识别和河道发育规模约束。河道在地震剖面上主要具有三种反射特征：同相轴下弯或有明显下切现象，反映河床形态；两端有明显中断点的强反射波；单个同相轴下面有一个两端中断的弱同相轴。通过振幅和分频属性切面可以实现对心滩发育区、辫流水道发育区的刻画。锦58井区盒1段的叠置心滩发育区，地震波主要表现为宽缓强波谷反射特征；对于辫状水道，则表现为复合波反射或中弱波谷反射；对于河漫滩或泛滥平原泥岩沉积，地震波形相对杂乱，表现为明显的弱波谷或强复合波反射。锦58井区盒3段心滩发育区往往表现为较强的短轴强波谷反射特征(图5-16)。

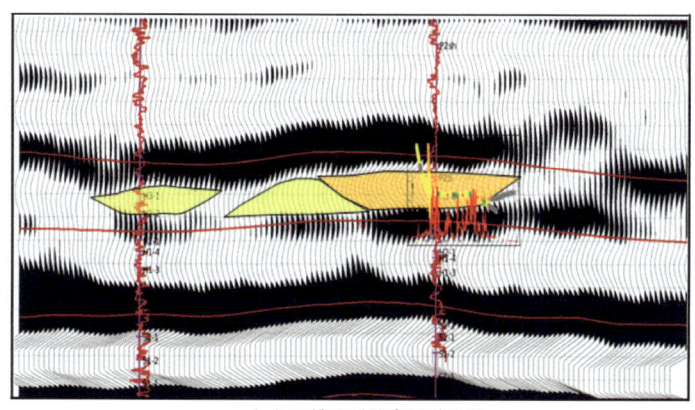

(a) 三维地震约束河道边界　　(b) 辫状河储层预测

图5-16　锦58井区盒3段心滩砂体地震相平面图

通过钻井齿化率半定量确定河道边界和地震属性河道砂体规模的联合约束，实现了单砂体沉积微相平面成图，精细刻画了单砂体河道的平面分布(图5-17)。

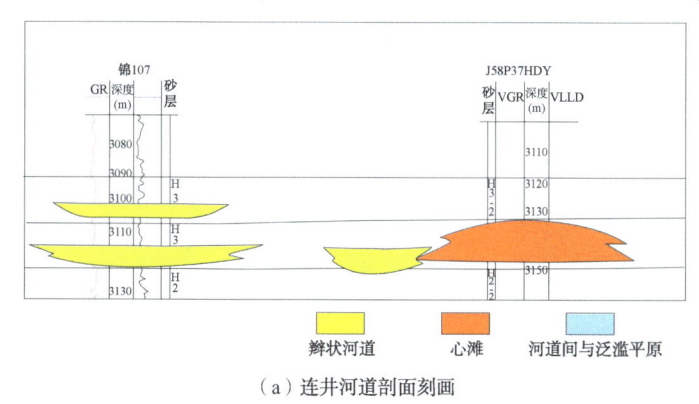

(a) 连井河道剖面刻画　　(b) 辫状河沉积微相刻画

图5-17　单砂体河道平面分布图

(三) 定量计算约束河道发育规模

1. 现代辫状河统计对河道发育规模的约束

在三维地震资料成果约束的沉积微相刻画基础上，选择高度落差相近、相同沉积环境的现代辫状河道中单一心滩和叠置心滩的长度、宽度和长宽比来约束心滩发育规模，为东胜气田锦58井区盒1段储层构型提供约束依据(图5-18)。

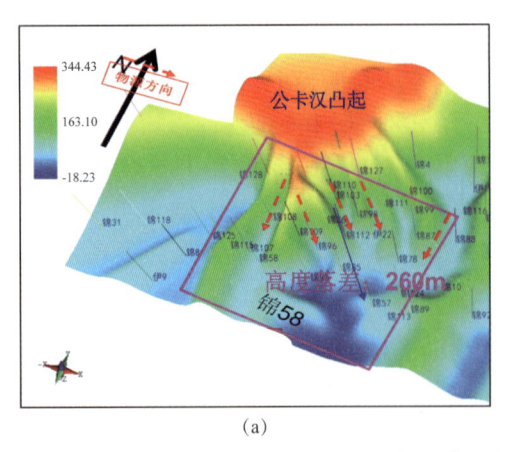

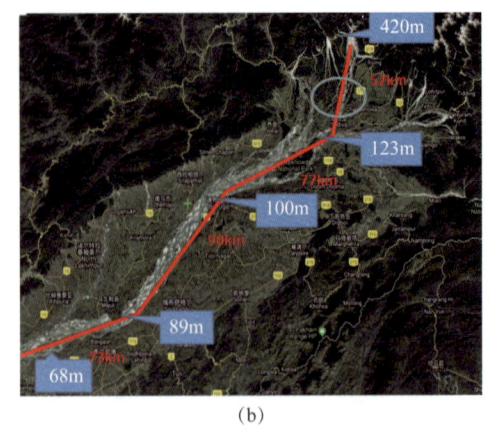

(a)

(b)

图 5-18　锦 58 井区与现代沉积模式对比图

根据卫星图像，对孟加拉国贾木纳河中的单一心滩和叠置心滩的长度、宽度和形态做了统计分析。孟加拉国贾木纳河现代河流沉积的单一心滩原始长度为 500~1200m，宽度为 150~350m，长宽比 2.3~3.4，形态上呈"梭状"（图 5-19）。多期叠置的心滩长度为 500~1200m，心滩宽度 150~400m，长宽比为 2.3~3.0，形状多样，有似三角形、长恒状（图 5-20）。

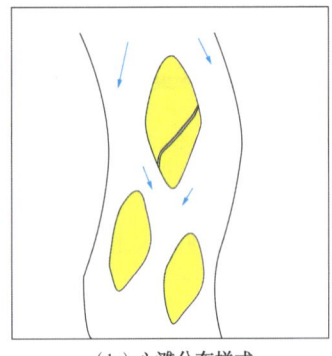

（a）现代心滩沉积　　　　　　　　　　　（b）心滩分布样式

图 5-19　原始单一心滩模式图

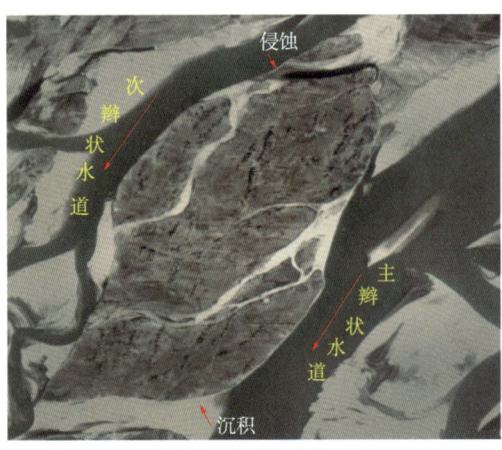

（a）现代心滩改造沉积　　　　　　　　　（b）心滩改造模式

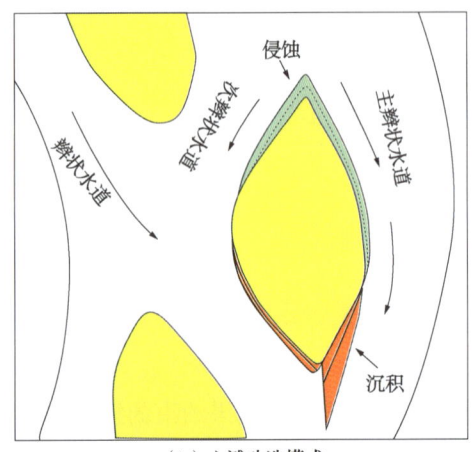

图 5-20　经改造叠置心滩模式图

同时河道不同位置心滩发育规模和形态也存在差异,上游心滩长度450~1200m,宽度150~350m,长宽比多为3.0~3.5;下游心滩长度1000~2500m,宽度400~1000m,长宽比多为2.5~3.0(图5-21)。通过对比分析表明,上游心滩无论是长度和宽度均较下游心滩小。

(a)孟加拉国贾木纳河宏观卫星图

(b)上游心滩 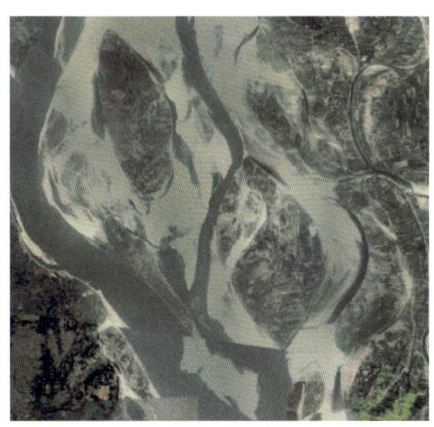　　　　　　　　　　　　(c)下游心滩

图5-21　上游心滩及下游心滩图

通过现代辫状河心滩统计分析表明,叠置心滩多表现为两期心滩叠置发育,心滩规模较单一心滩扩大,表现在心滩长度和心滩宽度均扩大,平面上多期心滩砂体连片发育(图5-22、图5-23)。

2. 定量计算约束河道发育规模

1)水平井实钻约束单砂体发育规模

根据现代河流宽度统计分析,河道的宽度多为200~500m,通常都不超过1000m。因此,在识别锦58井区盒1段辫状河道时,可以利用现代的河道宽度数据进行约束(金振奎等,2010)。如果垂直河道方向上砂体距离超过1000m,那就不是同一条河道沉积。根据JPH-381井水平段的单砂体综合解释,研究区心滩宽度在150~350m之间,心滩砂体厚4~7m,宽厚比约50,辫流水道宽度在30~60m(图5-24)。

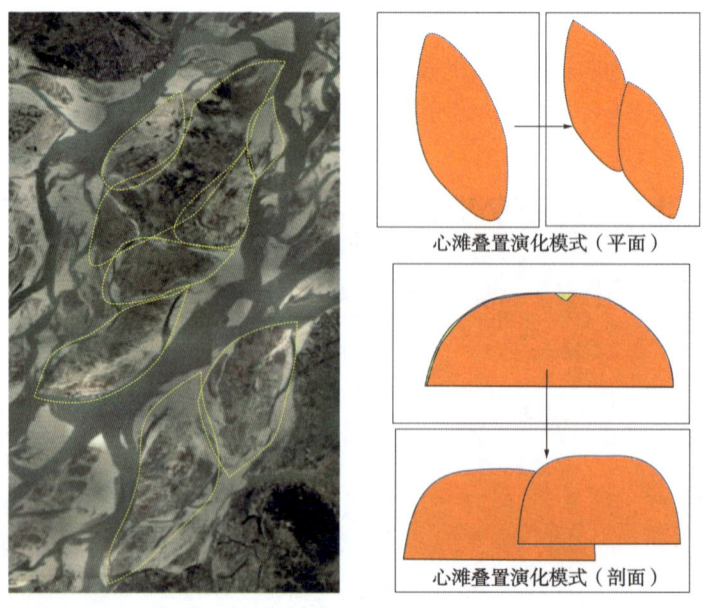

图 5-22 现代心滩叠置与砂体叠置演化

(a) 心滩叠置卫星图

(b) 心滩叠置卫星图

(c) 心滩叠置模式图

图 5-23 多期心滩砂体叠置模式

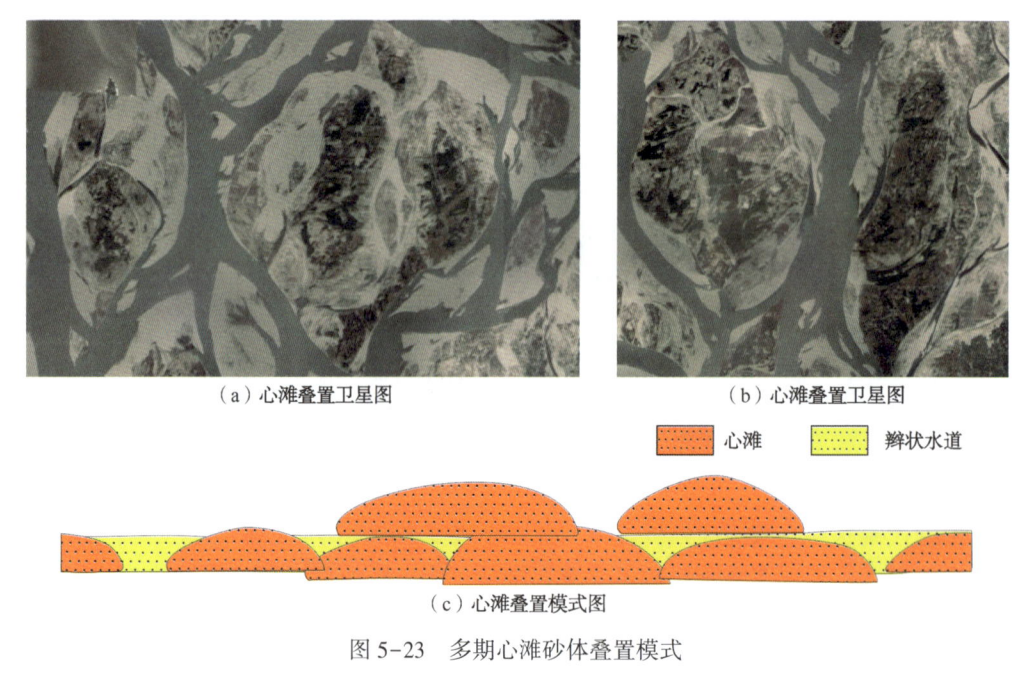

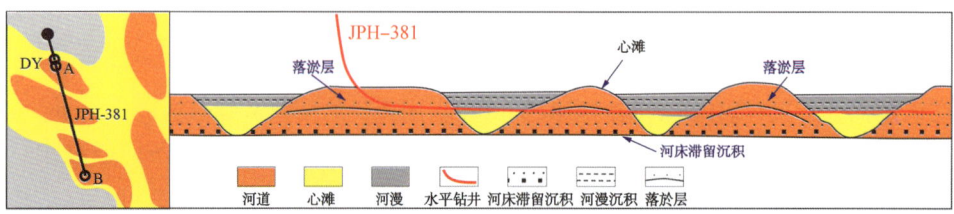

图 5-24 JPH-381 井水平段钻遇剖面模式图

2）不同期次单砂体发育规模刻画

河道规模主要从河道类型、河道砂体厚度、河道宽度和宽厚比等多个参数来表征（表5-5）。依据锦58井区盒1段辫状河道展布方向和主河道位置确定方法，并用小井距井区连井河道砂体对比剖面、齿化率指数，综合进行河道规模的约束（图5-25）。

以锦58井区盒1-3小层为例，该时期主要发育三期辫状河道，通过计算单期河道宽度约200~450m，单期砂体厚2~6m；复合河道的河道宽800~2400m，累积砂体厚度为15~30m。平面上叠置三期河道的分布范围，计算出盒1-3小层3期河道叠置后河道宽度在1000~2000m（图5-25）。

表5-5 河道规模参数表

序号	河道分类	砂体厚度(m)	河道宽度(m)	宽厚比
1	复合河道	15~30	800~2400	50~80
2	单期河道	2~6	200~450	75~100

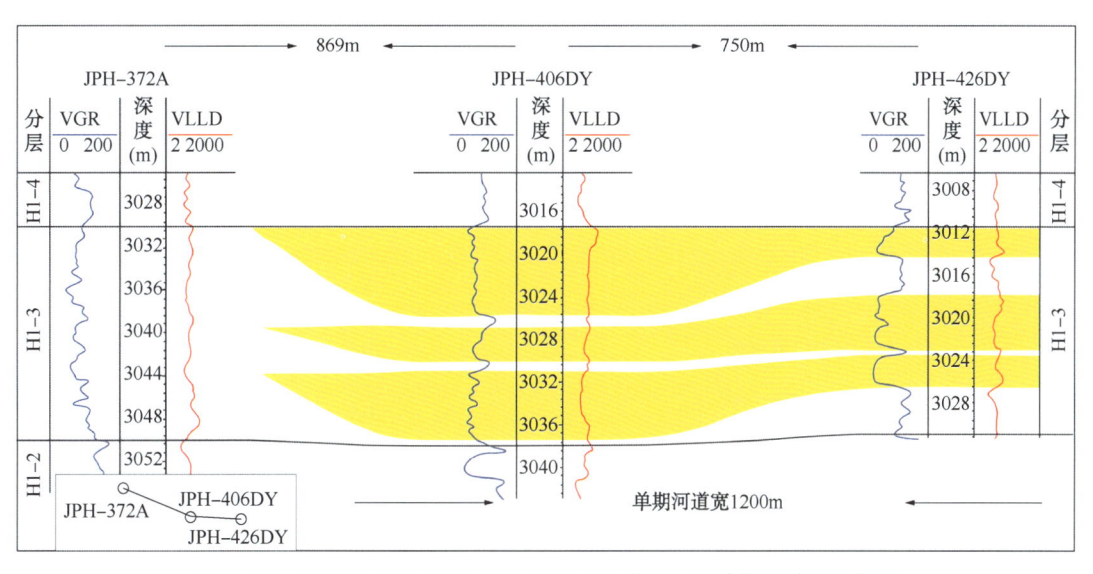

图5-25 过JPH-372-JPH-406-JPH-426井H1-3单期河道连井剖面

依据上述分析方法，在河道宽厚比以及古水流方向的约束下，完成了东胜气田锦58井区盒1段7期单河道的刻画（图5-26、图5-27、图5-28）。七期河道分布，展示了同时期单砂体平面分布，更展示了单河道的迁移和垂向演化过程。以H1-3小层为例：三期河道辫流化特征明显，每期主要发育三条辫状河道，垂向上有明显的继承性，如图5-29所示。将H1-3小层三期河道垂向叠置，经过测量叠置河道宽度主要分布在1000~2000m之间，相邻沉积期次继承性十分明显，也显示出辫状河道的侧向迁移摆动特征。

(a) H1-3-3河道展布图　　　　(b) H1-3-2河道展布图　　　　(c) H1-3-1河道展布图

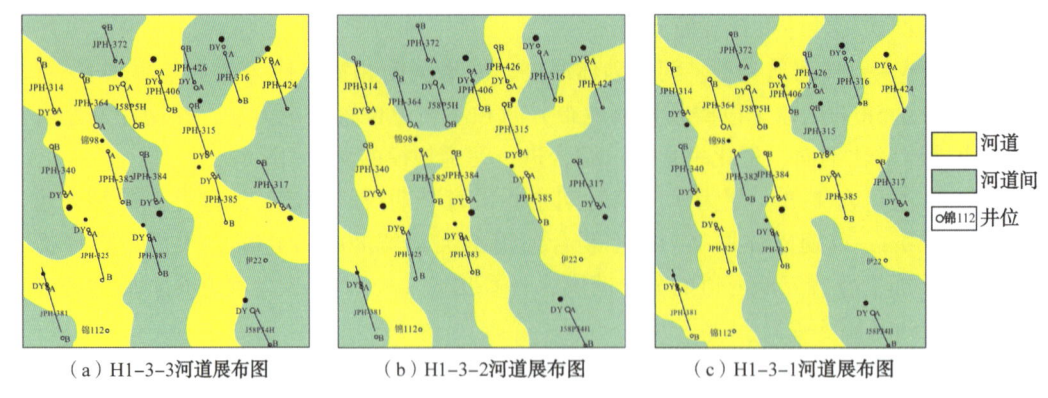

图 5-26　H1-3 单砂体期次内河道展布图

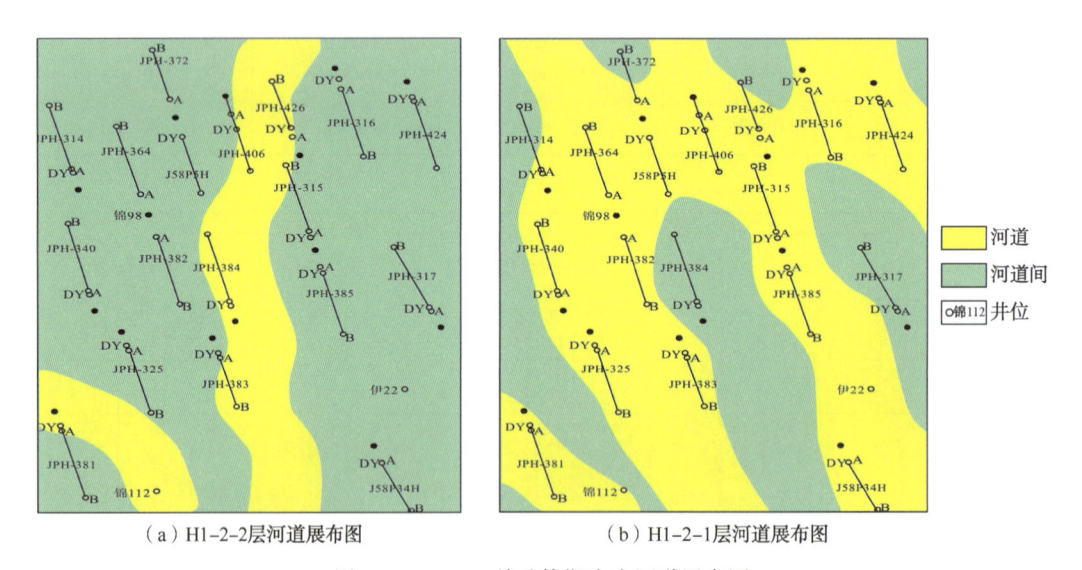

(a) H1-2-2层河道展布图　　　　　　　　(b) H1-2-1层河道展布图

图 5-27　H1-2 单砂体期次内河道展布图

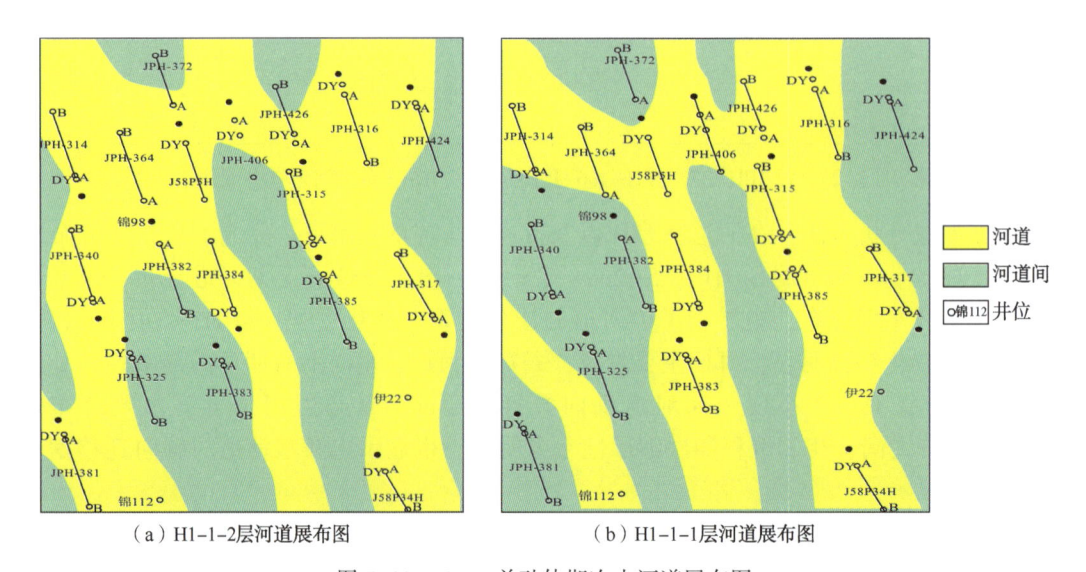

(a) H1-1-2层河道展布图　　　　　　　　(b) H1-1-1层河道展布图

图 5-28　H1-1 单砂体期次内河道展布图

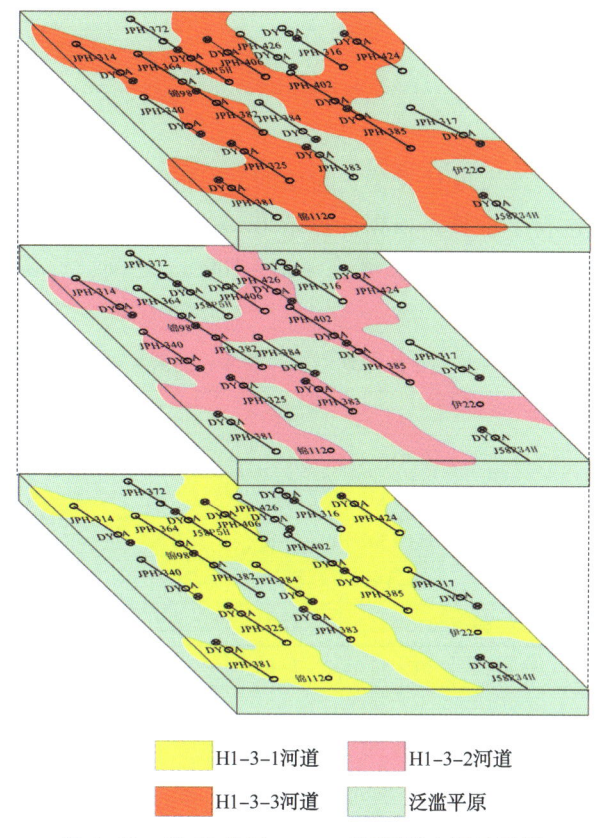

图 5-29　锦 58 井区 H1-3 三期河道空间叠置图

二、单砂体储层构型模式建立

(一) 单期心滩和叠置心滩定量计算

以东胜气田锦 58 井区盒 1 段冲积扇—辫状河沉积模式为指导，在前述各期单砂体河道分布的基础上，进一步开展了河道内心滩砂体的精细刻画，形成了锦 58 井区盒 1 段冲积扇—辫状河沉积模式指导下的砂体构型研究方法。并建立了东胜气田锦 58 井区下石盒子组"垂向分期→侧向划界→地震约束→建模表征"的冲积扇—辫状河致密砂体储层构型模式。

在野外剖面观察、现代河流测量及单砂体识别基础上，建立不同坡度、不同厚度条件下的心滩定量描述方法。根据文献调研及水平井实钻资料综合分析，心滩发育规模定量计算公式如下(李海明等，2014；瞿雪姣等，2018；张善义；2018)：

公式(1)：$w = 6.8 \times h^{1.54}$；

公式(2)：$h = 1.45H$；

公式(3)：$K = 0.0775 H_d + 2.3878$；

公式(4)：$Y = wK = 6.8 \times h^{1.54} \times (0.0775 \times H_d + 2.3878)$；

式中　Y——心滩长度；

w——心滩宽度；

H——实钻心滩厚度；

H_d——坡降；

K——长宽比。

以上述心滩长度、心滩宽度计算公式为依据，对锦58井区36口钻井河道砂体辫状水道和心滩砂体厚度进行了计算。根据计算结果（表5-6），扇中河道心滩长度为813m、辫状河道心滩长度为522m，心滩长度在400~1000m之间，心滩长宽比在3.0~3.5之间。

表5-6 锦58井区盒1段单期心滩和叠置心滩规模参数定量计算表

研究区	坡降(m/100m)	单期心滩					叠置心滩	
		长度(m)	宽度(m)	厚度(m)	长宽比	宽厚比	厚度(m)	宽度(m)
冲积扇	5.5	721~1285	203~352	6~9	3.8	32~39	8~13	578~1132
	3.0	518~1107	151~302	5~8	3.6	29~37	7~12	655~1347
	1.7	118~489	53~158	2~5	3.4	18~29	4~9	712~1278
辫状河	1.3	324~763	112~247	4~7	3.2	25~34	6~10	832~1536
	1.0	295~624	102~198	4~6	3.0	25~32	6~9	805~1623

（二）单河道砂体内心滩平面分布特征

以东胜气田盒1-3小层为例，分别对盒1-3-1、盒1-3-2、盒1-3-3小层内心滩砂坝个数、心滩平均长度、平均宽度和平均厚度进行了计算（表5-7）。计算结果表明（图5-30），盒1-3-1、盒1-3-2小层单砂体内心滩砂坝个数最多（分别为44个和43个），多于盒1-3-3小层的35个；并且心滩发育规模（心滩平均长度、平均宽度、平均厚度）也是盒1-3-1、盒1-3-2小层均较盒1-3-3小层大。进一步再刻画了盒1-3-1、盒1-3-2、盒1-3-3小层单砂体格架内心滩平面分布，并将盒1-3小层三期心滩砂体分布图叠置在一起。如图5-31所示，小层内心滩砂体叠合宽度分布在800~1500m，叠合心滩砂体厚度主要在10~16m，且垂向上心滩的位置及发育规模具有一定继承性。

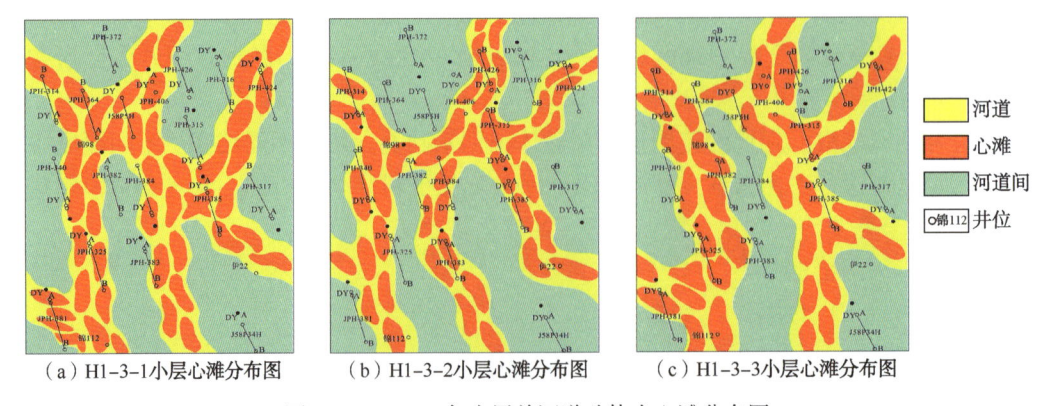

（a）H1-3-1小层心滩分布图　（b）H1-3-2小层心滩分布图　（c）H1-3-3小层心滩分布图

图5-30　H1-3各小层单河道砂体内心滩分布图

表 5-7　锦 98 井区 H1-3 各期次心滩砂坝参数表

小层	心滩砂坝个数	平均长度(m)	平均宽度(m)	平均厚度(m)
H1-3-1	44	932	310	5.6
H1-3-2	43	985	328	6.3
H1-3-3	35	887	295	5.2

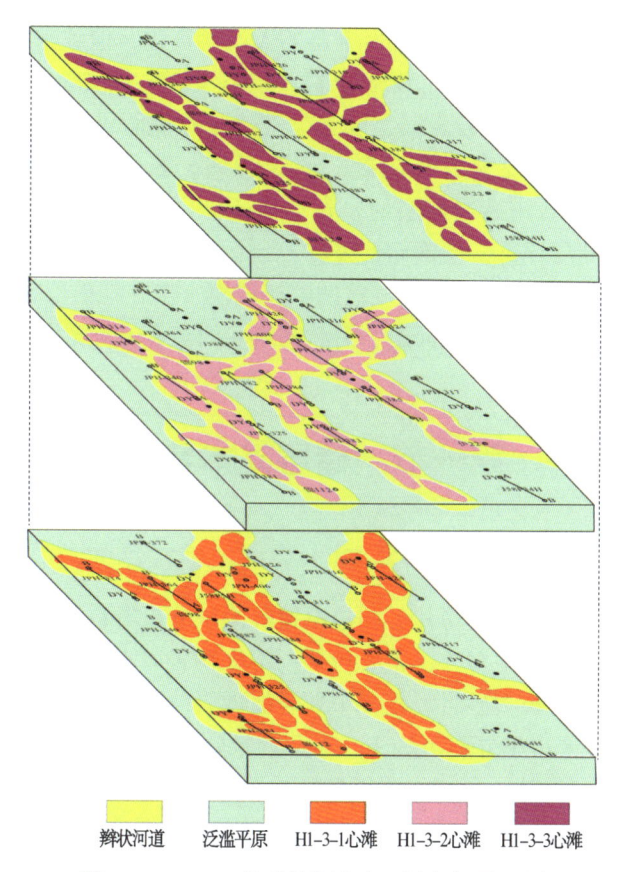

图 5-31　H1-3 单砂体期次内心滩空间叠置图

第六章 致密砂岩储层综合评价

鄂尔多斯盆地上古生界致密砂岩具有丰富的天然气资源,但致密砂岩储层孔隙结构复杂也造成勘探开发难度增大,因此致密砂岩储层备受关注(陈全红,2007;付金华等,2019;肖国林等,2020)。致密砂岩气,以其丰富的资源量而成为现今油气勘探开发的重点。致密砂岩储层通常表现为低孔隙度、低渗透率、非均质性强的特征(李进步等,2020)。因此,正确认识致密砂岩储层的岩石学特征、孔隙类型、物性特征等储层基本地质特征,并合理开展储层评价,明确储层发育控制因素对于寻找致密砂岩气勘探中的"甜点区"十分重要,也直接影响致密砂岩气藏的生产规模。东胜气田锦58井区低孔、低渗致密化储层成因类型包括冲积扇辫状河道、辫状河辫状河道和心滩砂体,储集砂体的分布控制了圈闭及气藏分布。

第一节 储层基本特征

一、岩石学特征

利用岩心、岩石薄片、铸体薄片、扫描电镜等测试分析资料综合分析,东胜气田锦58井区下石盒子组砂岩岩石类型多样,主要包括:不等粒岩屑石英砂岩,不等粒钙质石英砂岩,其次是细—中粒岩屑长石砂岩、粗—中粒岩屑砂岩(图6-1、图6-2)。石英含量分布不均(58%~80%),主要以单井石英为主,石英颗粒内偶见微裂缝和破裂缝,可见波状消光;长石含量低(2%~10%),长石主要以条纹长石、微斜长石、正长石为主;岩屑含量中

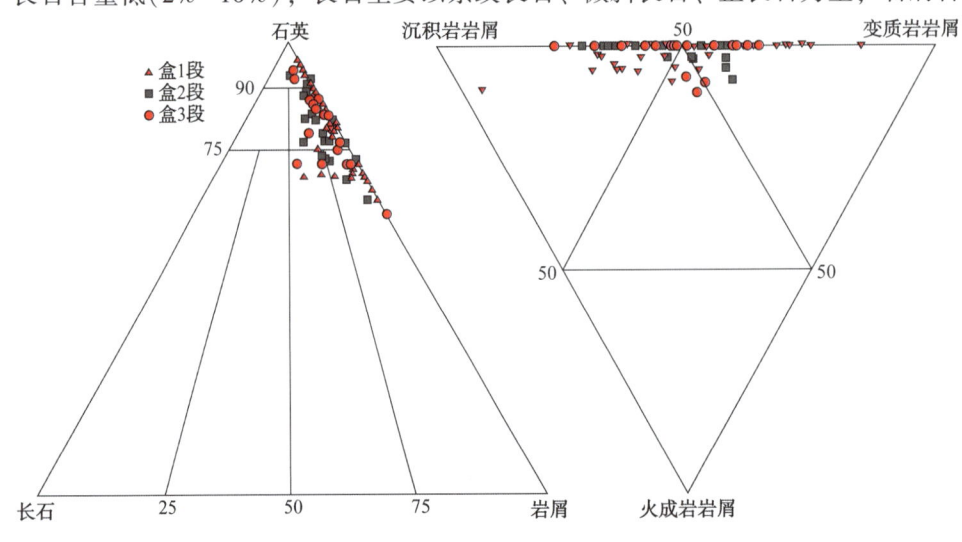

图6-1 下石盒子组储层岩石成分三角图解

等(7%~40%)，主要以千枚岩、变粉砂岩为主，可见酸性喷出岩、中基性喷出岩、千枚岩、泥岩、白云母、黑云母、绿泥石等，砂岩岩石成分含量见表6-1。

(a) 岩屑石英砂岩，锦98井，3086.54m，盒1段，单偏光；　　(b) 岩屑石英砂岩，锦98井，3086.54m，盒1段，正交偏光

图6-2　盒1段岩屑石英砂岩镜下特征

表6-1　锦58井区盒1段、盒3段储层岩石成分统计表

层位	碎屑颗粒含量(%)			填屑物含量(%)									合计
				杂基		胶结物							
	石英	长石	岩屑	长英质	泥质	方解石	白云石	石英加大	铁方解石	铁白云石	黄铁矿	自生黏土	
盒3	51~74 64.5	0~32 6.1	6~47 29.4		1~8 3.4	少	少	少				少	3~26 11.9	1~26 16.1
盒1	45~87 69.1	0~12 2.6	11~50 28.3		1~35 7.4	1~40 6.5	少	少				少	0~22 5.6	0~40 16.3

　　岩石颗粒多定向排列，颗粒分选中—好，次棱—次圆状，杂基及颗粒支撑，少量杂基支撑，颗粒接触关系多为点接触为主，偶见悬浮状。胶结类型以颗粒式胶结为主，可见孔隙式胶结，偶见基底式胶结。岩石填隙物成分复杂，以钙质为主，可见黏土质和部分沥青充填。其中，钙质胶结和方解石胶结广泛发育，钙质胶结以方解石为主；部分钻井可见凝灰质填隙物，与沉积期构造活动有关；绿泥石和硅质胶结在众多钻井中均有发育，但含量不高(图6-3)。

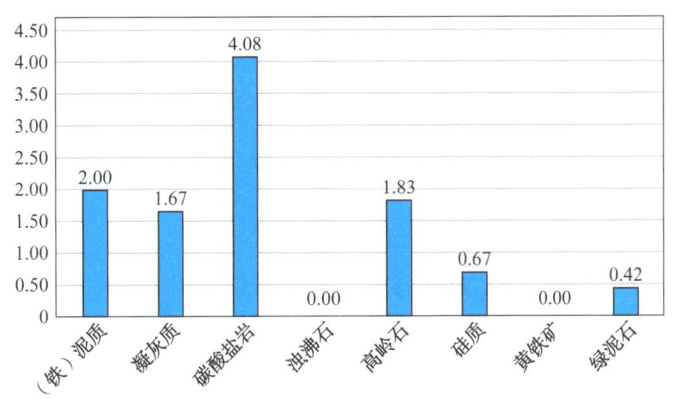

图6-3　锦58井区下石盒子组填隙物分布柱状图

二、成岩作用及成岩演化

成岩作用是指沉积物沉积后至岩石固结，在深埋环境下直到变质作用之前，以及埋藏后岩石又被抬升至接近地表的环境中发生的一切物理、化学的变化。即沉积物转变为沉积岩所发生的一系列变化称为沉积物的成岩作用。碎屑物质在沉积之后，岩石变质之前，与孔隙流体之间，会发生各种可能的物理、化学反应，反应的方式、过程及其程度随着岩石成分、流体性质、温度和压力的变化而改变。岩石、流体、温度和压力是发生各种成岩作用的基本要素，即基本成岩参数和条件（张哨楠，2008；王泽明，2010；宫雪等，2020）。对研究区目的层位储层的成岩研究表明，研究区砂岩经历了复杂的成岩作用，包括压实作用、胶结作用、交代和蚀变作用、溶蚀作用。

（一）成岩作用研究方法

储层的成岩作用研究宗旨，主要是要查明储层从沉积到成藏之前所经历的一系列成岩作用事件和成岩事件的发生过程、先后序次，以及每个成岩事件发生的阶段对储层形成所起的作用，最终目标为查明储层沉积-成岩过程中孔隙的形成、演化和分布规律。影响碎屑岩系成岩作用的因素很多，主要有盆地构造演化、沉积体系的分布、埋藏史、热演化史以及地下水溶液的活动等。本专著东胜气田锦58井区下石盒子组储层成岩作用的方法有常规岩石薄片研究、铸体薄片研究、阴极发光薄片研究、扫描电镜分析、X衍射分析、流体包裹体分析等。

1. 常规岩石薄片研究

该方法是最基本、最常用、必不可少的实验室研究方法。通过偏光显微镜观察、描述岩石的成分、结构、构造、成岩变化及孔隙特征，并对岩石进行定名，以便于成岩和孔隙研究。可制作染色铸体薄片，更为有效的是制作多用片，其目的是用同一薄片进行多项分析。多用片一般分为两个系列，即荧光系列薄片（观察油的分布和油质）和阴极发光系列薄片。常规岩石薄片分析常需要取得以下资料，以便于进行基本的成岩与孔隙演化序列分析。

2. 铸体薄片研究

孔隙铸体是研究储集岩孔隙结构的一种直观方法，通过扫描电镜和显微镜来观察碎屑岩孔隙空间的几何形态、分布及连通情况。通常有两种方法：一是将孔隙结构的复制品孔隙铸体在扫描电镜下进行直接观察；二是将铸体的岩样切成薄片，在偏光显微镜下进行观察。此类薄片不仅可起到常规岩石薄片的作用，更主要的是可进行孔隙结构的分析与研究。

3. 阴极发光薄片研究

它是研究碎屑与胶结物成分、胶结世代、岩石结构和构造的主要手段，特别是对于一般显微镜难以解决的钙质、铁质及硅质胶结现象和某些重结晶现象以及孔隙类型的鉴定等，尤其是具环带结构的铁白云石的鉴别，应用该技术可以取得较好的效果。阴极发光是由电子束轰击样品时产生的可见光。不同矿物由于含有不同的激活剂元素因而产生不同的阴极发光。基于这一原理所设计与制造的阴极发光装置，把它安装在显微镜上便构成了阴极发光显微镜。这是对偏光显微镜的重要补充，是进行成岩作用研究的重要手段。

碳酸盐矿物发光颜色可从黄色到暗红色，是因为含有激活剂锰、锶等稀有元素而二价铁（Fe^{2+}）是猝灭剂（阻止矿物发光的元素），是不发光的。在方解石及白云石中，含铁的多少对发光有直接的影响，所以根据发光明暗的程度可区分含铁和不含铁的碳酸盐矿物。无论是从薄片还是阴极发光的角度，都可以发现研究区内砂岩的碳酸盐岩胶结物是比较发育的。方解石胶结物极其发育，发橘黄色光，此外，该薄片为岩屑砂岩，泥质岩屑含高岭石，发靛蓝色光，喷出岩岩屑发红光，硅质岩屑不发光，黏土化部分发暗绿色光。

长石的阴极发光颜色很多，其中常见的为蓝色、红色及绿色。通过阴极发光显微镜与电子探针的联合分析，看出长石发光颜色与所含不同的激活剂有关。长石阴极发光特征及影响因素见表6-2。长石中最普遍的阴极发光颜色为蓝色，一般情况下，正长石发蓝色光，微斜长石发浅蓝色或不发光，条纹长石发浅蓝—黄绿色光，斜长石可有多种发光色，取决于所含的元素，自生长石常不发光。根据对研究区内样品进行阴极发光发现，长石含量较少，以正长石为主，少量斜长石和微斜长石，长石发蓝色光，石英发暗蓝色光，泥质岩屑多不发光，部分发暗绿色光，部分颗粒高岭石发靛蓝色光，黏土化颗粒发暗绿色光，方解石胶结物发橘黄光。

表6-2　长石的阴极发光特征及影响因素

矿物名称	阴极发光特征	发光的影响因素
钾长石	亮蓝色	含钾的条纹长石
条纹长石	深	富钾的微斜长石
微斜长石	淡	
斜长石	暗	随Ca^{2+}含量变化而变
钠长石	暗	有的呈粉红色
奥长石	鲜绿色	
钙长石	芥末黄色	
自生的或低级变质岩长石	不发光	低温下的结晶长石不发光
火成岩或高级变质岩长石	发光	

U. Zinkernagel于1978年对石英的阴极发光特点做了系统的研究，其中包括火成岩、接触变质岩、区域变质岩、沉积自生石英等。所有石英的发光光谱表现出两个发射极大值：(1)波长为350~450nm，在蓝色范围内；(2)波长为600~650nm，在红色范围内。不同石英的光谱组成中，上述两个发射极大值强度不同。在沉积碎屑石英中，有三种不同的发光类型。由此可看出石英的发光颜色有三种(1)发蓝紫色光，为高温石英，冷却速度较快，产于火山岩、深成岩及接触变质岩；(2)发棕色或褐色光，多为高温石英，且冷却较慢（一般指高温区域变质的石英），也可以是低温石英（一般是低级变质岩中的石英）；(3)不发光，一般为自生石英。石英阴极发光特征见表6-3。

表6-3 石英阴极发光特征

发光颜色	温度(℃)	结晶条件	产状
蓝紫色	>573	快冷却	火山岩、深成岩、接触变质岩
棕、褐色	>573	慢冷却	高级区域变质岩
			低级变质岩
不发光	<573		自生石英岩

阴极发光薄片在成岩研究中应用广发，主要有以下作用。

1）胶结物的世代分析

石英加大、碳酸盐矿物胶结及其他胶结物可呈世代现象，在偏光显微镜下通常较难区分，而在阴极发光下则十分明显。晶体生长时、孔隙流体中存在着离子差异，在胶结物形成过程中所产生的这种世代，就形成了发光颜色不同的环带通过对胶结物世代的研究可了解晶体生长的历史。还可了解岩石在成岩过程中流体化学性质的变化，并由此推断其成岩环境。

2）原始结构的恢复

岩石经过成岩作用影响后，原始结构可能变得面目全非，如强烈硅质胶结的石英砂岩或岩石经过强烈的交代作用、重结晶作用、破裂充填作用后，岩石原始结构在偏光显微镜下可能难以辨认，而借助于阴极发光显微镜，恢复岩石的原始结构，从而为判断沉积时的形成条件提供了可靠的依据。在普通镜下所观察到的结构歪曲或假象通常有：（1）粒度比原始的大；（2）圆度比原始的降低；（3）分选比原始的好；（4）接触关系比原始的显得更紧密。

此外，在阴极发光显微镜下可以了解石英颗粒的压碎和愈合作用。常见有些石英颗粒上有裂隙，有的颗粒甚至压碎成若干块，后又被硅质胶结起来，在透射光下很难发现这些裂隙有时甚至误认为多晶石英，而在阴极发光下这些压碎及愈合现象可分得很清楚。压碎是在静岩压力超过颗粒的抗压强度而发生，愈合作用发生在压碎各部分未发生相对位移时，愈合后它们的光性保持一致，仍为单晶石英，如破碎各部分彼此间有位移、扭动，造成光性不一致，愈合后颗粒就成为多晶石英。

3）推断成岩顺序

胶结物形成顺序与成岩演变有着密切关系，当存在石英次生加大时，可用阴极发光推断成岩顺序。

（1）当石英与碎屑接触处没有加大，而在与胶结物接触处有明显加大时。说明岩石首先经受了压实或压溶作用，其后当有硅质来源时，使未接触的孔隙处产生自生加大，后又被其他化学胶结作用再次胶结。这说明石英自生加大早于晚期胶结作用，而晚于机械压实作用。

（2）当石英的自生加大在其四周均有发育，即碎屑石英与其他颗粒和胶结物之间都有加大时，表明石英自生加大早于机械压实作用或同时进行。

4）识别次生孔隙

对于由碳酸盐胶结物溶解形成的次生孔隙，可以通过阴极发光显微镜加以识别。因为溶解了的碳酸盐胶结物只要还有少量的残余物，在阴极发光下都可以有所显示。残余碳酸盐矿物在孔隙中的分布大体有两种情况：一是颗粒边部有少量残余部分，另一种情况是在孔隙中有少量残留的星点状碳酸盐矿物分布。这些特征在偏光显微镜下往往难以辨认。

4. 扫描电镜分析

由于放大倍数高、分辨率高，可以观察到普通显微镜下观察不到的现象，如黏土矿物、微孔隙等，因而在成岩作用中广泛应用。扫描电镜对矿物鉴定的基本原理是根据其形貌和晶形进行鉴定，对于晶形相似的矿物，效果较差。在成岩和孔隙演化研究中，扫描电镜主要用于以下方面的分析。

(1) 胶结物类型：鉴定孔隙和喉道中自生胶结物的类型，特别是细小的黏土类矿物及不同类型的沸石类矿物。

(2) 胶结产状：识别自生黏土胶结物的胶结产状(孔隙充填、孔隙衬边和孔隙桥塞)和石英、长石次生加大的级别。

(3) 溶解、交代作用：长石蚀变、矿物的溶解、交代、再生长，自生矿物组合及形成顺序等。

(4) 孔隙类型(尤其是微孔隙)：形态、数量。

(5) 喉道类型：喉道的大小与形态。

(6) 孔喉连通情况。

5. X 衍射分析

砂岩中黏土矿物及有些自生矿物在偏光显微镜下难以辨认，在扫描电镜下对那些形貌相似的矿物也难以区分，更不能确定其相对含量，而 X 射线分析能揭示矿物晶体结构，对鉴定黏土矿物及某些自生矿物起到特殊的作用，尤其是对黏土矿物的研究最为有效。根据 X 衍射图谱上峰值的大小来确定矿物类别，根据峰高、峰面积确定衍射强度，进行矿物定量而根据峰形函数即同一类矿物的峰形变化，可以反映矿物本身的某种变化。因此，X 射线衍射分析所能解决的问题主要有：(1)黏土矿物的定量分析；(2)混层黏土矿物鉴定与混层比计算；(3)自生矿物的分析与鉴定。

6. 流体包裹体分析

矿物包裹体是矿物生长时所捕获的成岩介质溶液。它记录了矿物形成时的条件及流体性质。含有包裹体的自生矿物可以是方解石、白云石、石英、沸石、石膏、石盐等。

1) 分类

矿物包裹体按其物理形态分为：(1)纯液态包裹体(测定盐度及成分)；(2)气液包裹体(测定均一温度和盐度)；(3)多相包裹体(指气、液、固等三相以上的包裹体)；(4)有机包裹体(有机液体如石油，气体如甲烷、乙烷、固体如沥青)(5)继承包裹体(碎屑矿物中的包裹体)，可判断母岩性质及物源方向。

2) 假设条件

研究包裹体有三个假设：(1)包裹体是在均匀体系中捕获的，捕获时充满了空间；(2)包裹体圈闭以后空间大小没有明显变化；(3)包裹体捕获后没有外来物质加入及流出。

3) 研究方法

本专著采用均一法,将含有包裹体的薄片放在冷热台上加热,气液两相均一化为一相时,此时的温度为包裹体恢复到其形成时的温度,即均一温度,它反映了矿物的成岩温度。测定自生矿物中的包裹体温度,可了解当时的成岩温度。也可对不同世代胶结物(或加大边)中包裹体的均一温度进行测定,可判断不同成岩阶段的成岩温度。

(二) 成岩作用类型及特征

1. 压实作用

压实作用是松散沉积物在上覆水体和沉积物负荷压力作用下发生总体积缩小和孔隙度降低的一种成岩作用方式,也是储层形成过程中不可避免的一种破坏性成岩作用(于兴河等,2009)。

刚性骨架颗粒:主要包括石英、长石及刚性岩屑等组分,刚性岩屑以变质石英岩、粉砂岩、燧石为主,整体主要呈半定向—定向排列,颗粒之间以线接触为主,部分压实作用强的区域呈紧密接触,甚至出现凹凸接触,孔隙空间被严重压缩,原生粒间孔几乎消失殆尽。部分颗粒在强压实作用下发生刚性破裂,形成裂隙、裂纹(图 6-4),砂岩受压实明显,颗粒间有线接触、凹凸接触,以刚性颗粒为主,在强压实作用下,部分刚性颗粒之间也出现了凹凸接触,塑性岩屑发生形变弯曲。

塑性颗粒:主要包括塑性岩屑及云母等组分,塑性岩屑以片岩、千枚岩、部分泥岩为主。碎屑组分在强烈压实作用下变形严重,充填于邻近孔隙中,占据粒间孔隙。

压实作用在锦 58 井区不同井位表现有差异,普遍表现为弱—强的压实特点;碎屑多呈点—线接触、线接触,局部表现为凹凸接触,塑性颗粒被挤压变形,局部形成假杂基。大多数砂岩中的粒间孔减少、减小,呈现出细小粒间孔的特征。

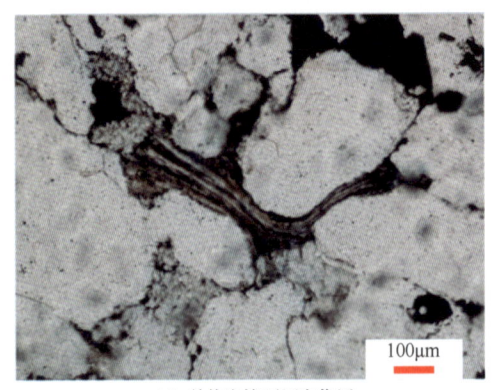

(a) 单偏光镜下压实作用　　　　(b) 正交偏光镜下压实作用

图 6-4　锦 78 井砂岩储层压实作用微观特征(x10,3162.97m)

2. 胶结作用

胶结作用是指矿物质在碎屑沉积物孔隙中沉淀,形成自生矿物并使沉积物固结为岩石的作用,它是使储层孔隙度降低的重要因素,在很大程度上因占据了较多的粒间孔隙空间而明显减小了储层的原始孔隙度和渗透率(张春林,2019;刘登科,2019)。研究区砂岩胶结产物类型多样,以硅质胶结、方解石胶结、黏土矿物胶结为主。胶结作用会破坏一定的粒间孔隙，但成岩早期的胶结作用具抗压实的作用，后期溶蚀作用会增大一部分孔隙。

1）硅质胶结作用

硅质胶结在研究区内广泛发育，其含量略低于方解石。硅质胶结主要以两种形式产出：石英次生加大和粒间粒状石英颗粒（图6-5、图6-6）。镜下鉴定结果显示，成岩早期次生石英加大主要为Ⅰ级环边加大。中晚期成岩的石英次生加大主要呈较完好的晶柱状，被黏土矿物包裹，硅质充填粒间孔隙，平面上呈缝合线接触。锦58井区目的层硅质加大主要以加大边形式存在，发育多期加大。

（a）锦57井，2996.16m，石英颗粒次生加大，浊沸石晶体充填于粒间孔隙中，见粒间缝

（b）锦98井，3063.06m，次生石英毛发状伊利石充填于粒间孔隙中，石英颗粒次生加大

图6-5　自生石英微观特征

（a）石英的次生加大，锦110井，3016.47m，盒1段

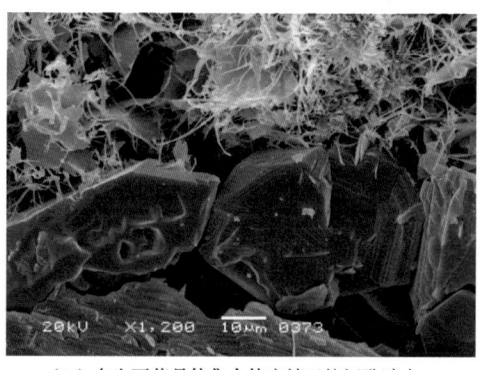

（b）自生石英晶体集合体充填于粒间孔隙中，晶间孔隙发育，锦98井，3063.03m，盒1段

图6-6　锦58井区盒1段砂岩硅质胶结物微观特征

2）方解石胶结作用

在薄片、阴极发光下鉴定表明，锦58井区下石盒子组方解石胶结物通常发育1-2期，胶结物占据粒间孔隙（图6-7、图6-8）。早期方解石以连生式生长。碎屑颗粒呈漂浮状，部分呈嵌晶状充填在骨架颗粒间，甚至交代长石、岩屑、杂基等。方解石周围一般没有其他类型的胶结物，表明早期方解石形成于压实作用较弱、其他胶结物尚未析出的浅埋藏阶段。

(a) 锦98井,3060.79m,H1-3,单偏光　　　　(b) 锦98井,3060.79m,H1-3,正交偏光

图 6-7　方解石普通显微镜下特征

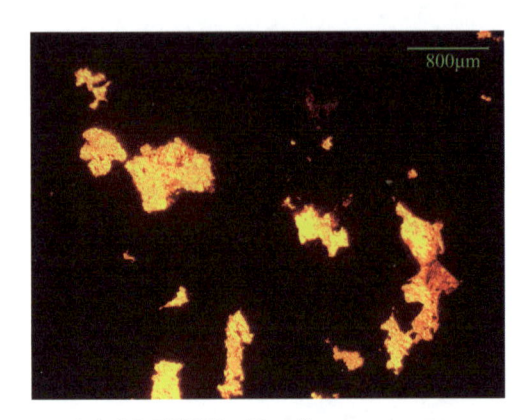

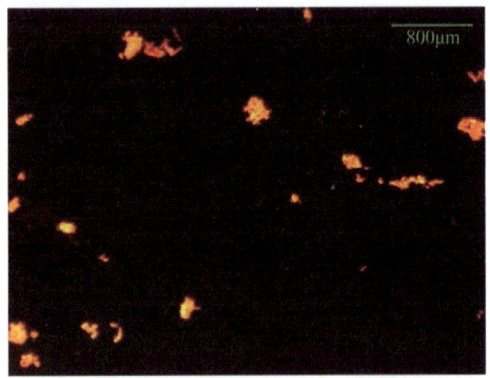

(a) 方解石胶结物,锦110井,3016.47m,H1-3　　　(b) 阴极发光薄片,喷出岩岩屑发红光,杂基不发光,方解石胶结物发橘黄光,锦108井,3151.12m,H1

图 6-8　锦58井区盒1段砂岩方解石胶结物阴极发光特征

晚期方解石主要为铁方解石(或含铁方解石),充填于紧密压实的骨架颗粒间的不规则小孔隙中。根据胶结物的产状及其矿物间的共生组合关系,认为铁方解石主要形成于晚成岩阶段,且在强烈压实作用之后,形成时间相对于石英次生加大边、绿泥石以及高岭石等胶结物来说较晚。方解石胶结物在阴极发光下较易识别,以发橘黄色光为主(图6-9)。

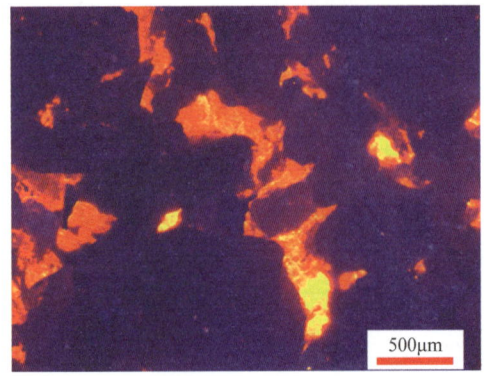

(a) 锦21井,2837.29m,5×10倍　　　　(b) 锦39井,2215.05m,5×10倍

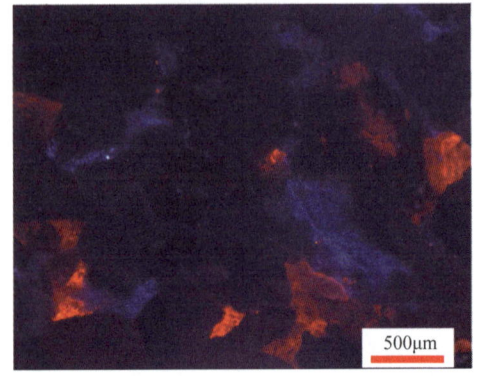

图 6-9　方解石胶结物阴极发光特征

3）黏土胶结

（1）高岭石。

高岭石黏土矿物主要可分为两种类型（图6-10、图6-11、图6-12）：一类呈书页状松散堆积于粒间孔空间，由于排列不紧密，导致高岭石晶间孔相对发育，高岭石晶体间储集空间较多，主要由流体沉淀形成；第二类高岭石主要与长石溶孔相伴生，是长石次生溶蚀再沉淀的产物，多呈集合体形式紧密排列在粒间孔及溶孔空间内。

（a）锦110井，3016.47m，H1-3，×10，单偏光　　（b）锦112井，3113.6m，H1-3，×2，单偏光

图6-10　普通薄片高岭石镜下特征

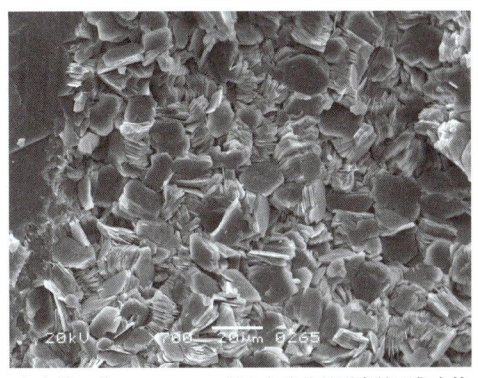

（a）锦78井，3092.77m，假六方片状晶形高岭石集合体　　（b）锦57井，2996.16m，片状高岭石充填于粒间孔隙中

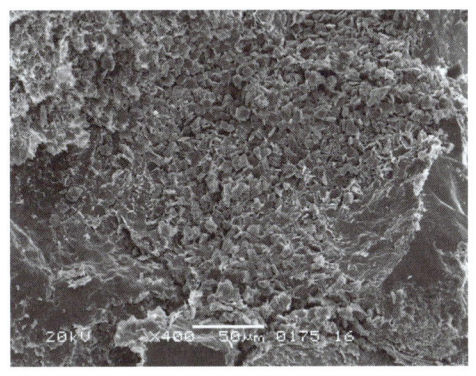

图6-11　扫描电镜下高岭石形态特征

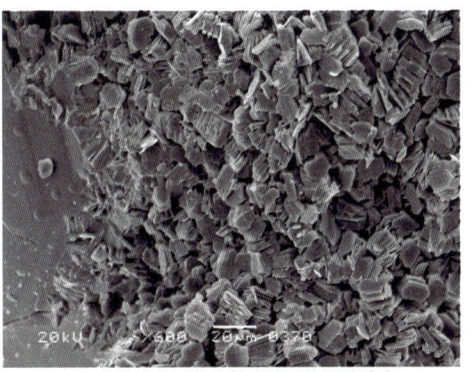

（a）片状高岭石，锦112井，3113.6m，H1　　（b）片状高岭石集合体充填于粒间孔隙中，晶间微孔隙发育，锦98井，3063.03m，H1

图6-12　锦58井区盒1段砂岩高岭石微观特征

(2) 绿泥石。

薄片鉴定和扫描电镜分析表明，锦 58 井区绿泥石主要呈两种形式存在(图 6-13、图 6-14)：颗粒包壳式和粒间充填式。包壳式绿泥石主要于成岩早期形成，呈鳞片状或花瓣状，呈现约 3.0~6.0μm 的厚度包裹在碎屑颗粒表面；至成岩中后期，由于埋藏深度增加且地层温度升高，绿泥石多呈针叶状、花朵状及绒球状充填于孔隙空间。

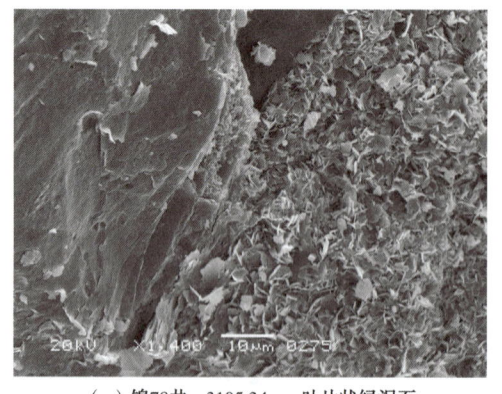

(a) 锦78井，3105.34m，叶片状绿泥石
集合体充填于粒间孔隙中

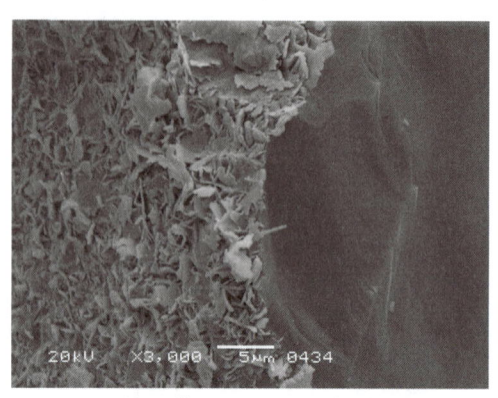

(b) 锦111井，3000.84m，叶片状绿泥石
集合体附着于碎屑颗粒表面

图 6-13　绿泥石特征(扫描电镜)

(a) 刚性颗粒边缘的绿泥石包边，
锦113井，3070.72m，H1

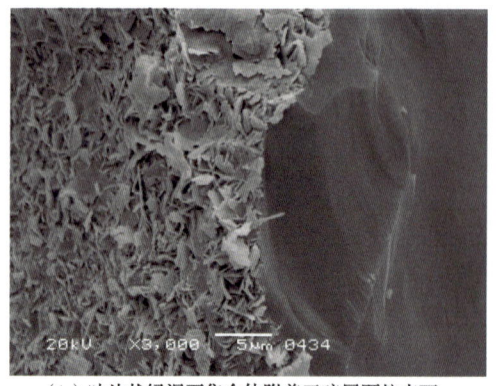

(b) 叶片状绿泥石集合体附着于碎屑颗粒表面，
锦111井，3000.84m，H1

图 6-14　锦 58 井区盒 1 段砂岩绿泥石微观特征

3. 交代和蚀变作用

交代和蚀变作用在研究区主要发生于岩屑和长石，表现为岩屑表面的黏土化、高岭石化，以及方解石的交代作用。研究区内大多数长石蚀变成了高岭石，这种高岭石具有完好的碎屑交代假象，部分被交代碎屑中高岭石晶间包裹有机质残余，也见有隐晶质的高岭石转变为鳞片状或蠕虫状的结晶高岭石等。早期蚀变的高岭石由于发育大量的晶间孔而对储层具有建设性作用。利用阴极发光分析，对于岩屑砂岩，泥质岩屑含高岭石，发靛蓝色光，喷出岩岩屑发红光，硅质岩屑不发光，黏土化部分发暗绿色光，方解石胶结物发橘黄光，如图 6-15 所示，可以发现黏土矿物和方解石之间的蚀变，长石发蓝色光，部分长石黏土化，黏土化部分发暗绿色光，少量长石颗粒被方解石交代，发橘黄光。

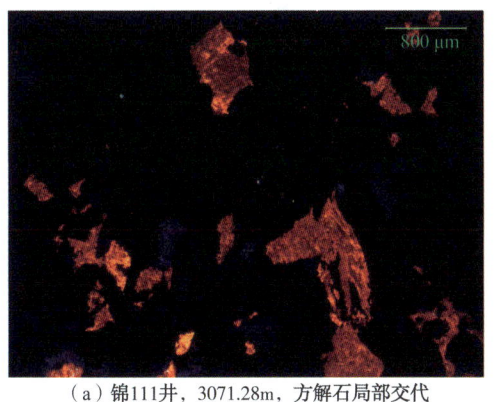

(a）锦111井，3071.28m，方解石局部交代 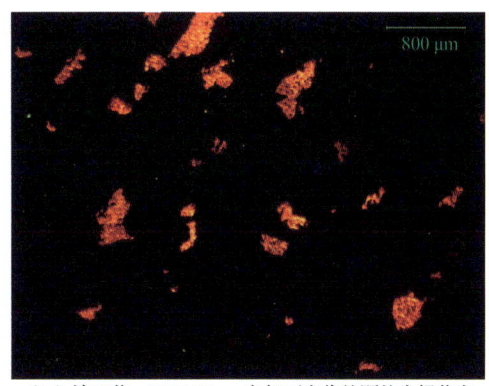　　　　(b）锦87井，3065.02m，方解石交代的颗粒发橘黄光

图6-15　交代蚀变的阴极发光证据

4. 溶蚀作用

砂岩中的颗粒、填隙物，在一定的成岩环境及物理化学条件下可以发生不同程度的溶蚀，形成次生溶蚀孔隙。

粒间溶蚀发生在碎屑组分之间，即颗粒边缘、填隙物和胶结物的溶蚀（图6-16）。粒间溶蚀的产物粒间溶孔是锦58井区下石盒子组砂岩的主要储集空间之一。在多期流体作用下，碎屑颗粒边缘发生溶蚀形成港湾状，大多数砂岩中的泥质填隙物普遍发生不同程度的溶蚀，并伴随有泥质杂基的高岭石化和铝硅酸盐的水化，黏土化等。

(a）锦97井，2929.45m，H2-1，x10，
单偏光，长石颗粒沿解理缝溶蚀

(b）锦78井，3092.77m，x2，
单偏光，粒间溶蚀孔隙

图6-16　溶蚀作用微观特征

粒内溶蚀主要发生在不稳定岩屑和长石上，岩屑常形成溶蚀微孔，长石主要沿解理面发生溶蚀，形成丝缕状或蛛网状溶蚀形态（图6-17）。其中，长石溶蚀现象在研究区非常普遍，大多数长石都发生了蚀变和溶蚀，部分长石甚至几乎被溶蚀殆尽，仅残存颗粒外形，这也是研究区内长石含量普遍偏低的重要原因之一。

此外，研究区内储层砂岩中发育一定含量的溶蚀裂缝，部分溶蚀缝为粒缘缝，沿着岩屑颗粒边缘发育，部分溶蚀缝切穿碎屑颗粒，还有部分溶蚀缝顺着粒间延伸，依次绕过了刚性颗粒，加强了孔隙的连通性，利于储层的发育。

(a) 粒间溶孔发育,锦115井,3171.77m,盒1段
(b) 粒间溶孔,锦110井,3016.47m,盒1段 
(c) 岩屑内部不稳定组分溶蚀后形成的粒内溶孔,锦98井,3060.79m,盒1段 
(d) 粒内、粒间溶蚀,锦112井,3113.6m,盒1段 

图6-17 锦58井区盒1段砂岩溶蚀作用形成的孔隙

(三) 成岩演化

1. 成岩阶段划分依据

1) 成岩阶段

成岩阶段是指碎屑沉积物沉积后经各种成岩作用改造直至变质作用之前所经历的不同地质历史演化阶段。广义的成岩阶段可分为同生、成岩及表生三大阶段；就储层的孔隙度演化而言，主要是成岩阶段，成岩阶段又可进一步划分为早成岩和晚成岩。同生阶段是指沉积物沉积后至埋藏前所发生的变化和作用时期；表生阶段则是指沉积物固结深埋之后，因构造抬升而暴露或接近地表，受到大气淡水的淋滤、溶蚀而发生变化与作用的阶段。

2) 成岩阶段划分依据

(1) 自生矿物的特征。

主要指自生矿物的分布、形成顺序及自生矿物中包裹体的均一温度。它是划分成岩阶段的主要标志，这是由于成岩过程中自生矿物的出现和分布有其一定物理、化学条件和特定地质历史环境，它的形成和分布结合岩石结构构造变化能指示岩石形成发展过程。随着地层温度、压力的变化和孔隙水化学性质的差异，在不同性质的水与岩石之间以及有机、无机之间的相互反应，就会出现不同类型自生矿物，所以自生矿物不仅可提供有关成岩过程中水介质性质的演变资料，同时也具有一定地质温度计意义。

(2) 黏土矿物组合及伊/蒙的转化。

黏土矿物及组合是划分成岩阶段的重要依据。在我国陆相碎屑岩中，蒙脱石存在两种演变途径：一是在富钾的水介质条件下向伊利石/蒙脱石(I/S)混层黏土矿物的转化，最终演变为伊利石；二是在富镁的水介质条件下向绿泥石/蒙脱石(C/S)混层转化，最后演变为绿泥石。这两种演变，以前者在陆相湖盆中较为常见。而 C/S 混层的出现对指示水介质性质有一定意义，一般在干旱气候或地层水矿化度较高，并具碱性水介质条件的储层中有分布。

(3) 有机质成熟度指标。

有机质热成熟度是时间和温度的函数，因此，是成岩阶段进行划分的主要地化指标。通常是应用镜质组反射率、孢粉颜色及最大热解峰温等指标来划分有机质的热成熟阶段。按有机质的成熟度可分为未成熟、半成熟、低成熟、成熟、高成熟及过成熟等阶段；它分别与蒙脱石经 I/S 混层的演变为伊利石的六个阶段相对应(表6-4)。

表6-4　伊利石/蒙皂石混层类型及其转化带与成岩阶段和有机质成熟度的关系

伊利石/蒙皂石混层类型	混层有序度类型	混层转化带	S层在I/S混层中的比例(%)	有机质成熟度	成岩阶段划分	
蒙皂石无序混层	$R=0$	蒙皂石带	>70	未成熟	早成岩	A期
	$R=0$	无序混层带	70~50	半成熟		B期
部分有序混层	$R=0/R=1$	部分有序混层带	50~35	低成熟—成熟	中成岩	A期
有序混层	$R=1$	有序混层带	35~15			
卡尔博格有序	$R\geqslant 3$	超点阵有序混层带	<15	高成熟		B期
混层消失	—	伊利石—绿泥石带	—	过成熟	晚成岩	

(4) 岩石的结构、构造特点及孔隙类型。

主要通过岩石内的构造特征，尤其是胶结方式、世代现象、胶结类型进行判断；另外，垂向剖面上孔隙的演化特征通常能够较好地反映成岩的演化阶段，这是因为孔隙的演化本身就是成岩演化的结果。早成岩A期以原生孔隙为主，基本上无次生孔隙；早成岩B期开始出现次生孔隙，但仍以原生孔为主，属混合孔隙发育带；晚成岩A期次生孔隙大量发育，形成次生孔隙带；晚成岩B期孔隙以少量次生孔隙和裂缝为主；至晚成岩C期，孔隙基本消失，储集空间以裂缝为主。

(5) 古温度。

对东胜气田锦58井区下石盒子组砂岩样品胶结物进行包裹体测温分析，包括多期次的，为成岩阶段的划分提供依据。

2. 成岩演化阶段划分

成岩阶段是指碎屑沉积物沉积后经各种成岩作用改造直至变质作用之前所经历的不同地质历史演化阶段(徐永昌等，1993；夏鲁等，2020；刘登科，2019)。广义的成岩阶段可分为同生、成岩及表生三大阶段(表6-5)；就储层的孔隙度演化而言，主要是成岩阶段，成岩阶段又可进一步划分为早成岩和晚成岩。同生阶段是指沉积物沉积后至埋藏前所发生的变化和作用时期；表生阶段则是指沉积物固结深埋之后，因构造抬升而暴露或接近地表，受到大气淡水的淋滤、溶蚀而发生变化与作用的阶段。

表6-5 酸性水介质（含煤地层）碎屑岩成岩阶段划分标志

注：(1)因地壳构造运动，在地质历史过程中有可能在早成岩阶段、中成岩阶段和晚成岩阶段的任何时期出现出表生成岩阶段，也可能不出现表生成岩阶段，各地区视具体情况而定；
(2)"——"表示少量或可能出现的成岩标志。

1) 盒 1 段成岩演化

锦 58 井区盒 1 段砂岩最为丰富,以岩屑砂岩、岩屑石英砂岩和少量石英砂岩为主,三种砂岩本身在成岩演化上存在差异。整体来看,盒 1 段砂岩早期黏土包壳明显,以绿泥石膜为主,对于保护粒间孔隙、抗压实有积极意义。硅质胶结最多可识别出三期,第三期为粒间自生微粒石英的生成,含量不高。溶蚀作用仍然在成岩中后期达到高潮,粒间、粒内溶孔明显发育,部分样品显示发育溶蚀微缝,进一步提升了储层孔隙质量。整体上盒 1 段成岩过程为(图 6-18):机械压实(中等)→早期黏土薄膜,部分为绿泥石颗粒包膜(弱)→第Ⅰ期石英加大边(弱)→长石、岩屑、填隙物弱溶蚀→高岭石→第Ⅱ期石英加大边(中等)→绿泥石→高岭石转化为伊利石→粒间自生微晶石英胶结(中—弱)→铁方解石胶结(中)→晚期溶蚀。

2) 盒 3 段成岩演化

锦 58 井区盒 3 段两期石英次生加大明显,两期加大边之间以黏土薄膜为界线,极少量为绿泥石;两期硅质胶结之后溶蚀作用开始增强,但此时的作用并不明显,仅少量的加大边被溶蚀;随着溶蚀作用的进行,粒间高岭石逐渐增多,到晚期铁方解石胶结,但部分样品显示此时溶蚀作用并未完全减弱,部分方解石胶结物仍然被溶蚀。盒 3 段成岩过程可以概括为(图 6-18):机械压实(中等)→早期黄铁矿、菱铁矿胶结→第Ⅰ期石英加大边(弱)→黏土包边,绿泥石颗粒包膜(弱)→第Ⅱ期石英加大边(中等)→长石、岩屑的溶蚀(部分样品此阶段表现为无铁方解石胶结)→高岭石→粒间自生微晶石英胶结(中—弱)→铁方解石胶结(中)。

三、孔隙结构

储层孔隙结构是指岩石所具有的孔隙和喉道的几何形状、大小、分布、相互连通情况,以及孔隙与喉道间的配置关系等。它反映储层中各类孔隙与孔隙之间连通喉道的组合,是储层孔隙与喉道发育的总貌(王涛,2014;张向津,2014;张晓辉,2020)。孔隙结构特征的研究是油气储层地质学的主要内容之一,它与储层的认识和评价研究息息相关。

(一)储层喉道特征

岩石中连通不同类型储集空间的狭窄通道。砂岩储层的喉道以粒间隙管状型为主,岩石孔隙喉道是流体流动的通道,是决定储层储渗性能的关键因素。东胜气田锦 58 井区盒 1 段、盒 3 段储层以细孔为主(图 6-19、表 6-6)。其中,盒 1 段储层孔隙直径主要分布在 15~90μm 之间,平均 58.72μm。盒 3 段储层孔隙直径主要分布在 15~120μm 之间,平均 88.86μm。

压汞曲线可以反映不同孔隙大小和分布。压汞曲线偏向左下方的为粗歪度,歪度越粗,排驱压力越低,其物性越好,压汞曲线上出现的平台越宽,孔喉分选性越好(姜柏材等,2015)。压汞曲线偏向右上方的为细歪度,歪度越细,排驱压力越高,其物性越差,当孔喉分选较差时,压汞曲线倾斜,无平台。从毛管压力曲线分析,锦 58 井区盒 1 段、盒 3 段储层孔喉划分为三种类型(表 6-7、表 6-8)。

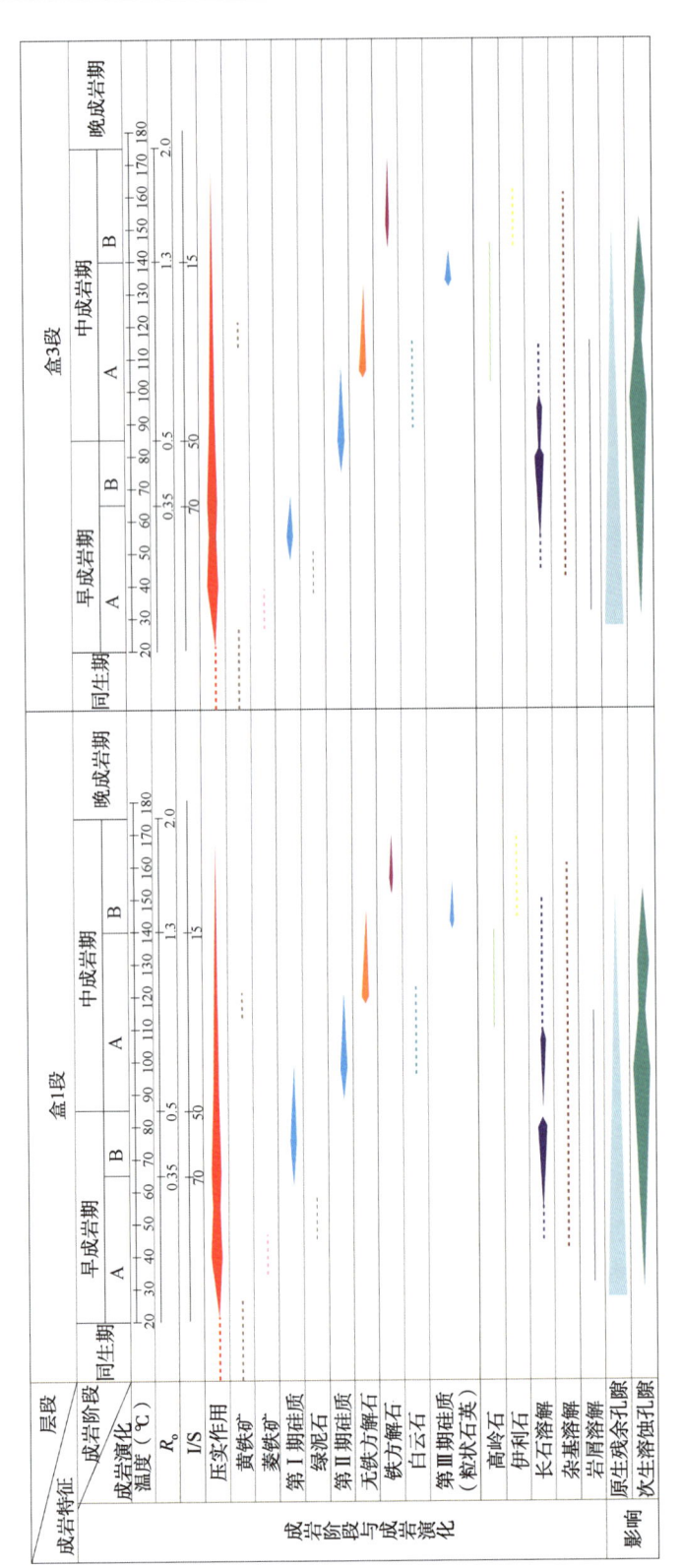

图6-18 第58井区盒1段、盒3段成岩演化序列

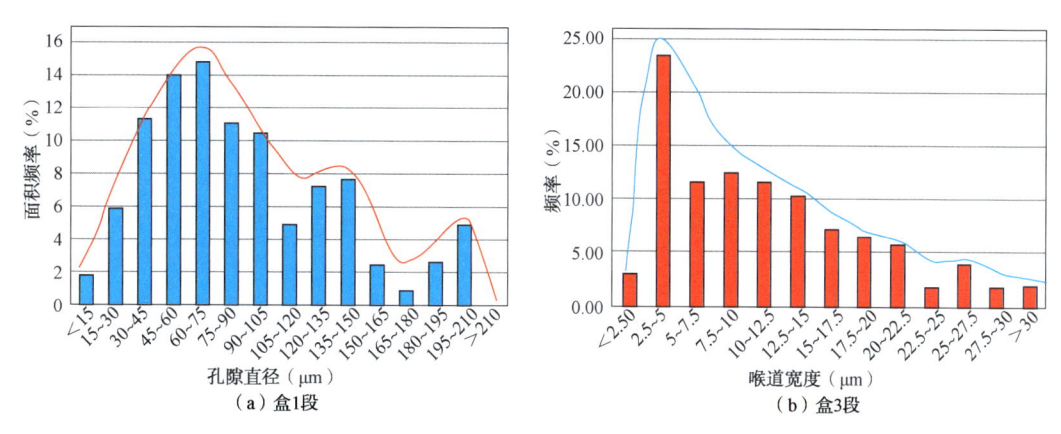

图 6-19 锦 58 井区下石盒子组孔隙直径分布图

表 6-6　锦 58 井区盒 1 段、盒 3 段孔隙特征参数表

层位	平均面孔率(%)	平均孔隙直径(μm)	平均配位数
盒 3 段	4.13	88.86	0.39
盒 1 段	1.12	58.72	0.16

表 6-7　储层孔喉特征分类

层位	分类	排驱压力(MPa)	中值压力(MPa)
盒 3 段	Ⅰ	<0.1	<2
	Ⅱ	0.1~0.3	2~8
	Ⅲ	>0.3	>8
盒 1 段	Ⅰ	<0.5	<5
	Ⅱ	0.5~1	5~20
	Ⅲ	>1	>20

表 6-8　锦 58 井区孔喉特征参数表

层位	排驱压力(MPa)	最大孔喉半径(μm)	中值压力(MPa)	中值半径(μm)	分选系数 CS	歪度系数 SK
盒 1 段	0.83	1.7648	15.6	0.1188	0.2451	2.5424
盒 3 段	0.2863	4.5273	6.3	0.2265	0.7435	2.5997

从压汞曲线可以看出(图 6-20)，锦 58 井区盒 1 段、盒 3 段压汞曲线差异较大，反映了孔喉结构的差异性。盒 1 段砂岩平均排驱压力为 0.83MPa，中值压力为 15.6MPa，中值半径为 0.1188μm，分选系数为 0.2451，歪度系数为 2.5424。按照孔隙分类标准，盒 1 段储集岩喉道以中小喉为主。盒 3 段排驱压力为 0.2863MPa，中值压力为 6.3MPa，中值半径为 0.2265μm，分选系数为 0.7435，歪度系数为 2.5997。按照孔隙分类标准，盒 3 储集岩的喉道以中小喉为主。综上所述，盒 1 段、盒 3 储集岩的孔喉结构组合关系以细孔中小喉为主。

(a) 盒1段压汞曲线　　(b) 盒3段压汞曲线

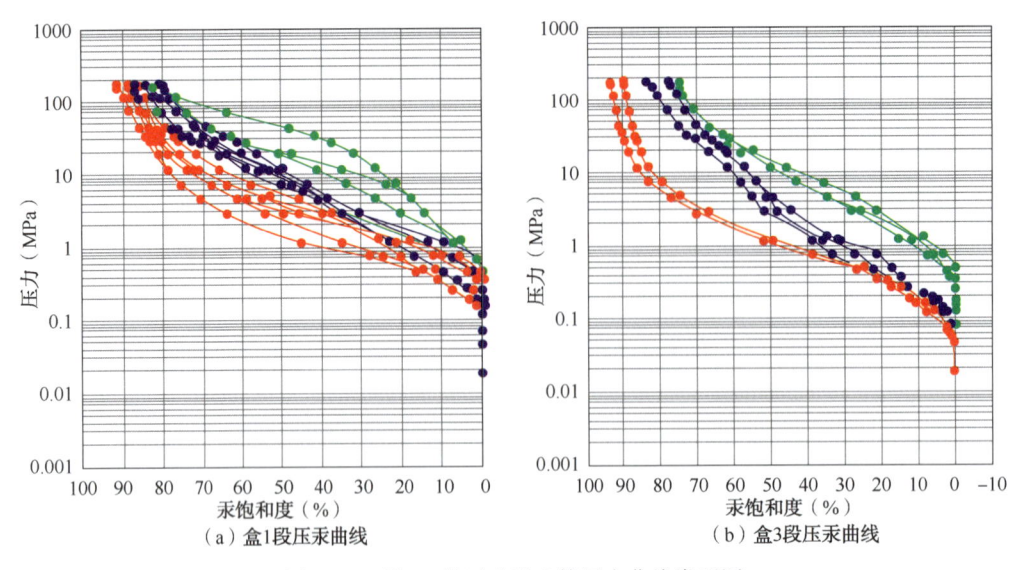

图 6-20　锦 58 井区砂岩毛管压力曲线类型图

(二) 储层孔隙类型及特征

岩石的孔隙类型直接影响岩石的储集性和渗流特性，因此研究岩石的孔隙类型，可为研究岩石的孔隙度和渗透率奠定基础。研究岩石孔隙类型，实质是研究岩石的孔隙构成，它包括研究岩石孔隙的大小、形状、孔间连通情况、孔壁粗糙程度等全部孔隙特征和它的构成方式。孔隙类型大体可以分为粒间孔隙、粒内孔隙、裂缝孔隙和溶洞孔隙等。一些储层往往含有多重孔隙形态，如裂缝-溶洞孔隙、裂缝-粒间孔隙和裂缝-溶洞-粒间孔隙等。通过铸体薄片、扫面电镜等测试分析，东胜气田锦 58 井区下石盒子组孔隙类型以原生粒间余孔和粒间溶孔为主，其次为粒内溶孔和裂缝 (图 6-21)。各个孔隙类型的特征如下。

1. 剩余原生粒间孔

原生粒间孔被第一、第二世代胶结物充填之后余下的粒间孔隙称为剩余原生粒间孔，可归纳为三种形成方式：(1) 原生粒间孔被第一世代环边绿泥石胶结物充填之后余下的原生粒间孔隙或再被第二世代胶结物部分充填之后余下的晶间孔隙，孔隙大小 0.01mm 以上；(2) 原生粒间孔被第一世代硅质加大边充填之后余下的原生粒间孔隙或再被第二世代胶结物部分充填之后余下的晶间孔隙，孔隙大小 0.01mm 以上；(3) 原生粒间孔被第一世代环边绿泥石胶结物充填之后余下的原生粒间孔隙又被第二世代淀黏土矿物 (淀高岭石、淀蒙脱石) 充填之后余下的晶间孔隙，孔隙大小 <0.01mm。

2. 粒内溶孔

碎屑岩中碎屑物 (含重矿物) 被不同程度溶蚀之后在碎屑内形成的孔隙称之为粒内溶孔。当孔径 >0.01mm 时则称为粒内溶孔，<0.01mm 时则称为粒内微孔。按被溶碎屑成分、孔径、溶孔形态及溶蚀强度不同分为 4 个亚类。(1) 长石粒内溶孔：长石碎屑被溶形成，对储层有突出的贡献。(2) 岩屑粒内溶孔，为岩屑中的长石和水云母组分被溶，火山岩屑中的斑晶或基质被溶等所形成。(3) 片状粒内溶孔：是指云母碎片或云母片岩屑内的云母

(a) 原生粒间孔、粒间溶孔，锦95井，3086.65m，盒3段 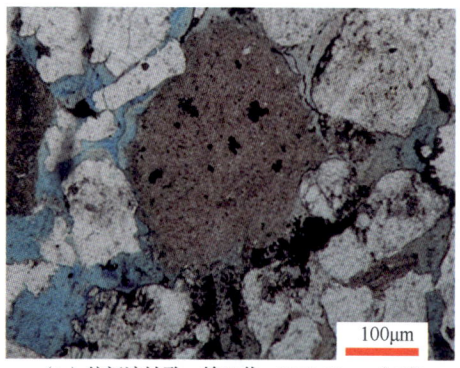　　(b) 粒间溶蚀孔，锦99井，2929.23m，盒1段

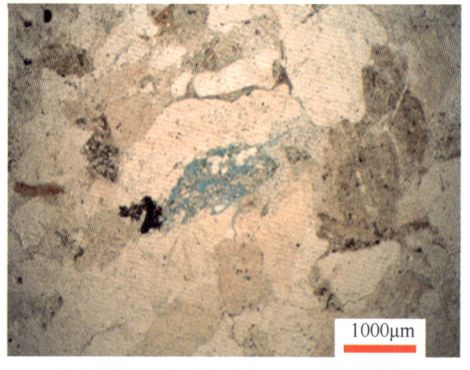

(c) 粒间溶孔，锦95井，3115.85m，盒3段 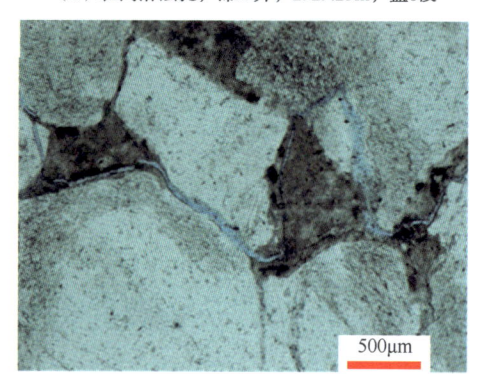　　(d) 粒间微裂缝，锦114井，3087.08m，盒1段

图6-21　锦58井区储层主要孔隙类型铸体薄片

片被溶形成，孔隙形态常呈叶片状，与云母解理缝平行。(4) 粒内微孔：颗粒中为铝硅酸盐岩屑、岩屑被蚀变成高岭石之后在颗粒内形成的黏土矿物间微孔隙。

3. 次生粒间孔

碎屑岩储层中碎屑间填隙物在成岩演化过程中被溶蚀形成的孔隙称为次生粒间孔。东胜气田广泛可见铁泥质杂基、泥质杂基（水云母杂基、蒙脱石杂基、绿泥石杂基）被溶形成次生粒间孔。

四、物性及储层类型

(一) 储层物性特征

储层的常规物性指孔隙度和渗透率等。孔隙度指单位体积沉积物或岩石中孔隙总体积所占的比例。渗透率指在一定压差下，岩石允许流体通过的能力。通过实测岩心孔隙度、渗透率，东胜气田锦58井区盒1段、盒3段物性较好。盒1段孔隙度分布区间为5.0%~16.97%，平均孔隙度为9.3%；渗透率分布区间为0.15~5.24mD，平均渗透率为0.89mD。盒3段孔隙度分布区间为5.0%~17.75%，平均孔隙度为11.3%；渗透率分布区间为0.14~8.52mD，平均渗透率为1.70mD。根据孔隙、渗透率分类标准，锦58井区盒1段、盒3段储层总体属于低—特低孔、低渗—超低渗储层（表6-9、图6-22、图6-23）；纵向上盒3段孔隙度和渗透率均好于盒1段。

表6-9　锦58井区盒3段、盒1段储层物性统计表

气层组	孔隙度（%）	平均孔隙度（%）	渗透率（mD）	平均渗透率（mD）	样品数（个）
盒3段	5.0~17.75	11.3	0.14~8.52	1.70	61
盒1段	5.0~16.97	9.3	0.15~5.24	0.89	317

（a）盒3段孔隙度频率分布图　　（b）盒3段渗透率频率分布图

图6-22　锦58井区盒3段孔隙度、渗透率分布图

（a）盒1段孔隙度频率分布图　　（b）盒1段渗透率频率分布图

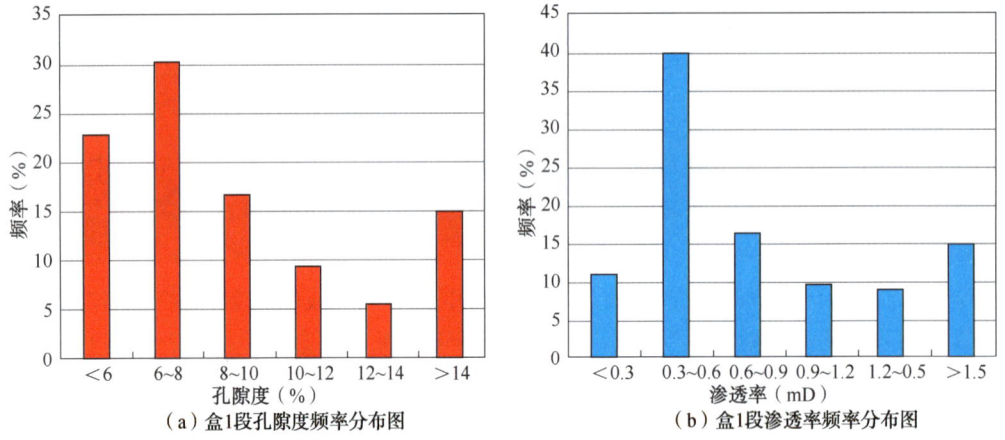

图6-23　锦58井区盒1段孔隙度、渗透率分布图

（二）储层类型

根据钻井岩心观察、薄片镜下识别及孔渗相关性分析（图6-24），东胜气田锦58井区盒1段、盒3段主体为孔隙型储层。其中盒1段孔渗相关性较差（$R_2=0.344$），局部具有低孔—高渗特征，表明盒1段储层主体为孔隙型储层、局部地区发育裂缝—孔隙型储层。盒3段孔渗相关性好（$R_2=0.8931$），表明盒3段储层以孔隙型储层为主。

五、致密砂岩储层电性特征

储层"四性"指储层岩性、含油性、物性和电性，储层"四性"关系就是指这四者之间的相互关系。储层"四性"关系研究的目的是利用储层岩性、含油性、物性的特征，建立三

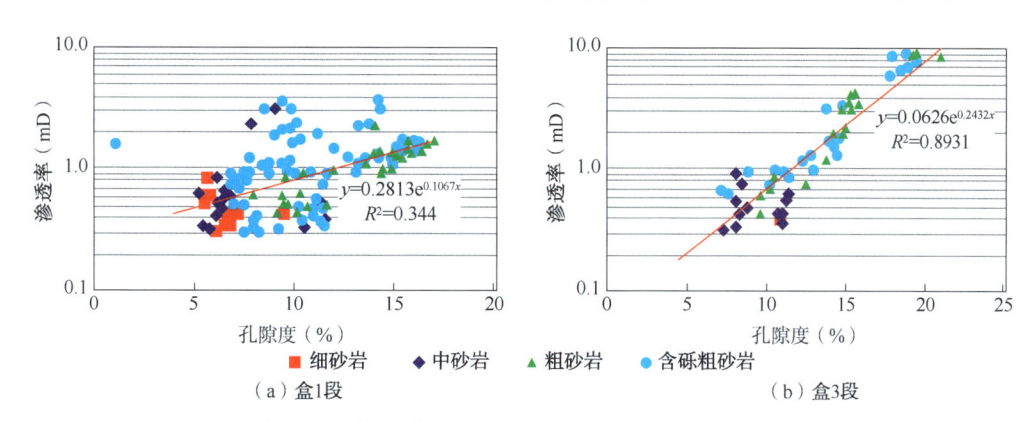

图 6-24　锦 58 井区盒 1 段、盒 3 段储层孔渗相关性图

者与电性(测井响应)特征的关系模型。从而揭示储层的有效孔隙度、空气渗透率、含油饱和度和泥质含量等参数,识别储层中的油、气、水等流体,划分储层的有效厚度。

储层的电性特征是指储层的测井响应特征,包括常规电阻率系列曲线、密度曲线、自然伽马曲线、自然电位曲线和井径曲线以及测井新技术资料。储层的孔渗参数越大、泥质含量越小,声波时差越大、密度越小、中子孔隙度越大、自然伽马越小;储层的孔渗参数越小、泥质含量越大,声波时差越小、密度越大、中子孔隙度越小、自然伽马越大。根据东胜气田锦 58 井区盒 1 段和盒 3 段有利储集砂体的电性特征表现为低伽马,相对高电阻、高声波、低密度、相对低中子的特征(图 6-25、图 6-26)。

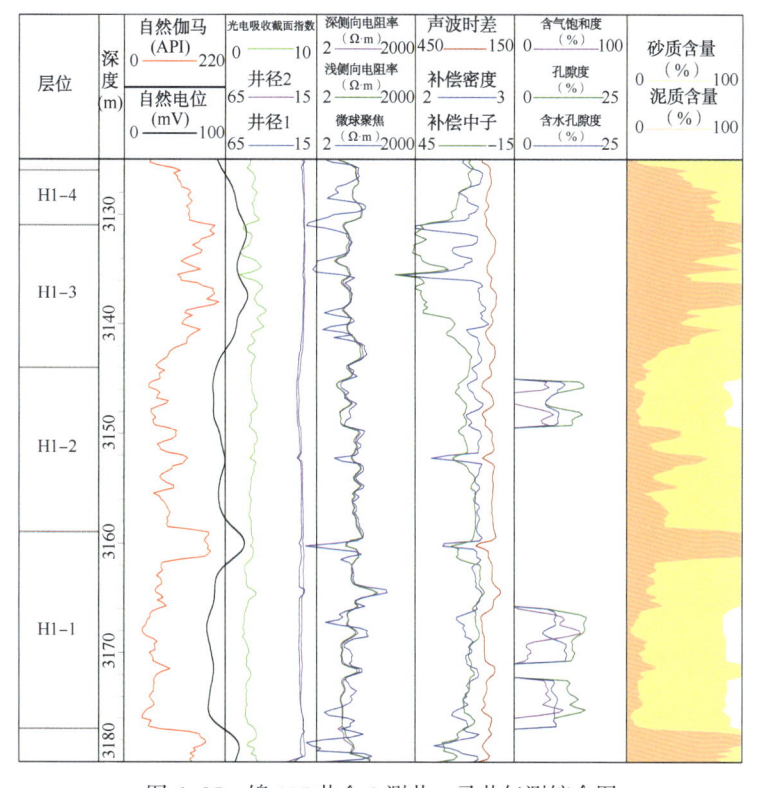

图 6-25　锦 115 井盒 3 测井、录井气测综合图

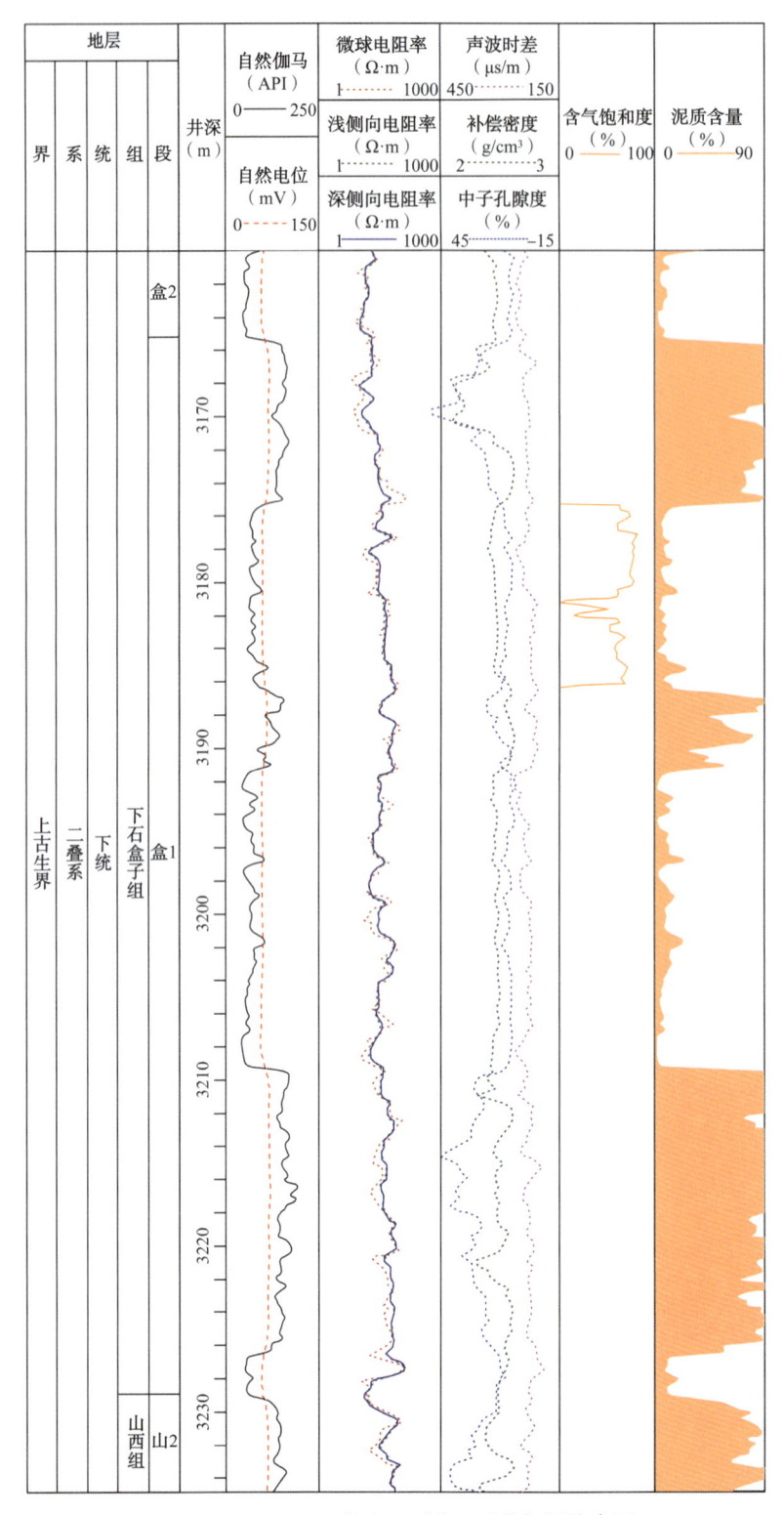

图 6-26　J58P18H 井盒 1 测井、录井气测综合图

六、非均质性

油气储层由于在形成过程中受沉积环境、成岩作用和构造作用的影响,在空间分布和内部各种属性中都存在不均匀的变化,这种变化被称为储层非均质性(曹江骏等,2020)。储层非均质性研究的重点是渗透率非均质性,主要包括层间非均质性、层内非均质性和平面非均质性。选取变异系数(V_k)、突进系数(T_k)、级差(J_k)和均值系数(K_p)开展东胜气田锦58井区下石盒子组储层的非均质性研究。

(一) 储层非均质性参数

1. 渗透率变异系数(V_k)

变异系数是最常用的反映渗透率非均质性的参数,其计算公式如下:

$$V_k = \frac{\sqrt{\sum (K_i - \overline{K})^2 / n}}{\overline{K}}$$

式中　K_i——层内某样品的渗透率值,mD;

　　　$\overline{K}$——层内所有样品渗透率平均值,mD;

　　　n——层内所有作品渗透率个数,个。

通常情况下,$V_k \leq 0.5$时为非均质程度弱的储层,$0.5 < V_k \leq 0.7$时为非均质程度中等的储层,$V_k > 0.7$时为非均质程度强的储层。

2. 渗透率突进系数(T_k)

突进系数反映了最大渗透率与平均渗透率差距程度,它可以反映最高渗透率产生优先突进的情况,其定义如下:

$$T_k = K_{\max} / \overline{K}$$

式中　$K_{\max}$——层内最大渗透率值,一般以砂层内渗透率最高且相对均质层的渗透率表示,mD;

　　　$\overline{K}$——层内所有样品渗透率平均值,mD。

通常情况下,$T_k \leq 2$时为非均质程度弱的储层,$2 < T_k \leq 3$时为非均质程度中等的储层,$T_k > 3$时为非均质程度强的储层。

3. 渗透率级差(J_k)

级差反映储层的最大渗透率与最小渗透率的差异程度,这一参数相对前两个参数在反映非均质程度方面的能力相对较弱,其定义如下:

$$J_k = K_{\max} / K_{\min}$$

式中　$K_{\max}$——层内最大渗透率值,mD;

　　　$K_{\min}$——层内最小渗透率值,mD;

$J_k = 1$时储层最均质,J_k值越大储层非均质性越严重,反之非均质性越弱。

4. 渗透率均质系数(K_P)

为砂层中平均渗透率与最大渗透率的比值。

$$K_P = \overline{K}/K_{max}$$

K_P 在 0~1 之间变化，越接近 1 均质性越好。

（二）层间非均质性

由沉积旋回性控制和砂体垂向分布规律所决定的储层层间非均质性表征油气层内部小层之间的非均质程度，包括各小层的砂体垂向分布规律、砂岩分层系数、各小层砂岩的物性差异等。

分层系数为特定井段的砂层数，一般用单井钻遇的砂层数表示。从分层系数及有效厚度级差进行层间非均质性分析（表 6-10）。锦 58 井区盒 1 段包括四个小层，气层组分层系数为 0.93，受小层连续沉积影响，分层系数较低，有效厚度级差为 7.8，层间非均质性相对中等—强。盒 3 段包括两个小层，气层组的分层系数为 1.43，小层砂体数较盒 1 大，有效厚度级差为 5.9，层间非均质性表现为强。对比分析锦 58 井区盒 3 段较盒 1 段层间非均质性更强。

表 6-10　锦 58 井区主要目的层段储层层间非均质性参数统计

气层组	分层系数	有效厚度级差	非均质程度
盒 3 段	1.43	5.9	强
盒 1 段	0.93	7.8	中等—强

（三）层内非均质性

层内非均质性是指一个单砂层在垂向上的储渗性质变化，包括层内粒度变化，最高渗透率段所处的位置，渗透率韵律及非均质程度等，层内非均质性是直接控制和影响单砂层储层内注入剂液及体积的关键地质因素。

由于储层非均质性的存在，造成储层物性的差异，进而影响制约着储层内流体分布，因此，常把储层的渗透性优劣看作是非均质性的集中表现，从而研究渗透率的各向异性，以揭示储层的非均质性的本质。根据裘亦南教授 1989 年提出的砂岩储层非均值标准（表 6-11）结合东胜气田锦 58 井区制定的渗透率非均质参数评价标准（表 6-12），研究锦 58 井区盒 1 段、盒 3 段气层的层间非均质参数。根据变异系数、突进系数、级差和均值系数的对比分析（表 6-13），认为锦 58 井区盒 1 段、盒 3 段储层均为强非均质储层，其非均质程度盒 1 段高于盒 3 段。

表 6-11　砂岩储层非均值标准

渗透率变异系数(V_k)	渗透率突进系数(T_k)	渗透率级差(J_k)	非均质程度
<0.5	<2	低值—高值	均匀型，非均质程度高
0.5~0.7	2~3		较均匀型，非均质程度中等
>0.7	>3		不均匀型，非均质程度强

表 6-12　渗透率非均质参数评价标准

储层类型	变异系数	突进系数	级差	均质系数
均质储层	<0.5	<2.0	<2.0	>0.8
中等非均质储层	0.5~0.7	2.0~3.0	2.0~6.0	0.5~0.8
强非均质储层	>0.7	>3.0	>6.0	<0.5

表 6-13　锦 58 井区盒 3 段、盒 1 段层间非均质参数统计表

层位	参数				
	变异系数	突进系数	级差	均质系数	非均质性程度
盒 3 段	1.06	5.30	64.92	0.19	强
盒 1 段	0.83	6.21	52.40	0.16	强

（四）平面非均质性

平面非均质性是指一个储层砂体的几何形态、规模、连续性，以及砂体内孔隙度、渗透率的平面变化所引起的非均质性。锦 58 井区盒 1 段、盒 3 段储层参数平面分布非均质性受砂体的发育程度及沉积微相的控制，同一层段往往不只发育一个微相，一般有 2~3 类，导致平面单层砂体厚度变化很大，渗透率值变化剧烈。平面上河道砂体物性较好，泛滥平原物性较差。

第二节　储层分类评价

储层综合评价是在储层评价参数选取的基础上，对储层的多个影响因素进行综合评价，最终得到一个综合评价指标，并依据它来对储层进行分类（冯可欣，2018）。

一、储层参数测井解释模型

（一）储层参数测井解释

测井信息以其连续采样和相对廉价的特点而优于取心资料，并能对全井进行定量评价。用测井资料评价储层时，建立测井解释模型是十分重要的工作，而用岩心分析资料刻度测井信息是储层测井解释模型建立的关键。储层参数的定量解释一般包括泥质含量、孔隙度、渗透率、含气饱和度四个方面（宋平，2012），根据锦 58 井区各储层特点研究建立了相应的测井解释模型。

1. 泥质含量计算模型

泥质含量不仅反映地层的岩性，而且地层有效孔隙度、渗透率、含水饱和度等储层参数，均与泥质含量有密切关系。几乎所有测井方法都在不同程度上受到泥质的影响，在应用测井资料计算地层孔隙度、渗透率、含水饱和度等参数时，均要用到地层的泥质含量参数，泥质含量求取精度直接影响其他参数的求取精度。因此，准确计算地层的泥质含量是储层参数计算中不可缺少的重要方面。目前，测井方法都是基于对地层矿物分布及分布情况的测量来间接反映地层的泥质含量，而不是对泥质含量进行直接测量，所以，必须选择

最能反映地层泥质含量的测井响应来建立测井解释模型。通常泥质含量的求取方法主要有自然伽马法和自然电位法，此外，还可应用自然伽马能谱、电阻率以及孔隙度测井（声波、密度、中子）交会法进行计算。本专著主要采用自然伽马定量进行锦 58 井区下石盒子组泥质含量，计算公式为：

$$I_{GR} = \frac{G_{rlog} - G_{rmin}}{G_{rmax} - G_{rmin}}$$

$$V_{sh} = \frac{2^{G_{CUR} \times I_{GR}} - 1}{2^{G_{CUR}} - 1}$$

式中　G_{rlog}——解释层自然伽马测井值；

G_{rmin}——纯地层自然伽马测井值；

G_{rmax}——泥岩自然伽马测井值；

I_{GR}——自然伽马相对值，也称自然伽马指数；

G_{CUR}——希尔奇指数，取 2~3；

V_{sh}——泥质含量。

2. 孔隙度解释模型

孔隙度是反映储层物性的重要参数，也是储量、产能计算及测井解释的重要参数之一。目前，用测井资料求取储层孔隙度的方法已经比较成熟，精度能够满足油气储层评价及油藏地质模型建立的需要。声波、密度、中子三孔隙度测井的应用及体积模型的提出，给测井信息与地层的孔隙度之间搭起了一个有效而简便的桥梁。经验表明，如果形成三孔隙度的测井系列，无论对于高—中—低孔隙度的地层剖面，还是不同的储层类型，一般都具有较强的求解能力，并能较好地提供满足于地质分析要求的地层孔隙度数据。本专著利用声波测井曲线，建立了东胜气田锦 58 井区下石盒子组孔隙度解释模型。

选取锦 58 井区下石盒子组有代表性的岩心资料，在岩心归位基础上，将岩心深度与测井深度匹配，标定测井曲线，利用岩心实测孔隙度与声波时差进行相关分析，拟合出井 58 井区下石盒子组孔隙度解释模型（图 6-27）。

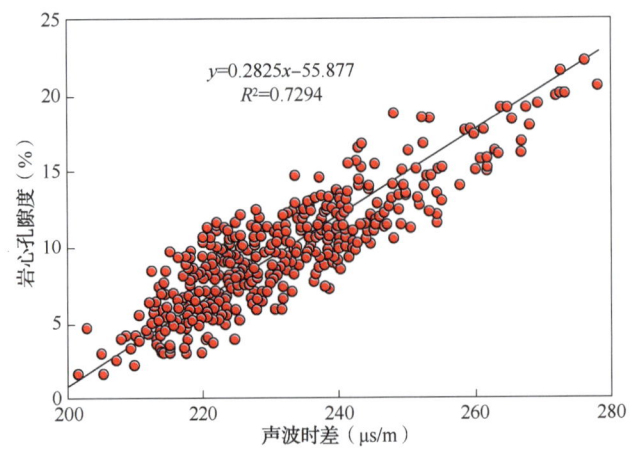

图 6-27　锦 58 井区下石盒子组岩心孔隙度与声波时差交会图

$$\phi = 0.2825\Delta t - 55.877 \quad R^2 = 0.7294$$

式中 ϕ——孔隙度;

Δt——声波时差。

3. 渗透率解释模型

渗透率是评价油气储层性质和生产能力的又一个重要参数。由于受岩石颗粒粗细、孔隙弯曲度、孔喉半径、流体性质、黏土分布形式等诸多因素影响,使得测井响应与渗透率之间的关系非常复杂,各影响因素之间尚无精确的理论关系,所以只能估计渗透率。根据实测岩心物性分析数据,将渗透率分别与孔隙度、泥质含量等测井参数进行相关性分析。结果表明,渗透率与孔隙度之间有较好的相关关系。因此根据孔隙度与渗透率的相关性,建立东胜气田锦58井区下石盒子组渗透率解释模型(图6-28)。

$$K = 0.0469e^{0.2326\phi} \quad (R^2 = 0.6866)$$

式中 K——渗透率;

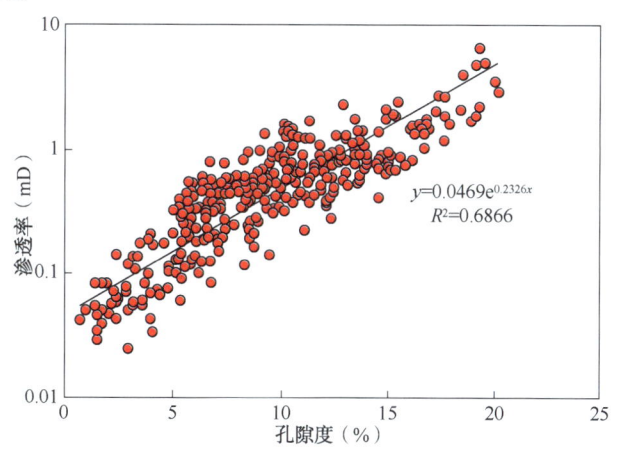

ϕ——孔隙度。

图6-28 锦58井区下石盒子组岩心孔隙度与渗透率交会图

4. 含水饱和度解释模型

1) 含水饱和度计算公式

评价油气层是测井资料综合解释的核心。含水饱和度是划分油、水层的主要标志,是重要的储层解释参数。在目前常用的测井解释关系式中,只有阿尔奇公式最具有综合性质,它是连接孔隙度测井和电阻率测井两大类测井方法的桥梁,因而成为测井资料综合定量解释的最基本解释关系式。本专著运用阿尔奇公式进行含水饱和度求取。含水饱和度解释公式为:

$$S_w^n = \frac{a \times b \times R_w}{\phi^m \times R_t}$$

式中 a、b——与地层因素和电阻率增大率相关的系数;

m——胶结指数;

n——饱和度指数;

R_w——地层水电阻率;

ϕ——测井孔隙度;

R_t——地层真电阻率；

S_w——含水饱和度。

阿尔奇公式中包含 m、a、n、b 和 R_w 多个待确定的解释参数，它们对应用阿尔奇公式的效果有十分重要的影响，需根据目标区块地质特征来研究选取。首先通过岩电实验数据进行地层因素和饱和度指数求取，并建立储层的岩电关系，进而得出适合锦58井区下石盒子组的解释参数。

2）含水饱和度计算参数

根据岩电实验数据建立东胜气田锦58井区下石盒子组的岩电关系，并由岩电关系确定 m、a、n、b 参数。通过地层因素（F）与孔隙度、电阻率指数（I）与含水饱和度相关性分析（图6—29、图6—30），建立了锦58井区下石盒子组岩电关系：

地层因素：　　$F=1.3864/\phi^{1.717}$

电阻增大率：　$I=1.0103/S_w^{1.8697}$

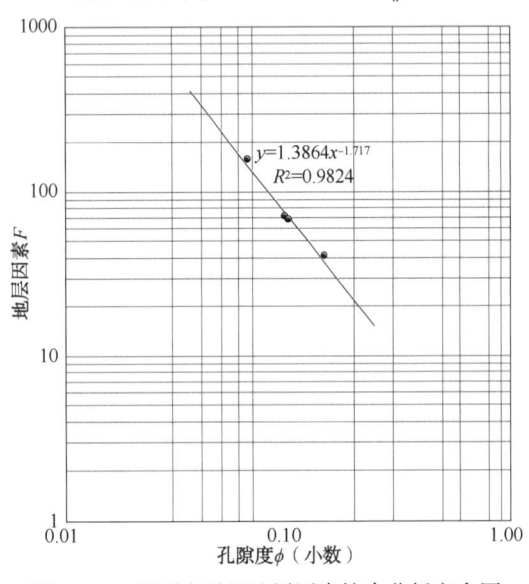

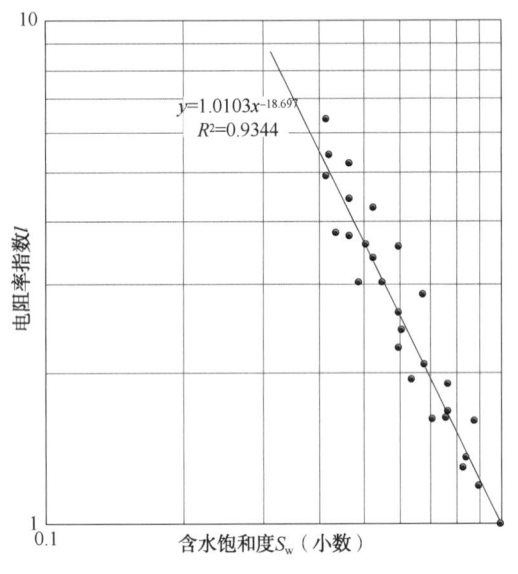

图6—29　下石盒子组地层因素综合分析交会图　　　图6—30　下石盒子组饱和度指数交会图

通过岩电实验数据分析而建立储层岩电关系，进而分析并获得锦58井区下石盒子组含水饱和度解释参数（表6—14）。利用化验分析资料，采取矿化度法和地层温度查图版求取确定下石盒子组地层水电阻率为 $0.041\Omega\cdot m$。

表6—14　解释参数取值表

层组	解释参数			
	a	m	b	n
下石盒子组	1.3864	1.717	1.0103	1.8697

（二）气层识别标准确定

选取电阻率、声波时差、泥质含量、含气饱和度参数两两交会，分别建立了东胜气田锦58井区盒1段和盒3段气层四性关系交会图版（图6—31、图6—32）。

第六章 致密砂岩储层综合评价

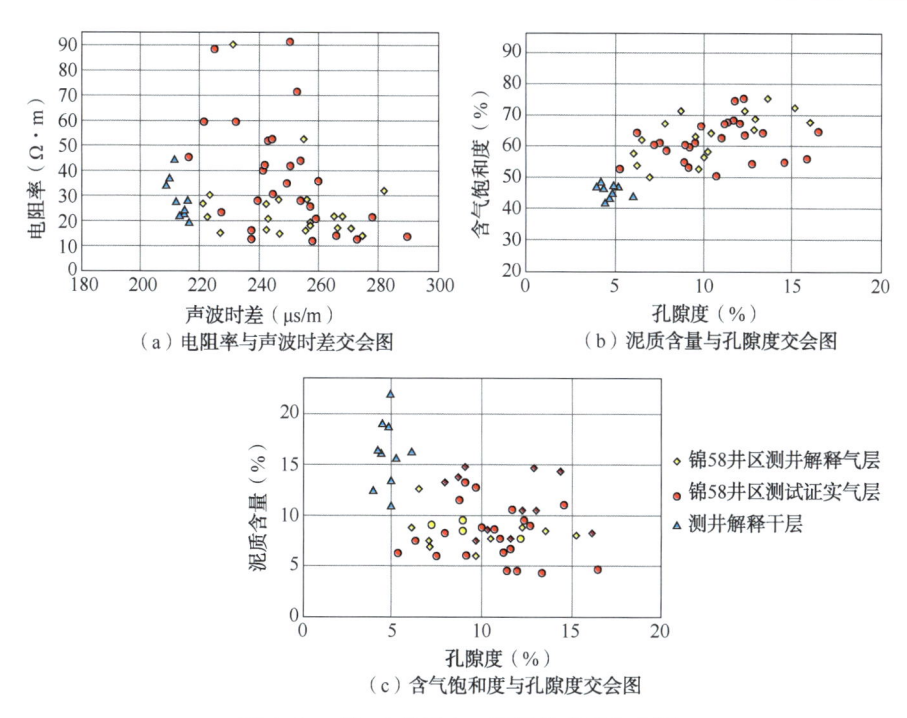

图 6-31 锦 58 井区盒 3 段四性关系交会图

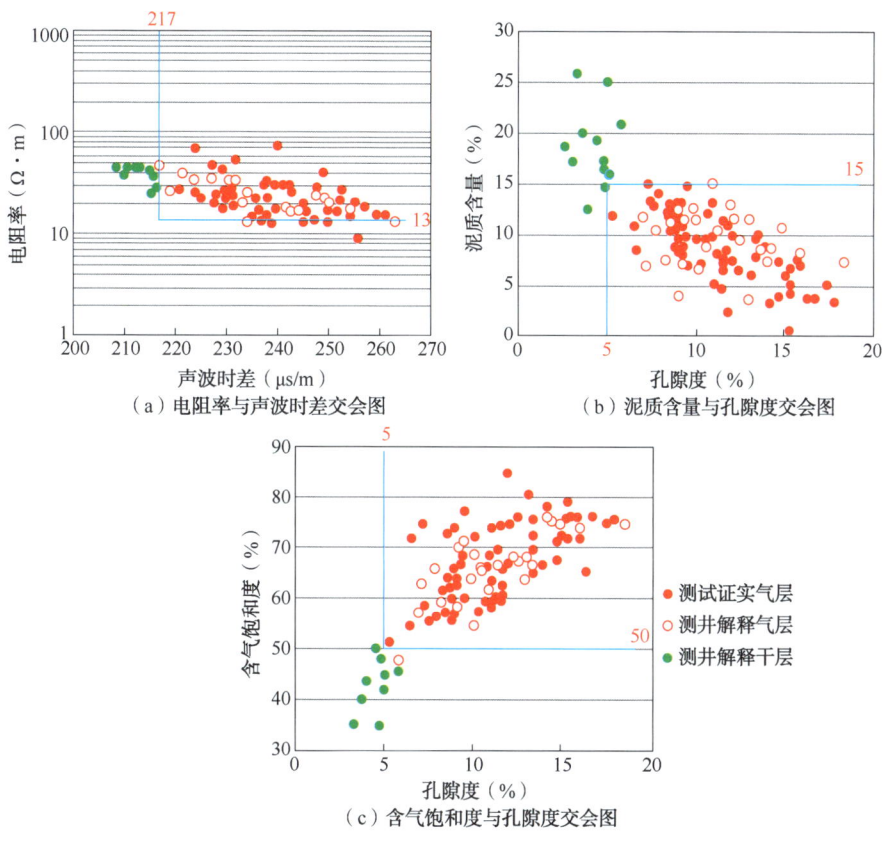

图 6-32 锦 58 井区盒 1 段四性关系交会图

— 101 —

利用图版分别建立锦 58 井区盒 1 段和盒 3 段气层识别标准(表 6-15)。盒 1 段气层孔隙度下限为 5%，测井参数标准分别为：声波时差≥217μs/m，电阻率 R_t≥12Ω·m，泥质含量≤15%，含气饱和度≥50%。盒 3 段气层孔隙度下限也为 5%，测井参数标准分别为：声波时差≥217μs/m，电阻率 R_t≥13Ω·m，泥质含量≤15%，含气饱和度≥50%。

表 6-15　锦 58 井区盒 1 段、盒 3 段气层识别标准

层位	岩石物性	测井参数			
	孔隙度(%)	声波时差(μs/m)	电阻率(Ω·m)	泥质含量(%)	含气饱和度(%)
盒 3 段	≥5.0	≥217	R_t≥12	≤15	≥50
盒 1 段	≥5.0	≥217	R_t≥13	≤15	≥50

二、储层分类评价

根据沉积微相类型、岩性、物性(孔隙度与渗透率)、毛管压力、测井相、电性成岩相开展储层综合评价，东胜气田锦 58 井区盒 1 段、盒 3 段储层可分别划分出 Ⅰ、Ⅱ、Ⅲ 三类储层，分别对应于好储层、较好储层和一般储层(表 6-16)。

表 6-16　东胜气田锦 58 井区盒 1 段、盒 3 段储层分类评价表

类别		盒 3 段			盒 1 段		
		Ⅰ	Ⅱ	Ⅲ	Ⅰ	Ⅱ	Ⅲ
沉积微相类型		心滩、叠置心滩	心滩、河道充填	河道充填废弃河道	河道、心滩、叠置河道、叠置心滩	河道、心滩、河道充填	河道充填废弃河道
主要岩性		含砾粗砂岩、粗砂岩	粗砂岩、中砂岩	中砂岩、细砂岩	含砾粗砂岩、粗砂岩	粗砂岩、中砂岩	中砂岩、细砂岩
物性	孔隙度(%)	>15	15~8	5~8	>12	12~8	5~8
	渗透率(mD)	>1.2	1.2~0.4	0.14~0.4	>0.8	0.4~0.8	0.15~0.4
	孔隙类型	粒间余孔、溶孔	粒间余孔、粒间溶孔	粒内溶孔、晶间孔	粒间余孔	粒间溶孔	粒内溶孔、晶间孔
毛细管压力曲线	排驱压力(MPa)	<0.1	0.1~0.3	>0.3	<0.5	0.5~1.0	>1.0
	中值压力(MPa)	<2	2~8	>8	<5	5~20	>20
	中值半径(μm)	>0.4	0.3~0.1	<0.1	>0.15	0.15~0.04	>0.04
测井相类形		光滑箱形、微—齿化箱形	微—齿化箱形叠置钟形	齿化箱形、钟形	光滑箱形、微—齿化箱形	微—齿化箱形叠置钟形	齿化箱形、钟形
声波时差(μs/m)		>245	230~245	217~230	>240	225~240	217~225
成岩相		高岭石胶结—粒间溶蚀相	高岭石胶结—粒内溶蚀相	碳酸盐岩胶结—强压实致密相	高岭石胶结粒间溶蚀相	碳酸盐胶结弱压实溶蚀相	碳酸盐胶结压实致密相
综合评价		好	较好	一般	好	较好	一般

(一) 锦 58 井区盒 1 段储层分类评价

(1) Ⅰ 类储层：岩性均是含砾粗砂岩、粗砂岩；该类储层孔隙度大于 12%，渗透率大

于 0.8mD，排驱压力小于 0.5MPa，中值压力小于 5MPa，中值半径大于 0.15μm，声波时差大于 240μs/m，综合评价为好储层。

（2）Ⅱ类储层：岩性是粗砂岩、中砂岩；孔隙度 12%~8%，渗透率 0.4~0.8mD，排驱压力 0.5~1MPa，中值压力 5~20MPa，中值半径 0.15~0.04μm，声波时差介于 225~240μs/m 之间，综合评价较好储层。

（3）Ⅲ类储层：岩性为中砂岩、细砂岩；孔隙度 5%~8%，渗透率 0.15~0.4mD，排驱压力大于 1.0MPa，中值压力大于 20.0MPa，中值半径小于 0.04μm，声波时差介于 217~2250μs/m 之间，综合评价一般储层。

（二）锦 58 井区盒 3 段储层分类评价

（1）Ⅰ类储层：岩性均是含砾粗砂岩、粗砂岩；孔隙度大于 15%，渗透率大于 1.2mD，排驱压力小于 0.1MPa，中值压力小于 2MPa，中值半径大于 0.4μm，声波时差大于 245μs/m，综合评价好储层。

（2）Ⅱ类储层：岩性是粗砂岩、中砂岩；孔隙度 15%~8%，渗透率 1.2~0.4mD，排驱压力 0.1~0.3MPa，中值压力 2~8MPa，中值半径 0.3~0.1μm，声波时差介于 230~245μs/m 之间，综合评价较好储层。

（3）Ⅲ类储层：岩性是中砂岩、细砂岩；孔隙度 5%~8%，渗透率 0.14~0.4mD，排驱压力大于 0.3MPa，中值压力大于 8.0MPa，中值半径小于 0.1μm，声波时差介于 217~230μs/m 之间，综合评价一般储层。

第三节　储层垂向演化及平面展布

东胜气田锦 58 井区气藏目的层为盒 1 段和盒 3 段，盒 1 段储层为冲积扇—辫状河沉积相，盒 3 段为辫状河沉积相。盒 3 期无论辫状河道和砂体展布范围都较盒 1 期小，砂体厚度较盒 1 期薄。

一、储层垂向演化

根据锦 58 井区下石盒子组顺物源方向及垂直于物源方向气藏对比分析，展示了盒 1 段、盒 3 段储集砂体在不同位置辫状河道砂体发育规模的差异性（图 6-33）。盒 1 段砂体整体叠置厚度大、河道宽度大，砂体大面积联片。盒 3 段河道叠置特征弱、砂体厚度小，河道宽度小。

垂向上，盒 1 段为近源冲积扇—辫状河沉积，物质供给丰富、辫状河道砂体多期垂向叠置，表现为砂砂叠置特征，砂体厚度大，砂体间泥岩隔层薄。盒 3 段为远源辫状河沉积，物源供给减弱，河道规模减小，垂向上多为单期辫状河道、河道叠置特征减弱，辫状河道砂体厚度小、砂体间泥岩隔层厚度大。顺物源方向盒 1 段砂体由北向南辫状河道砂体连通性好，反映该时期辫状河道大面积联片特征，盒 3 段时期由北向南辫状河道砂体叠置特征减弱，辫状河道砂体断续分布。

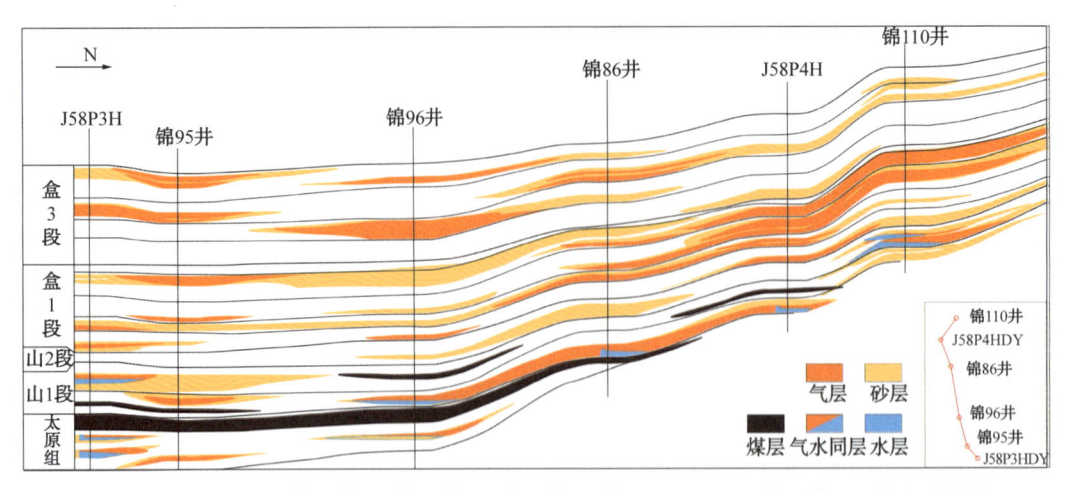

图 6-33 J58P3HDY 井—锦 95 井—锦 96 井—锦 86 井—J58P4HDY 井—锦 110 井气藏剖面

北部东西向气藏对比分析，该区位于北部冲积扇近物源区扇根—扇中沉积区，物源丰富、扇中辫状河道多期叠置，垂向上叠置砂体粒度粗、厚度大；横向上，多期河道砂体叠置、交切、汇聚，砂体复合连片发育，河道宽度大，砂体叠置厚度达 30~40m，泥岩隔层薄。南部东西向气藏对比分析(图 6-34)，盒 1 段位于冲积扇扇中—扇端—辫状河沉积区，河道叠置特征明显，垂向上砂体叠置厚度大；横向上砂体交汇作用明显，叠置河道宽度大。盒 3 段时期，仍表现为河道规模小、砂体厚度小、砂体横向连续性较盒 1 段差。

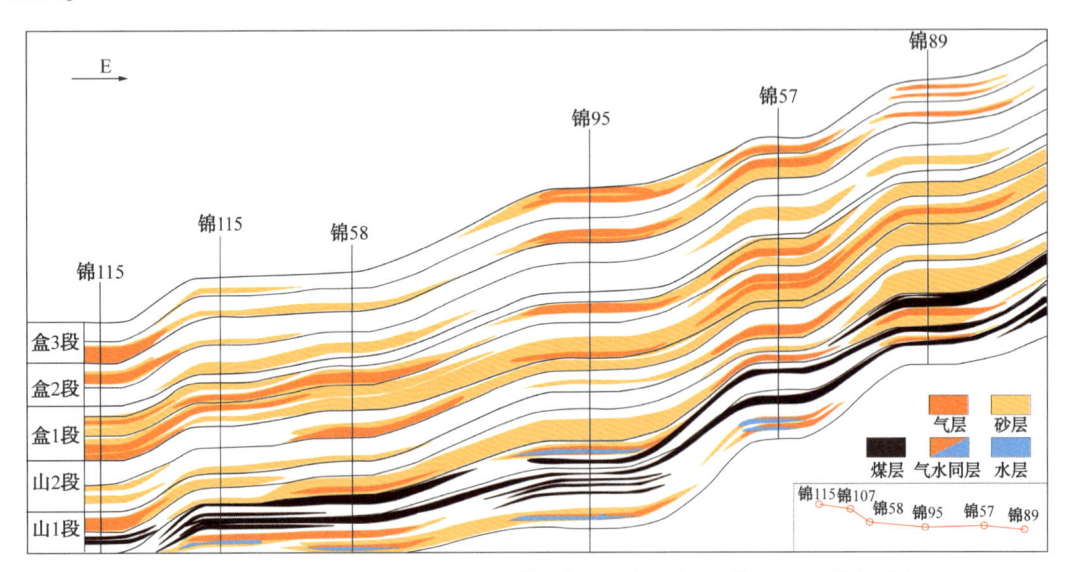

图 6-34 锦 115 井—锦 107 井—锦 58 井—锦 95 井—锦 57 井—锦 89 井气藏剖面

二、平面分布特征

根据锦 58 井区储层有效厚度平面分布特征(图 6-35、图 6-36)，盒 1 段、盒 3 段储层普遍发育，盒 1 段储层厚度、平面连续性均较盒 3 段好。

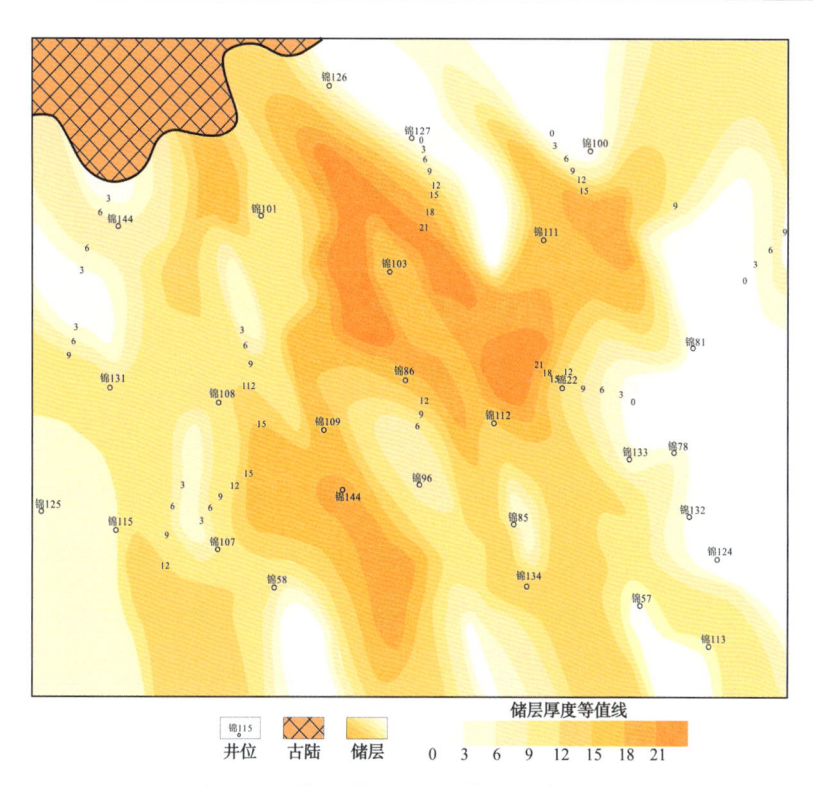

图 6-35　锦 58 井区盒 1 段储层有效厚度图

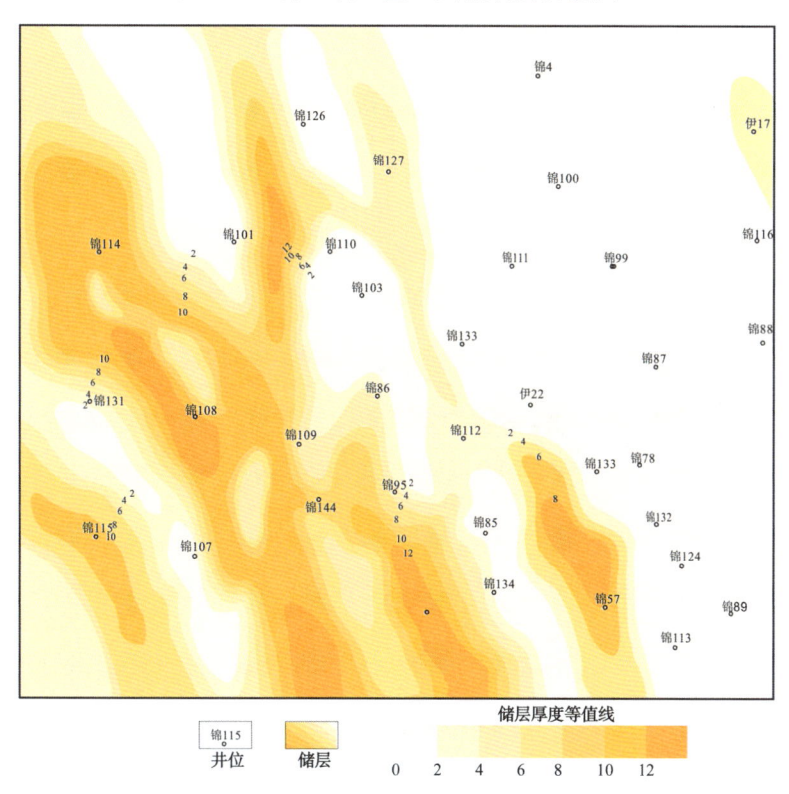

图 6-36　锦 58 井区盒 3 段储层有效厚度图

盒 1 段储层气层厚度分布面积广，平面连续性好。盒 1 段气层累积厚度大，厚度大的地区位于北部锦 126 井—锦 127 井—锦 110 井—锦 103 井—井 98 井一线冲积扇沉积区，气层厚度最厚达 21m。南部地区气层厚度(总体大于 9m)小于北部地区，气层的连通性较北部减弱。

盒 3 段储层气层平面上分布于中西部地区，由北向南顺河道方向气层连续性好，而横向上气层分隔性强。其中，锦 114 井—锦 108 井—锦 58 井一线辫状河道气层砂体厚度及河道宽度大，气层厚度大于 10m，气层联通性好。

第四节 储层发育控制因素

通过各种因素综合分析，明确了锦 58 井区致密砂岩储层主要受岩石粒度、岩石组分、沉积微相和成岩作用等因素共同影响。

一、岩石粒度

组成碎屑颗粒的大小对岩石物性有较大的影响。通常，岩石颗粒越粗，孔隙结构就越好，孔喉越粗，因而物性就越好。反之，岩石颗粒越细，粒间孔隙体积就越小，物性就越差。按照粒径大小，将东胜气田锦 58 井区盒 1 段、盒 3 段砂岩储层分为粗砂岩、中砂岩、粗—中砂岩、中—细砂岩和细砂岩。研究表明，各类粒径的砂岩储层孔渗呈正相关性(图 6-37)，其中粗砂岩孔隙度和渗透率范围值更大，且明显优于中砂岩、粗—中砂岩。细砂岩、中—细砂岩物性最差，孔隙度小于 8%，渗透率小于 1mD。沉积物在沉积时受水动力影响，粗粒碎屑物沉积水动力强于细粒沉积物，填隙物中泥质含量等明显更低，原生粒间孔隙更为发育，物性条件好。

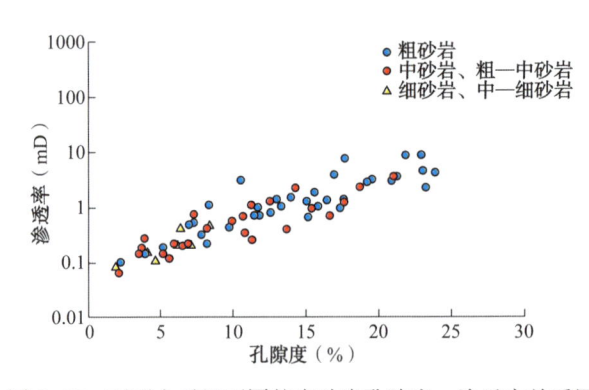

图 6-37 下石盒子组不同粒度砂岩孔隙度—渗透率关系图

粗砂岩和含砾粗砂岩孔隙度>10%的频率分别为 76.29%和 47.13%；而中砂岩和细砂岩孔隙度>10%的频率只有 10.07%和 4.69%(图 6-38)。整体来看，锦 58 井区下石盒子组不同粒度砂岩孔隙度、渗透率具有较好的相关性。

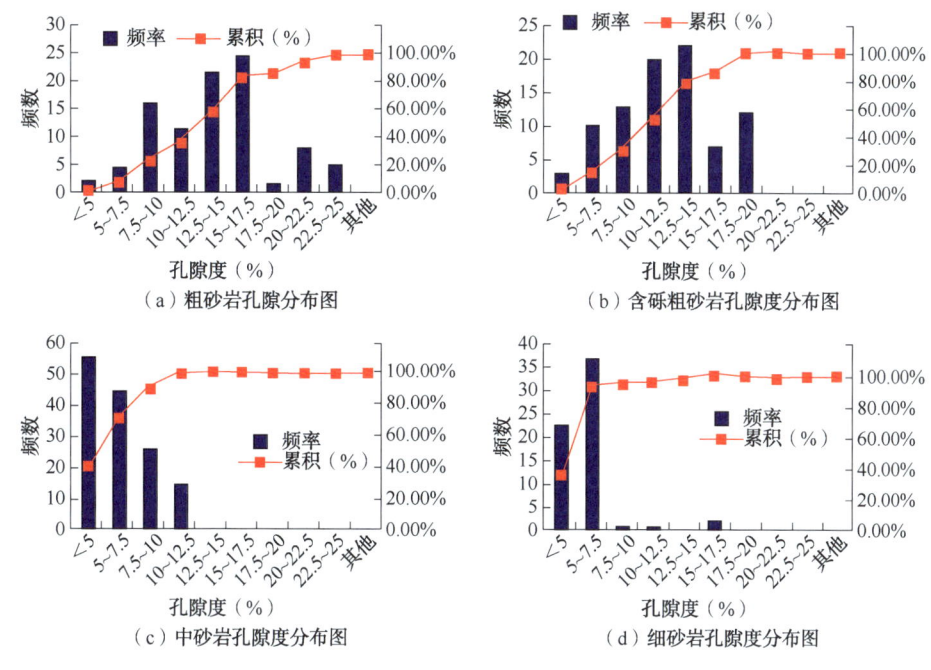

图6-38 下石盒子组不同粒度砂岩孔隙度分布图

二、岩石组分

（一）石英组分与储层的关系

根据东胜气田锦58井区盒1段样品薄片资料统计分析，储层碎屑颗粒粒度可以划分为粗砂岩、中砂岩和细砂岩，碎屑组分主要有石英、岩屑和长石。根据岩心样品薄片资料和孔渗资料的统计分析，石英含量与孔隙度、渗透率之间存在着较好的正相关关系（图6-39），随着石英含量的增加，石英刚性颗粒抗压实作用更强，原生粒间孔隙得以更好保存，砂岩的孔隙度和渗透率都有逐渐变大的趋势。对比发现，岩屑石英砂岩的储集物性最好，其储集物性明显高于岩屑砂岩。因此，说明石英含量是影响储层物性的重要因素之一。

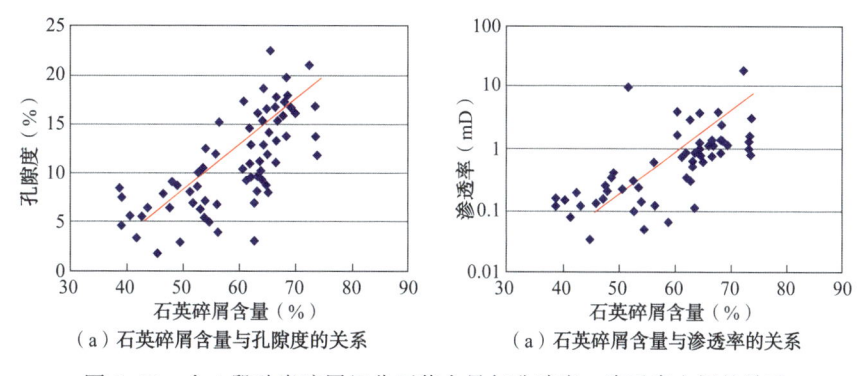

图6-39 盒1段砂岩碎屑组分石英含量与孔隙度、渗透率之间的关系

（二）岩屑组分与储层的关系

统计表明，砂岩岩屑含量同样与其储层质量具有一定的相关关系，如研究区内砂岩岩屑与面孔率之间的负相关（图6-40）。由于砂岩碎屑颗粒中泥岩、云母、千枚岩等碎屑岩屑的存在，在压实过程中，压实变形占据原生粒间孔隙，降低砂岩孔隙度和渗透率。可见随着岩屑含量的增高，砂岩面孔率呈现递减的趋势。

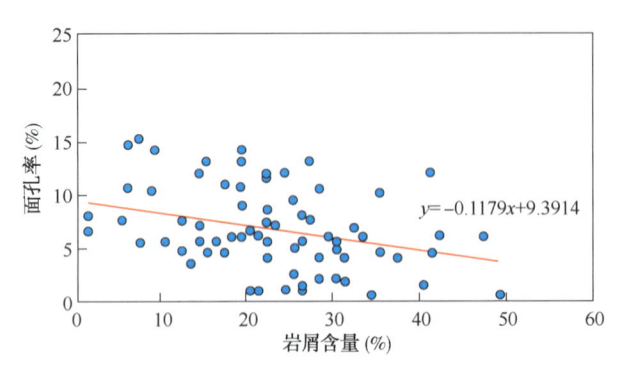

图6-40 岩屑含量与面孔率相关关系图

三、沉积微相

不同的沉积微相类型具有不同的水动力特征，所形成的砂体在岩相组成、厚度、内部非均质性以及砂岩碎屑成分组成、泥质含量、颗粒的粒度、分选等多方面各具特色，造成不同沉积相所形成的砂体间具有不同的原始孔隙度和渗透率。东胜气田盒1段沉积期主要为冲积扇和辫状河沉积，冲积扇可识别出辫状水道、天然堤、泛滥平原微相；辫状河辫状水道、心滩和泛滥平原微相。

冲积扇辫状水道和辫状河辫状水道、心滩微相中高能心滩发育于河道主水流线上，水动力条件强，形成的沉积物粒度粗，主要以含砾粗砂岩、粗砂岩为主，并且粗粒砂岩中，泥质等填隙物含量少，原生粒间孔发育，成为东胜气田锦58井区盒1段和盒3段最有利的储集砂体。低能心滩多发育于主水流线外侧，沉积时水动力条件相对较弱，以中—细粒砂岩为主，砂岩间泥质杂基填隙物含量高，原生孔隙相对不发育，储集性能降低。如锦9井冲积扇相发育，扇中辫状水道的储层质量相比高能心滩较差，射孔段试气表明，该井盒1段辫状河道试气为5265m³/d（图6-41）。

泛滥平原和片流沉积多形成于弱水动力条件，主要为粉砂岩、泥质粉砂岩和泥岩沉积，由于原始沉积物粒度细，孔隙不发育，因此泛滥平原和片流微相储层不发育。

四、成岩作用

东胜气田锦58井区下石盒子组成岩作用类型繁多而复杂，总体可将成岩作用对储层质量影响分为有利和破坏两类，发育的成岩作用类型及主要特征如表6-17所示，这两种成岩作用在研究区都比较发育，储层物性的好坏与两种成岩作用相对强弱有着密切关系。

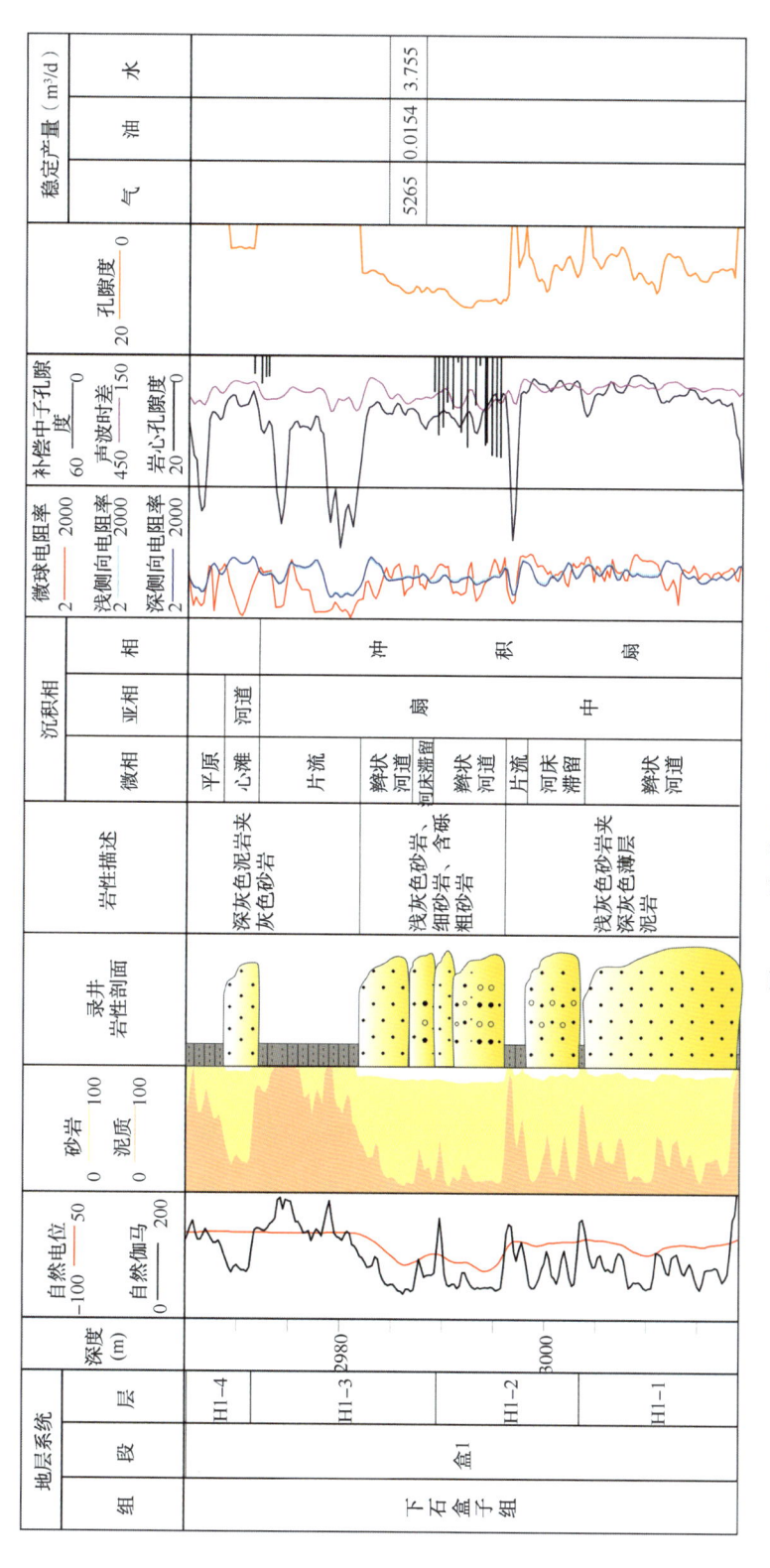

图6-41 锦9井盒1段辫状河道产能特征

表 6-17 研究区成岩作用类型及主要特征

成岩作用类型		主要特征	强弱程度
建设性	溶蚀作用	酸性水选择性溶蚀	中等~强
	蚀变作用	长石、水云母蚀变为高岭石、蒙脱石等	中等~弱
破坏性	机械压实作用	颗粒排列紧密，减少粒间孔隙	中等
	压溶和自生石英	SiO_2析出并形成石英次生加大边	中等~弱
	胶结作用	方解石、硅质、铁质和淀黏土充填粒间孔	中等~强
	充填作用	方解石等充填微裂缝、石英次生加大充填粒间孔	弱
	交代作用	少量菱铁矿、方解石交代颗粒碎屑，并发生溶蚀	较弱

（一）压实作用是储层孔隙度降低的主要因素

压实作用是造成沉积物体积收缩，孔隙度减少，使岩石向着致密化方向发展的主要因素之一。研究区地层埋藏深度在 2500~3800m，受压实强度较强，胶结物充填状况及沉积环境影响出现非均质性，表现为部分砂岩中碎屑颗粒之间以点—线接触，部分石英砂岩中碎屑以线接触为主，受压实后的原生粒间孔细小或消失，同时具有填隙物少的特征，部分塑性岩屑被挤压变形，甚至呈假杂基状。压实作用造成的原始粒间孔损失均值为 24.64%；保留下来的原生粒间孔隙度为 10%~20%。局部层段甚至被完全被压实形成压实致密层。

（二）胶结作用是强化储层致密化的关键因素

胶结作用对储层发育的影响取决于胶结时间和胶结物类型，早期形成的石英次生加大边、方解石、黏土包壳如绿泥石环边等虽然占据部分孔隙空间，但可以提高储层的抗压实性，抑制压实作用的进行，有效提高原生孔隙的抗压实能力，减小对原生粒间孔的破坏。但随着胶结作用的持续进行，胶结物类型和胶结期次的发育，对储层孔隙的侵占作用大于抵抗压实作用带来的影响，以对孔隙起破坏作用占主导地位，使储层的孔渗性明显降低。锦 58 井区盒 1 段储集砂岩主要的胶结物是石英加大边、高岭石、方解石和绿泥石，总含量均值为在 11%左右。经历多期次、多类型胶结作用之后，储集砂岩变得致密。

（三）成岩期溶蚀程度是改善储层物性的重要原因

溶蚀作用对改善储层的性能有着重要作用。锦 58 井区下石盒子组溶蚀作用形成的次生孔隙占有为主要地位，大多数砂岩粒间可以见到溶蚀现象，易溶组分在酸碱性水介质环境下会发生溶蚀，从而形成粒内溶孔和粒间溶孔等孔隙类型。相同条件下，酸性流体优先溶解长石，同时根据镜下薄片观察，被溶组分主要是长石等铝硅酸盐矿物被溶蚀，石英颗粒和碳酸盐胶结物少见溶蚀。同时，连生方解石发育的薄片，溶蚀作用发育微弱，这是因为流体具备流通空间才可对易溶组分进行溶蚀，连生方解石发育的区域，孔隙保存相当差，制约溶蚀流体的流动。

第七章 下石盒子组气藏类型

气藏是聚集一定数量天然气的圈闭，不同的气藏在气体组分、驱动类型等方面存在较大的差异，因此在气田开发初期，识别气藏类型，对制定开发方式及调整方案具有重要的作用。东胜气田锦58井区主要含气层位为下石盒子组盒1段和盒3段，受到埋深等影响，气藏表现为低压—常压、常温的气藏特征，分布主要受岩性、地层、构造等共同影响，形成了多种类型气藏，不同类型气藏产能存在较大的差异。通过储层刻画、断层描述、气水特征研究，明确不同类型气藏的分布范围，为开发提供依据。

第一节 气藏流体性质

试气和流体样品分析结果表明，东胜气田锦58井区下石盒子组盒1段和盒3段是主要产气层位，产出的天然气为干气，产少量水，水型为氯化钙，气藏为封闭系统。

一、天然气组分

天然气指从地下采出的，常温常压下相态为气态的烃类和少量非烃类气体组成的混合物。天然气组成是天然气中各组分气体所占总组成的比例。天然气按烃类组分关系可以分为干气、湿气、贫气和富气。烃气（烃类气体）主要为 $C_1 \sim C_4$ 的烷烃，烃类气体中，$CH_4 \geqslant 95\%$、$C_{2^+} < 5\%$ 的烃气，气体相对密度小于 0.65，称干气，又叫贫气；$CH_4 \leqslant 95\%$、$C_{2^+} > 5\%$ 的烃气，称湿气，又叫富气。天然气密度随重烃含量尤其是高碳数的重烃含量的增加而增大。

根据东胜气田锦58井区锦58井、锦86井等钻井下石盒子组气藏天然气组分分析（表7-1），下石盒子组气藏以烃类组分为主，非烃组分含量少，主要为 N_2 和 CO_2。其中盒1段甲烷含量分布于 90.65%~97.277%，平均含量占总烃 95.60%，大于95%，相对密度 0.601，属于干气气藏。盒3段甲烷含量分布于 88.296%~96.959%，平均含量占总烃 93.83%，大于95%，相对密度 0.591，亦属于干气气藏。因此，锦58井区下石盒子组天然气气藏是以甲烷气为主的烃类气体，不含硫化氢，属干气。

表 7-1 锦 58 井区下石盒子组天然气组分分析成果表

井号	层位	相对密度	天然气组分(%)							甲烷占烃百分比(%)	非烃组分(%)		
			烃类组分(%)										
			甲烷	乙烷	丙烷	异丁烷	正丁烷	异戊烷	正戊烷		氮气	二氧化碳	硫化氢
锦 58	盒3段	0.575	96.959	2.070	0.350	0.070	0.080	0.033	0.030	97.4	0	0	0
锦 86		0.590	94.022	2.869	0.236	0.134	0.186	0.186	0.023	96.3	2.032	0.312	0
锦 114		0.610	90.997	7.052	1.146	0.140	0.189	0.069	0.053	99.6	0	0.355	0
锦 108		0.611	88.296	2.812	0.290	0.057	0.105	0.053	0.026	96.3	7.935	0.427	0
J58P14H		0.581	95.605	3.303	0.366	0.060	0.073	0.033	0	99.4	0	0.559	0
J58P10H		0.581	95.804	3.167	0.556	0.083	0.123	0.049	0.041	99.8	0	0.176	0
平均值		0.591	93.614	3.546	0.401	0.091	0.126	0.071	0.029	98.1	1.661	0.305	0
锦 86	盒1段	0.584	94.845	2.075	0.447	0.070	0.050	0.029	0.056	97.2	1.973	0.455	0
锦 110		0.587	94.220	1.880	0.410	0.080	0.090	0.040	0.020	97.4	2.740	0.540	0
J58P5H		—	96.450	2.281	0.395	0.065	0.106	0.060	0.056	96.9	0.230	0.263	0
J58P13H		—	97.277	1.777	0.339	0.046	0.067	0.022	0	97.7	0.215	0.226	0
锦 101		0.614	91.270	5.394	1.476	0.218	0.359	0.126	0.116	92.2	0.544	0.501	0
锦 112		0.597	92.097	2.264	0.468	0.122	—	—	—	97.0	4.215	0.834	0
锦 115		0.623	90.650	5.890	2.027	0.277	0.458	0.192	0.159	91.0	0	0.346	0
平均值		0.601	93.830	3.080	0.795	0.125	0.188	0.078	0.071	95.6	1.417	0.452	0

二、地层水性质

地层水或称油层水是指油藏边部和底部的边水和底水、层间水以及与原油同层的束缚水的总称。地层水性质多用地层水类型和矿化度来衡量。地层水的分类常采用苏林的四类划分法,分别为:(1)硫酸钠(Na_2SO_4)水型,该环境不利于油气聚集和保存。(2)重碳酸钠($NaHCO_3$)水型,可作为含油良好的标志。(3)氯化镁($MgCl_2$)水型,多存在于油、气田内部。(4)氯化钙($CaCl_2$)水型,有利于油、气聚集和保存,是含油气良好的标志。地层水中的含盐量的多少用矿化度来表示,地层水的矿化度高于地表水,且随埋深增大而增大。

根据东胜气田锦 58 井区锦 86 等井地层水性质分析结果,锦 58 井区下石盒子组盒 1 段、盒 3 段气藏水型均为 $CaCl_2$ 型,且盒 1 段和盒 3 段地层水总矿化度均为高值,表明下石盒子气藏均为封闭系统(表 7-2)。具体表现为:

盒 1 段地层水总矿化度分布于 22512.9~38409.4mg/L,平均为 32810.1mg/L;地层水密度为 1.03~1.13g/cm³,平均为 1.07g/cm³。地层水水型属于 $CaCl_2$ 型。

盒 3 段气藏地层水总矿化度为 35368.6~49624.8mg/L,平均为 42740.0mg/L;地层水密度分布于 1.03~1.21g/cm³,平均为 1.12g/cm³;地层水水型属于 $CaCl_2$ 型气藏为封闭系统。总体来看，盒1段气藏地层水矿物度和密度均高于盒3段气藏。

表7-2 锦58井区下石盒子组地层水性质统计表

层位	序号	井号	K⁺+Na⁺	Ca²⁺	Mg²⁺	Cl⁻	SO₄²⁻	HCO₃⁻	总矿化度	水型	地层水密度(g/cm³)
盒3段	1	锦86	15121.9	1481.8	111.0	17067.0	3983.4	173.1	38315.5	氯化钙	1.08
	2	锦99	10013.9	3711.5	75.7	20782.3	3031.7	20.5	38409.4	氯化钙	1.13
	3	锦108	3850.1	2635.6	0.0	15354.8	417.7	21.4	22512.9	氯化钙	1.03
	4	J58P14H	6817.7	2980.4	142.6	21371.4	166.7	21.4	32002.7	氯化钙	1.03
	平均		8950.9	2702.3	82.3	18643.9	1899.9	59.1	32810.1	氯化钙	1.07
盒1段	1	锦58	4003.6	8172.5	90.9	21866.5	543.3	173.1	35368.6	氯化钙	—
	2	锦85	10296.8	4349.3	284.6	20941.2	6132.0	144.3	43226.6	氯化钙	1.03
	3	锦112	6087.8	11359.6	0.0	31557.8	0.0	22.4	49624.8	氯化钙	1.21
	平均		6796.1	7960.5	125.1	24788.4	2225.1	113.3	42740.0	氯化钙	1.12

第二节 气藏温度压力系统

压力和温度是油气藏的两个热力学条件，它们不仅决定流体的相态，还对流体的流动性能产生重要的影响。压力系统是决定油气生产优化程度的重要影响因素。温度系统又是决定各种驱替剂驱替效果的重要条件。

一、气藏温度系统

由于油气藏在常温层以下，其温度随深度的增加而增加。油气藏的温度随埋深的变化情况通常可用地温梯度和地温级度来表示。地温梯度指地层深度每增加100m时，地层温度增高的度数，单位为℃/100m。地温级度是指地温每增加1℃所需增加的深度值，单位为m/℃。地温梯度与地温级度互为倒数关系，地温梯度更常用。地温梯度通常为1~3℃/100m。

根据东胜气田锦58井区测试获得的不同深度的地层温度资料（表7-3），地层温度和埋藏深度相关系数较高。分别对盒1段和盒3段及相邻层段样本点进行拟合分析，测算盒1段地温梯度为2.87℃/100m，盒3段地温梯度为2.86℃/100m。计算结果表明，东胜气田锦58井区下石盒子组盒1段和盒3段气藏属于正常地温系统。

表7-3 东胜气田锦58井区下石盒子组中部深度、温度统计表

层位	中部深度(m)	平均地层温度(℃)	温度梯度(℃/100m)	样品数(个)
盒3	3066	93.5	2.86	8
盒1	3102.1	94.8	2.87	7
平均	3084	94.1	2.87	

二、气藏压力系统

地层压力又称孔隙流体压力,是指地层孔隙内流体所承受的压力。如果该流体为油或气,就称油层或气层压力。油气层在未开发前,各处的地层压力相对平衡,投入生产后,平衡状态遭到破坏。压力系数(α)定义为实测地层压力与相同深度处的静水压力的比值,用来衡量地层压力偏离静水压力的程度。$\alpha \geqslant 1.8$ 为超高压气藏,$1.3<\alpha<1.8$,为高压气藏,$0.9<\alpha<1.3$,为常压气藏,$\alpha<0.9$ 为低压气藏。

统计东胜气田锦 58 井区测试获得的下石盒子组气藏不同深度的地层压力资料(表 7-4),盒 1 段和盒 3 段地层压力分别为 27.7MPa、27.8MPa,两者地层压力相当。盒 1 段和盒 3 段压力系数分布于 0.89~0.92,平均值为 0.91。综合地层压力和压力系数分析表明,东胜气田锦 58 井区下石盒子组盒 1 段、盒 3 段气藏属于低压常压系统。

表 7-4 锦 58 井区下石盒子组气藏压力统计表

层位	中部深度(m)	地层压力(MPa)	压力系数	样品数(个)
盒 3 段	3066.0	27.8	0.89	8
盒 1 段	3102.1	27.7	0.92	7
平均	3084.0	27.75	0.91	

第三节 气藏类型

一、气藏类型划分

油气藏的类型很多,它们在成因、形态、规模与大小及储层条件、遮挡条件,烃类相态等方面的差别很大。气藏的分类要遵循科学性和实用性两条基本原则。天然气藏按圈闭类型分为构造气藏、岩性气藏、地层气藏和裂缝气藏四类。按储层因素可分为碎屑岩气藏、碳酸盐岩气藏、泥质岩气藏、火成岩气藏、变质岩气藏和煤层甲烷气藏等六类。依据渗透率可依次划分为高渗气藏、中渗气藏、低渗气藏和致密气藏(表 7-5);依据孔隙度可依次划分为高孔气藏、中孔气藏、低孔气藏和特低孔气藏(表 7-5)。依据孔渗空间类型可划分为孔隙型、裂缝—孔隙型、裂缝—孔洞型、孔隙—裂缝型及裂缝型五类(表 7-6)。

表 7-5 气藏按储层物性划分

类别	高渗气藏	中渗气藏	低渗气藏	致密气藏
有效渗透率(mD)	>50	>5~50	>0.1~5	≤0.1
类别	高孔气藏	中孔气藏	低孔气藏	特低孔气藏
孔隙度(%)	>20	>10~20	>5~10	≤5

表 7-6　气藏储渗空间类型特征表

类别	特征			
	储集空间	渗滤通道	均质性	储集能力
孔隙型	孔隙	喉道	相对均质	大
裂缝—孔隙型	以孔隙为主	喉道裂缝	较均~不均	较大
裂缝—孔洞型	以孔洞为主	裂缝喉道	不均	大~小
孔隙—裂缝型	孔隙裂缝	裂缝	不均	小
裂缝型	裂缝	裂缝	不均	小

在构造解释、沉积相分析、储层评价以及圈闭含气性评价等研究成果基础上，通过对典型气藏类型的分析解剖，根据行标 GB/T 26979—2011《天然气藏分类》依据圈闭成因法分类原则，结合气藏平面几何形态及遮挡条件，将东胜气田锦 58 井区下石盒子组气藏划分为三种基本类型，分别为：岩性—地层气藏、构造—裂缝气藏及岩性气藏（表 7-7）。其中岩性气藏在气田内分布最广，层位上盒 1 段和盒 3 段均有分布。岩性—地层气藏主要发育于盒 1 段，分布于研究区北部。构造—裂缝气藏虽在盒 1 段和盒 3 段均有发育，但分布范围仅限于乌兰吉林庙断裂两侧。

表 7-7　锦 58 井区盒 1 段、盒 3 段气藏类型分类表

气藏类型	主要特征	工区分布	主要层位	开发难点	沉积相类型	
岩性—地层气藏	地层尖灭+岩性封闭遮挡	锦 58 井区冲积扇区域，面积 330km²	盒 1 段	上倾方向地层逐渐减薄直至尖灭，储层预测精度要求高	冲积扇	扇根
						扇中河道
						扇端
岩性气藏	岩性、物性封闭遮挡，非均质性强	锦 58 井区辫状河发育区域，面积 110km²	盒 1 段、盒 3 段	储层非均质性强，含气性预测难度大	辫状水道、心滩	
构造—裂缝气藏	岩性封闭遮挡，储层内部不同程度发育裂缝	乌兰吉林断裂两侧，面积 90km²	盒 1 段、盒 3 段	裂缝识别、预测难度大，储层非均质性强，压裂易沟通上、下部水层	辫状水道、心滩	

二、各类气藏特征

（一）岩性—地层气藏

砂岩上倾尖灭是指砂岩体沿地层上倾方向厚度减薄直至为零（刘金华等，2017；柯钦等，2018）。岩性—地层气藏油气经运移在储集岩上倾尖灭圈闭中聚集从而形成储集岩上

倾尖灭油气藏。东胜气田锦 58 井区盒 1 段在北部地区沿地层上倾方向、由扇中—扇根的相序变化，砂岩厚度逐渐减薄，形成砂岩向北部边缘方向的尖灭，其上被泛滥平原泥岩超覆遮挡。岩性—地层气藏受上倾尖灭圈闭控制，往往沿砂岩尖灭线分布。

锦 58 井区盒 1 段冲积扇沉积区即以岩性—地层气藏为主，平面上分布于研究区北部的冲积扇发育区，气藏主要受控于冲积扇扇中辫状水道砂体分布。冲积扇紧邻北部公卡汉凸起物源区，沉积物供给丰富、坡降大，扇中辫状水道砂体粒度粗，河道砂体发育规模大。扇根—扇中辫状水道垂向上多期砂体冲刷接触，形成厚层块砂（图 7-1、图 7-2）；平面上辫状水道砂体叠置连片，砂体之间连通性好。向物源方向，砂体逐渐减薄尖灭。侧向上由泛滥平原泥岩遮挡。在三维区地震剖面上亦表现出盒 1 段向上地层尖灭的特征（图 7-3）。锦 58 井区岩性—地层气藏分布于冲积扇扇根沉积区（图 7-4），位于研究区北部。

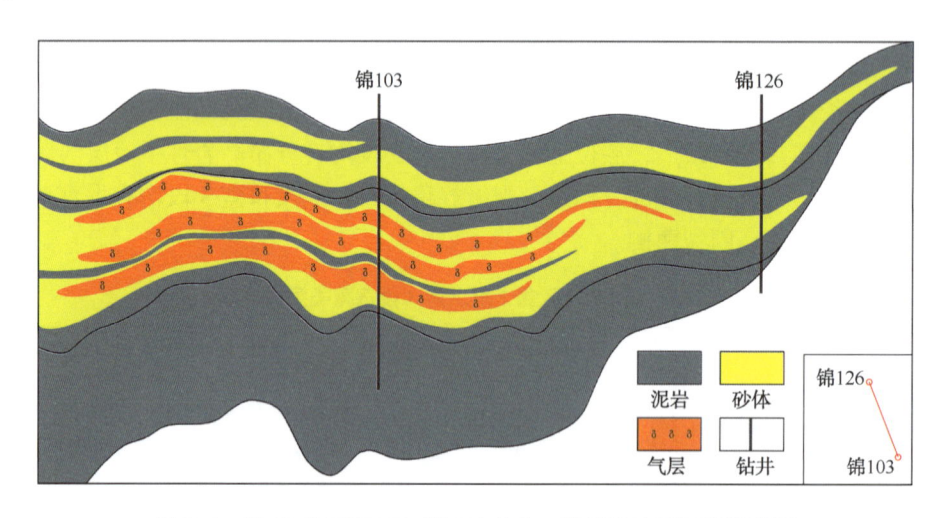

图 7-1　锦 58 井区锦 103-锦 126 井盒 1 段岩性地层气藏模式图

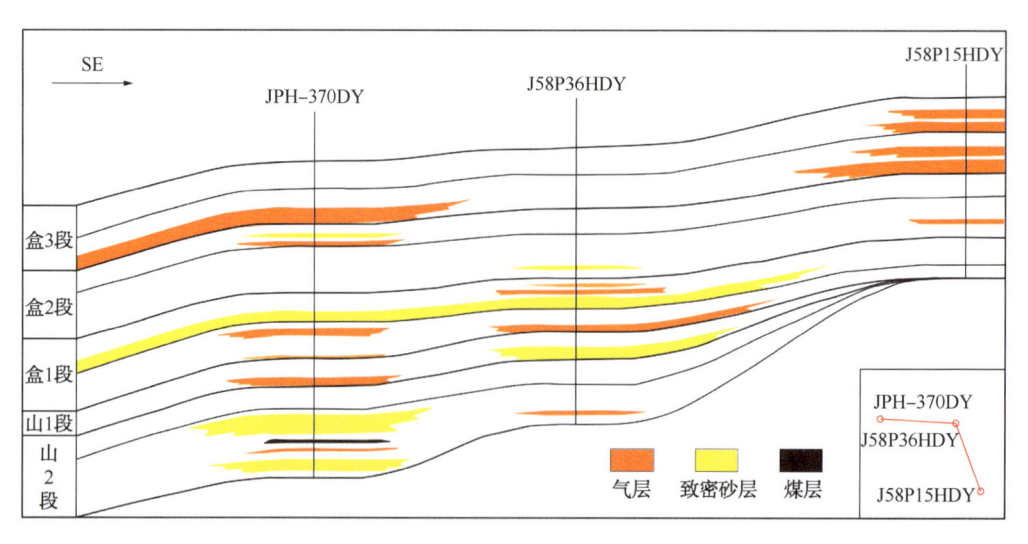

图 7-2　JPH-370DY-J8015HDY 井下石盒子组岩性—地层气藏剖面

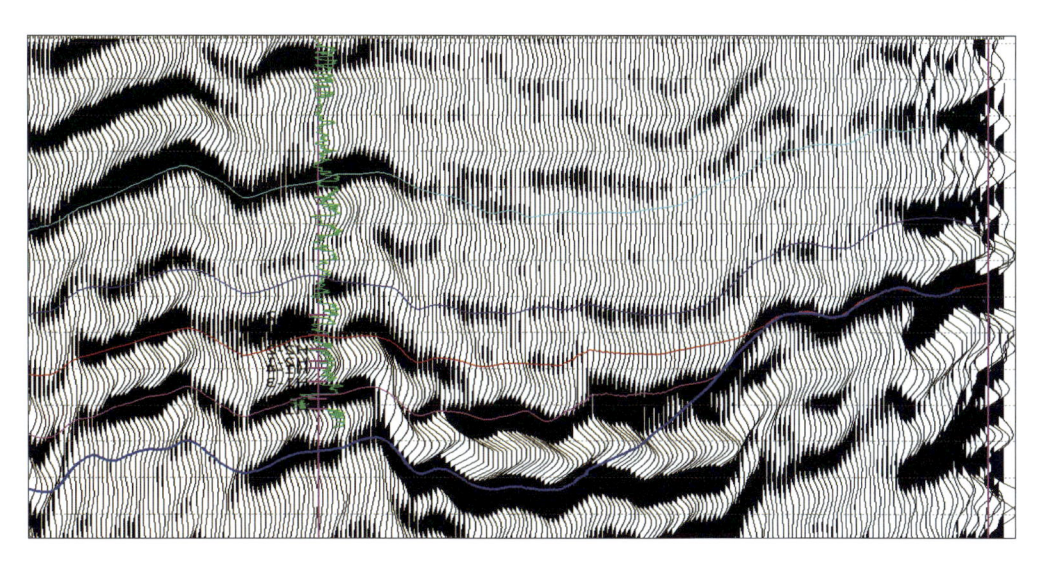

图 7-3　岩性—地层气藏地震反射特征

（二）断背斜构造气藏

断背斜构造气藏主要分布于东胜气田锦 58 井区南部乌兰吉林断裂带（图 7-4）。伴随

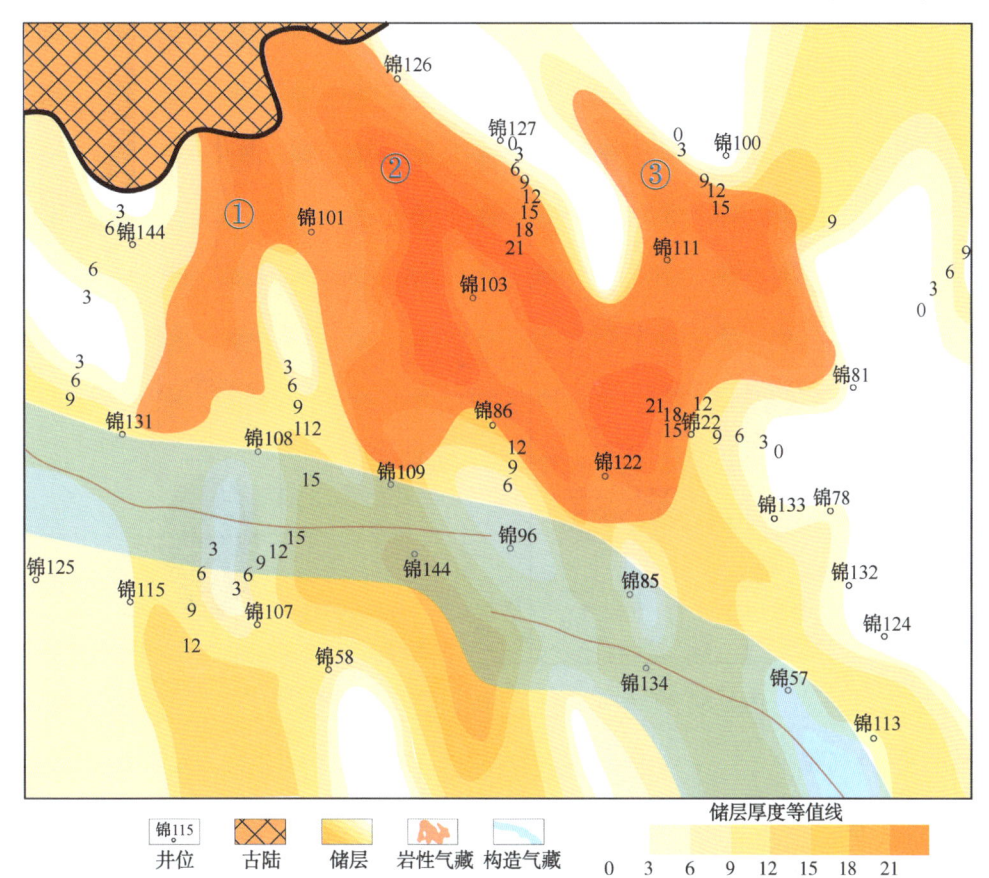

图 7-4　锦 58 井区盒 1 段岩性地层气藏分布图

着断裂的构造破裂，在下石盒子组盒1段、盒3段辫状河河道成因的低孔、低渗储集砂体内，产生大量的裂隙和微裂缝。裂缝本身是有利储集空间，同时微裂缝联通了孔隙，储层类型为裂缝型和裂缝—孔隙型储层。根据钻井岩心观察统计，裂缝类型多样，包括高角度裂缝、水平裂缝、垂直裂缝和低角度裂缝，如锦105井山西组—盒1段中砂岩高角度裂缝、垂直裂缝发育。对取心资料中不同类型裂缝统计分析发现，裂缝以垂直缝(45.6%)和高角度缝(31.5%)为主，次为水平缝和低角度裂缝(图7-5、图7-6)。其中有72%的裂缝未充填和半充填，成为有效的储集空间。同时，断裂沟通了下伏太原组—山西组暗色泥岩、煤岩烃源岩，成为有效的天然气输导体。在乌兰吉林庙断裂带的构造高部位为气层分布有利区，构造低部位与水层沟通(图7-7、图7-8)。

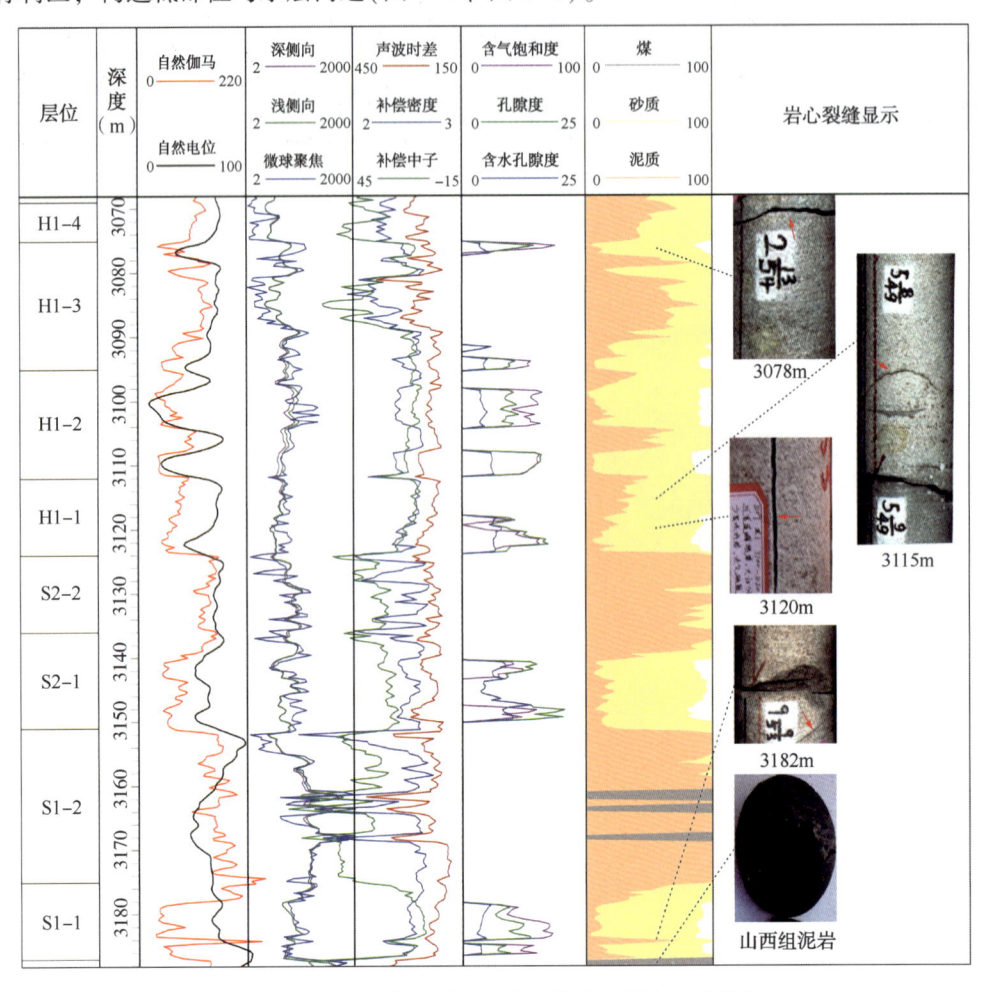

图7-5 锦109井山西组—盒1段岩心裂缝显示照片

(三) 岩性气藏

由于受沉积作用或成岩作用，使地层岩性、物性发生变化所形成圈闭中的天然气聚集。东胜气田锦58井区岩性气藏在盒1段和盒3段均有发育，盒3段沉积期全区分布以及盒1段沉积期分布于乌兰吉林庙断裂以南地区(图7-9)。岩性气藏主要受控于辫状河辫状水道和心滩砂体的分布,该类气藏东西向上多呈透镜状,砂体四周被非渗透性的泛滥平原泥岩围限(图7-10)。根据沉积相及砂体分布规律研究,盒3段辫状河规模远小于盒1段沉积期,盒3段岩性气藏发育规模亦小于盒1段。锦58井区盒1段、盒3段岩性气藏以辫状水道和心滩为有利储集砂体,气藏具有岩性、物性封闭遮挡,非均质性强的特点。

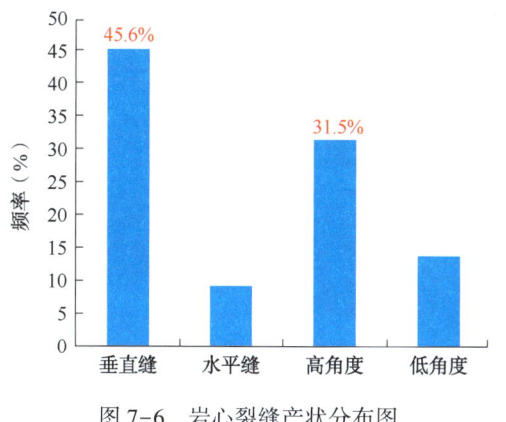

图7-6 岩心裂缝产状分布图

图7-7 构造裂缝气藏模式图

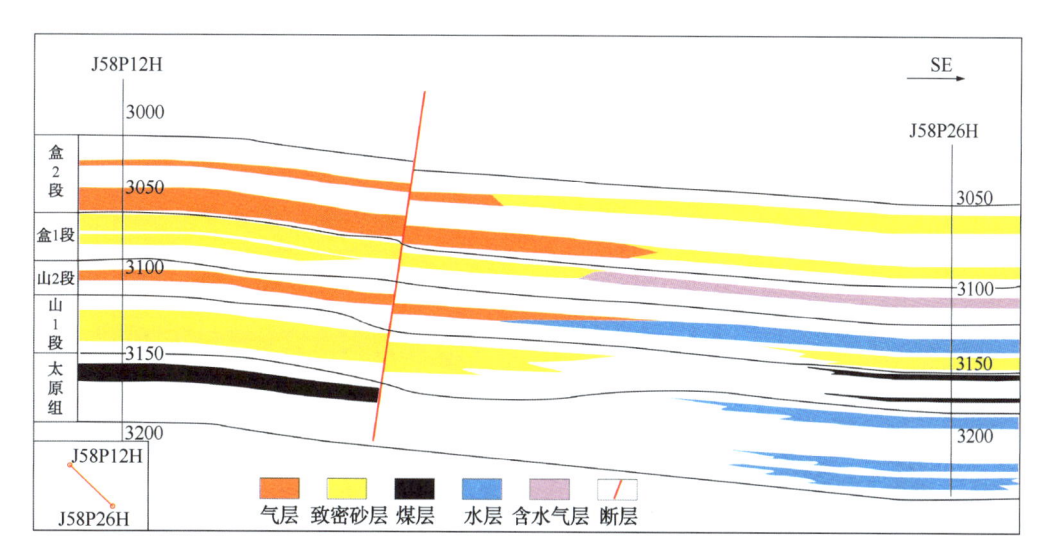

图7-8 J58P12H-J58P26H井下石盒子组裂缝气藏剖面图

（四）各气藏试气效果对比

通过对东胜气田锦58井区岩性—地层气藏、裂缝气藏和岩性气藏三种不同类型气藏水平井试气情况,从产气井数、气井无阻流量和不同产能井三方面进行了对比分析(图7-11)。

1. 产气井对比

岩性—地层气藏产气井数最多,产气井数为60口;次为断背斜构造气藏,产气井数为7口;最少为岩性气藏,产气井数为4口。

— 119 —

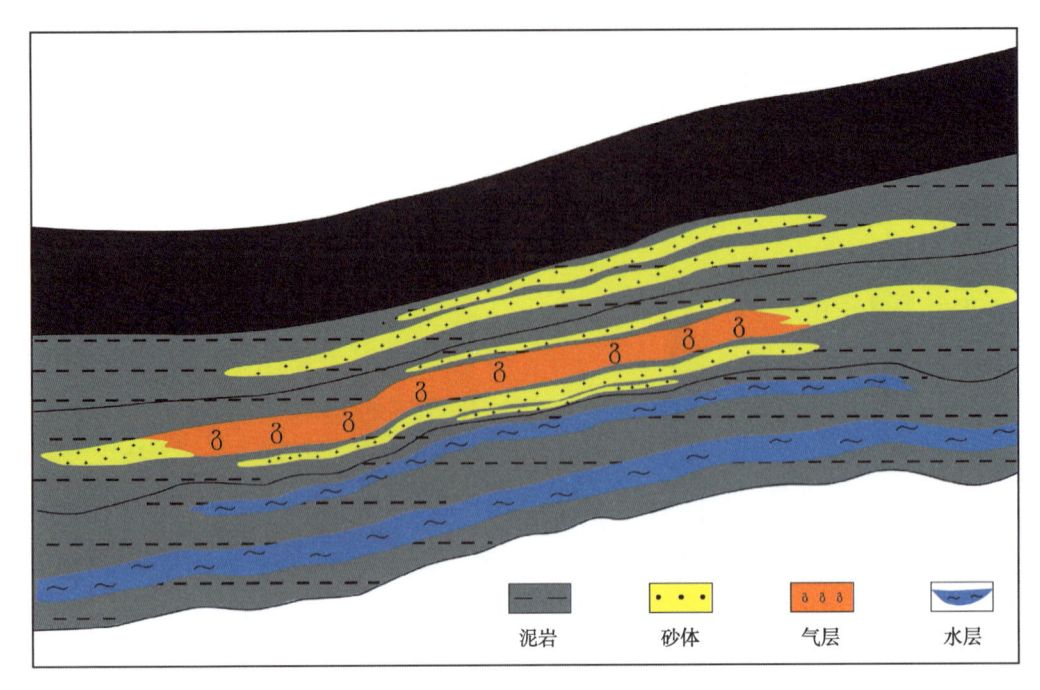

图 7-9　东胜气田锦 58 井区下石盒子组岩性气藏模式图

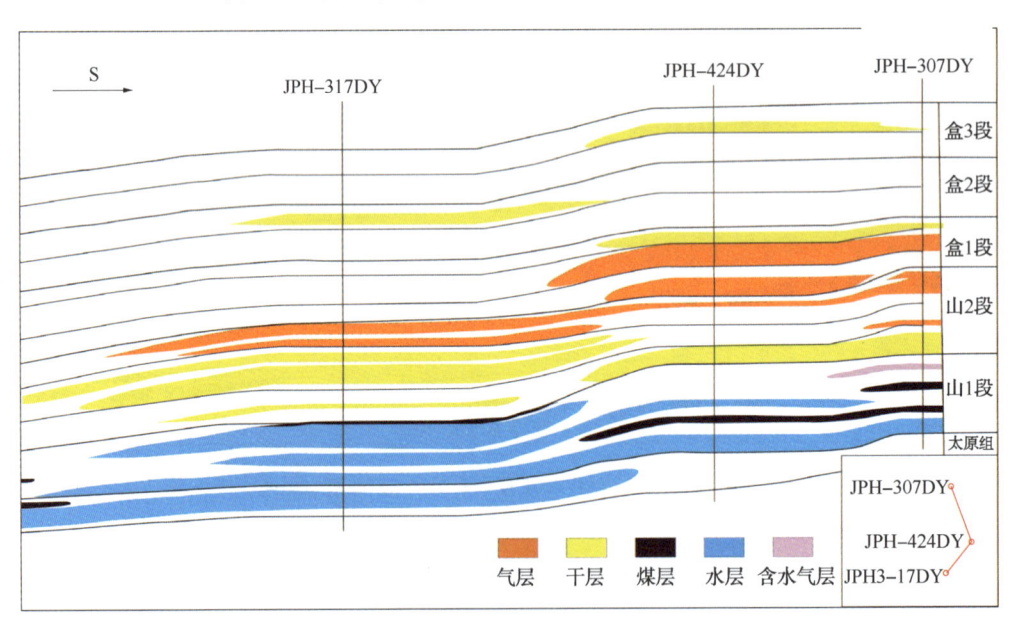

图 7-10　JPH-317DY 井-JPH-307DY 岩性气藏剖面图

2. 产气井无阻流量对比

岩性—地层气藏产平均产能最高，无阻流量为 $14.89×10^4 m^3/d$；次为岩性气藏，平均无阻流量为 $7.9×10^4 m^3/d$；最低为断背斜构造气藏，平均无阻流量为 $1.09×10^4 m^3/d$。

3. 不同产能井对比

主要从高产井、中产井和低产井三方面开展对比。岩性—地层气藏产气井高产井、中产井和低产井均有发育，其中高产井共 22 口、中产井 21 口、低产井 17 口。断背斜构造气藏主要为低产井，共有 7 口井。岩性气藏中有 2 口中产井和 2 口低产井。

综上对比分析，东胜气田锦 58 井区盒 1 段和盒 3 段气藏中，岩性—地层气藏从产气井数量、无阻流量和高产井所占比例均是最高，次为岩性气藏，最低为断背斜构造气藏。

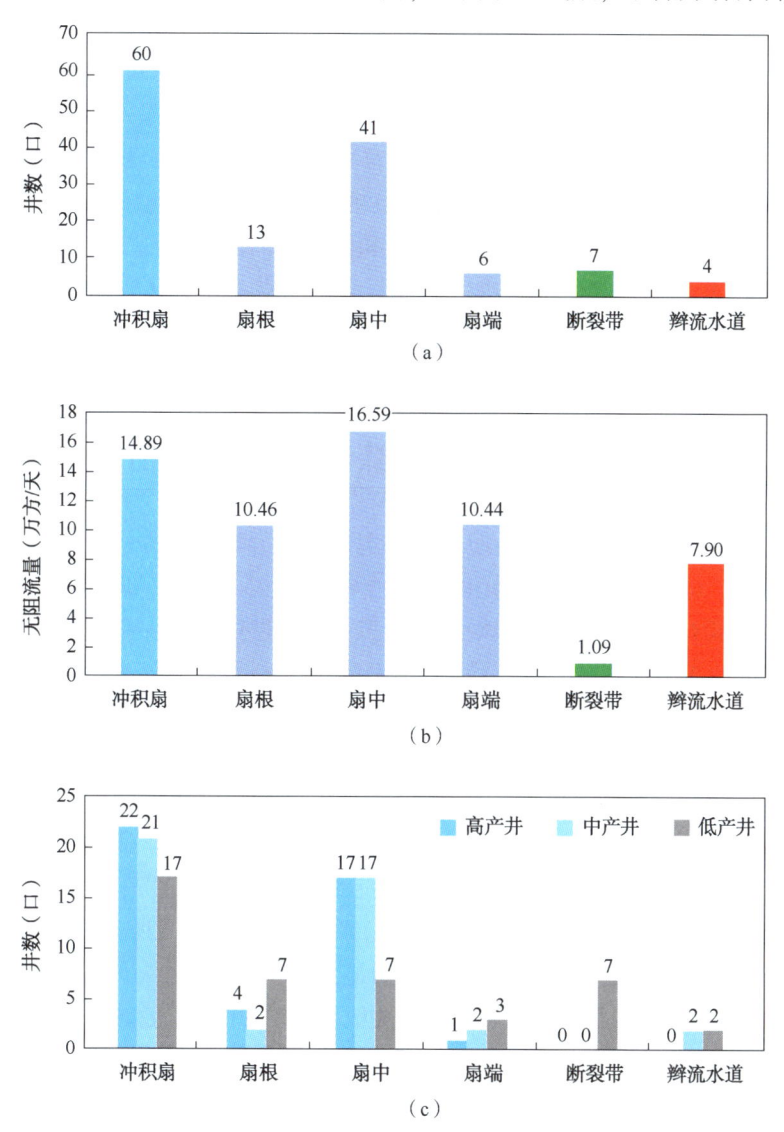

图 7-11 不同气藏类型试气效果对比图

第八章 下石盒子组气藏高产控制因素

随着中国陆相致密气勘探开发成果不断扩大和研究认识不断深入，陆相致密气形成的地质条件和富集规律已基本明确，宽缓的优质高效的烃源岩、大面积分布的致密储层、有效的源-储配置等要素控制致密气的形成规模。通过对陆相致密气"甜点"富集高产控制因素进行初步分析，明确陆相致密气开发有利区和优选指标，为致密气开发规划和部署提供依据。针对锦58井区下石盒子组气藏，依据测井、地震、分析化验以及测试资料，综合烃源岩、储层物性、构造等多因素分析，明确高产控制因素，优选富集目标区，为高效开发提供阵地。

第一节 气水层综合识别及评价

油气水层的识别是极其重要的地质工作，主要有两大类识别方法：一是利用录井资料判识油气水层；二是利用测井资料判识油气水层（伍友佳，2004）。岩心、岩屑、钻井液性能变化及气测显示资料，是钻探过程中最早获得的油气层资料，它是判断可能油气层的存在和决定完井试油或中途测试的重要依据。利用测井资料判断油气水层，主要取决于是否能够清楚地鉴别岩性，划分储层，减少与克服测井环境的影响，准确地提供重要地质参数，以及能够可靠地评价油、气、水层。

开展气水识别测井系列选择的基本原则是：(1)能够确定岩性的成分、清楚地划分渗透层；(2)至少能够比较完整地提供下列重要参数，如孔隙度、含油饱和度、束缚水饱和度、可动油量和残余油气饱和度、泥质含量以及渗透率的近似值等；(3)能够比较清楚地区别油层、气层和水层，确定有效厚度；(4)能够尽量地减少和克服井眼、围岩和钻井液侵入的影响，至少在通常情况下，不使测井信息明显失真；(5)在解决预期的地质目的的前提下，力求测井系列简化和经济；但切忌牺牲解决地质问题的能力去追求系列的过于简化。

在系统分析东胜气田锦58井区下石盒子组单井气水层在电测曲线特征基础上，利用伽马、电阻率、声波、中子、密度等测井资料，分别进行了气层、气水同层、水层和干层识别。

一、气水层识别

（一）典型气层

天然气的导电性与石油相似，好的气层电阻率值高（成家杰等，2020）。在物性好的地层，由于其渗透性强、含气性好，在钻井液滤液的侵入下会产生由井壁向地层深部电阻率逐渐增高的非均质剖面。因此，气层段电阻率高，深测向、浅测向两条曲线会出现幅度差,即深侧向电阻率曲线幅度大于浅侧向电阻率曲线幅度,为正幅度偏差。地层含气时孔隙度、密度、补偿中子曲线变化亦很明显,声波时差增大,有时发生周波跳跃现象,中子测井值降低,密度测井值相对于有所减小。如锦 98 井盒 1-3 小层气藏,具有低伽马、高电阻率、深浅双侧向出现正幅度偏差(图 8-1)。

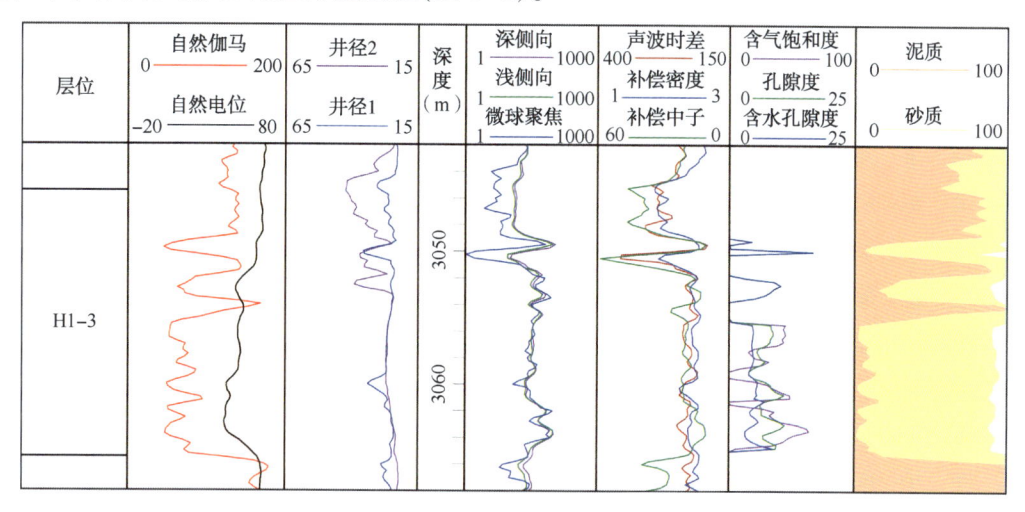

图 8-1 典型气层测井响应特征(锦 98 井)

(二) 典型气水同层

气水同层表现为自然伽马、自然电位低值特征,由于含水饱和度增加,含气饱和度降低,储层内部流体性质及含量发生变化,相对低于纯气层,电阻率曲线表现为上高下底的台阶状;由于含水饱和度增加,补偿密度、补偿中子测井响应值相对有所增大(图 8-2)。如锦 115 井 H1-2 小层气水同层的电性特征为自然伽马、自然电位相对低值、电阻率曲线表现为上高下底的台阶状,补偿密度、补偿中子测井响应值相对有所增大。

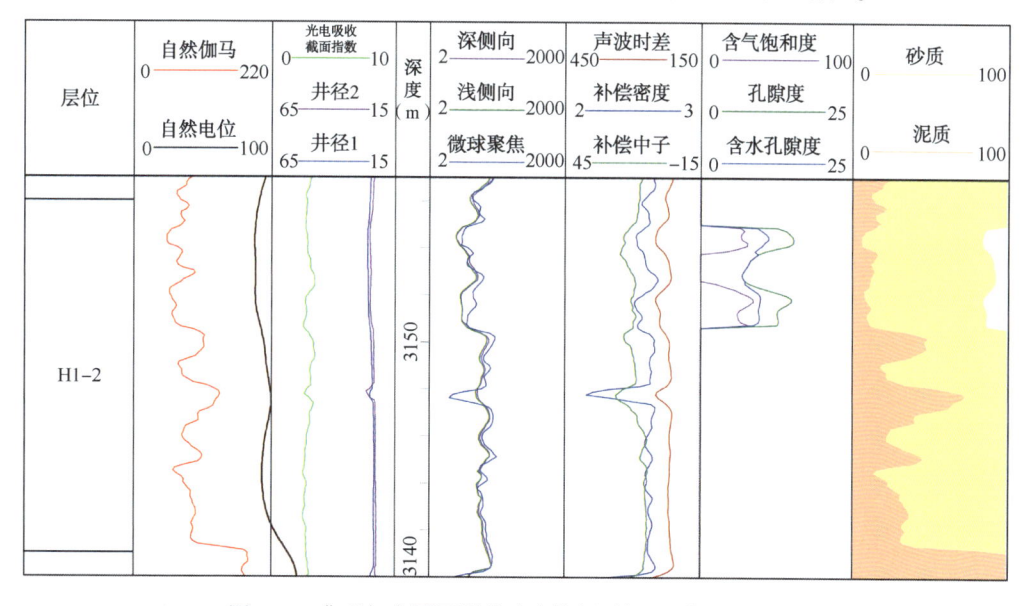

图 8-2 典型气水同层测井响应特征(锦 115 井,盒 1-2)

(三) 典型水层

水层由于其含水饱和度大,在钻井液滤液的侵入下会产生由井壁向地层深部电阻率逐渐降低的非均质剖面。因此,水层段在相对低伽马层段,具有电阻率低,深测向电阻率、浅测向电阻率两条曲线会出现负幅度差。水层声波时差相对气层和气水同层较小,中子、密度测井值相对于测井值增高。如 J58P30H 井 H1-1 小层水层表现为低伽马、电阻率低,深测向电阻率、浅测向电阻率两条曲线会出现负幅度差和声波时差减小,中子、密度增高(图 8-3)。

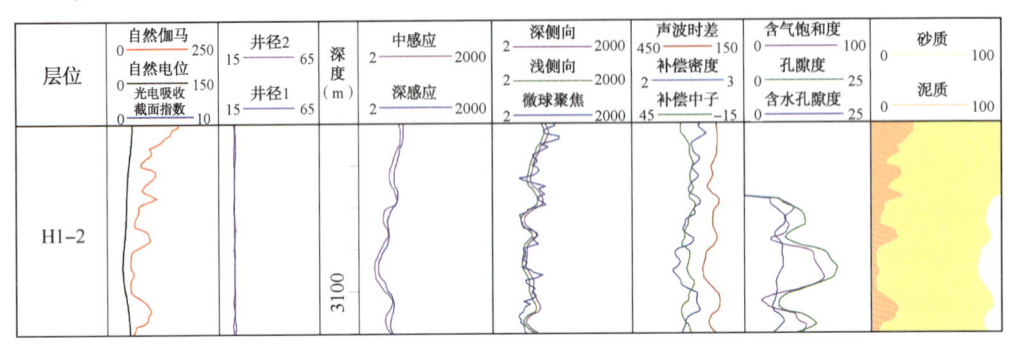

图 8-3 典型水层测井响应特征(J58P30H 井,盒 1-2)

(四) 典型干层

干层由于其孔隙内不含流体,深测向电阻率、浅测向电阻率两条曲线会表现出高值,声波时差相对气层和气水同层较小,全烃显示差。如锦 98 井 H1-3 小层在相对低伽马层段内,电阻率表现出高值、声波时差小、全烃显示差(图 8-4)。

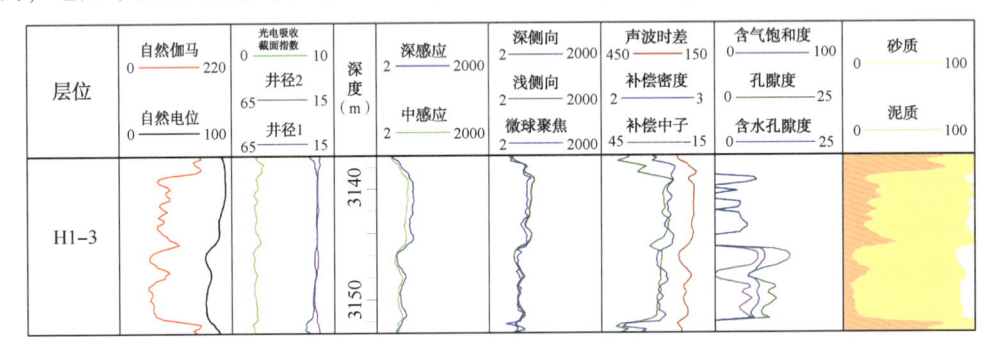

图 8-4 典型干层测井响应特征(锦 96 井,盒 1-3)

二、气水层识别标准

根据锦 58 井区众多钻井盒 1 段、盒 3 段气层、气水同层、水层以及干层测井响应特征分析,结合下石盒子组试气资料,将盒 1 段和盒 3 段产气层进行声波时差、电阻、中子、密度多参数交会分析,建立了电阻率—声波、电阻率—中子、电阻率—密度、中子—密度等 4 类交会图版,形成针对东胜气田锦 58 井区盒 1 段、盒 3 段的气水层识别划分标准。

第八章　下石盒子组气藏高产控制因素

（一）盒1段气水层电性识别标准

以锦58井区盒1段试气成果和测井解释成果为基础，优选声波时差、电阻、中子、密度4种电性参数做交会图版，结合前期研究成果，确定气水层的各种参数标准。

根据单层试气段读取相应的声波时差和电阻率并作交会图，结合测试产气层电阻率最小值确定气层电阻率下限，进而确定声波时差的下限［图8-5(a)］。根据中子与电阻率交会图，以气层最大中子，确定气层的中子上限［图8-5(b)］；根据密度与中子、密度与电阻率的交会图，以气层的最大密度，确定气层的密度上限［图8-5(c)、图8-5(d)］。本专著在上述建立的气层识别参数基础上，增加深感应电性参数，通过已经确定的气层声波时差的下限，建立声波时差与深感应的识别，进一步明确气层深感应的参数标准。综合上述各参数的交会分析，建立了锦58井区盒1段气水层识别标准（表8-1）。其中，盒1段气层表现为声波时差高，一般≥225μs/m；密度较低，一般≤2.52g/cm³；中子低，一般<13%；深侧向电阻率较高，一般≥16Ω·m；深感应基本在10Ω·m以上。

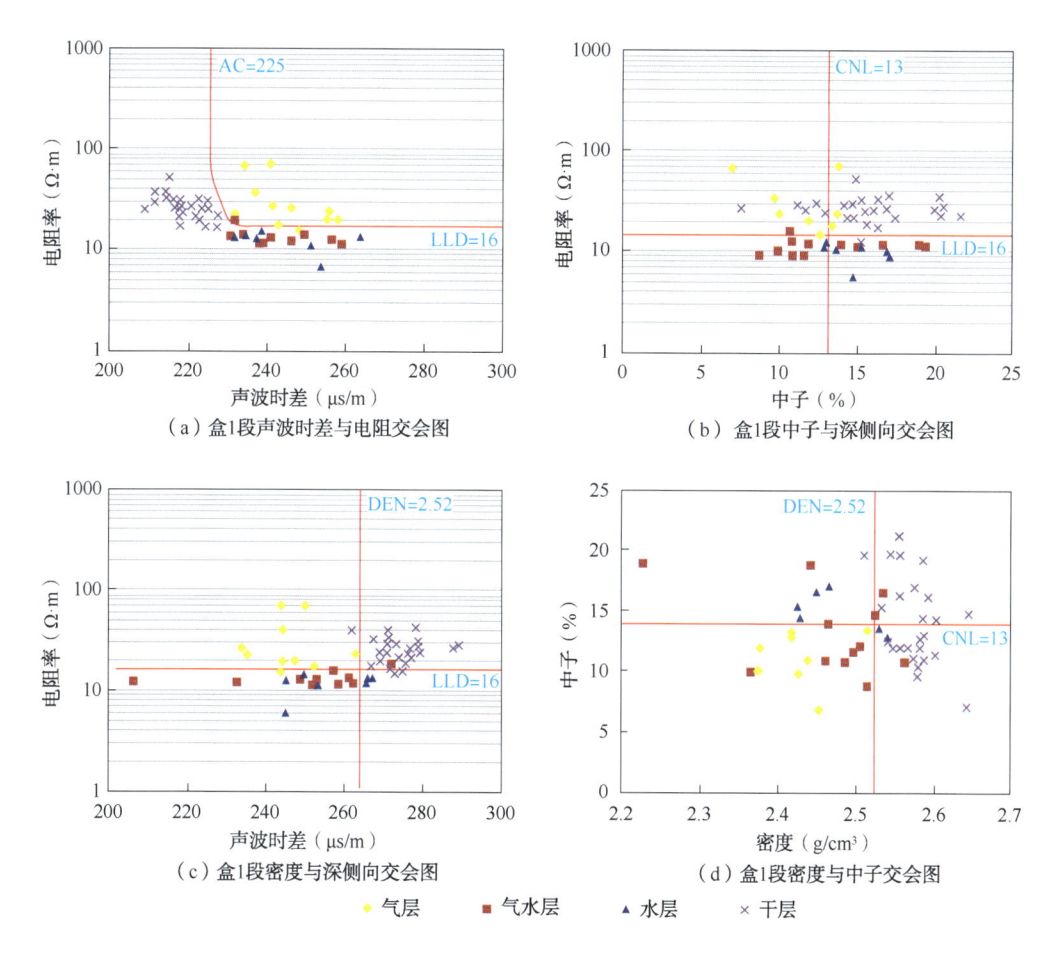

图8-5　盒1段电性参数交会图

表 8-1　锦 58 井区盒 1 段气水层识别标准

类别	声波时差（μs/m）	密度（g/cm³）	中子（%）	深侧向电阻率（Ω·m）	深感应电阻率（Ω·m）
气层	≥225	≤2.52	<13	≥16	≥10
气层	lg(Rt)≥-1.4868·AC+364.42（AC 表示声波时差）				
气水层	≥225	≤2.52	<20	10≤Rt<18	5≤Rt<10
水层	≥225	≤2.52	≥13	<16	<10
干层	<225	>2.52	≥10	≥16	≥10

（二）盒 3 段气层电性识别

锦 58 井区盒 3 段气层识别也是根据试气成果与测井解释成果，通过声波时差、电阻、中子、密度 4 种电性参数做交会图，确定识别气水层的各种电性参数标准。根据声波时差和电阻率的交会图，以测试产气层电阻率最小值作为气层电阻率的下限，进而确定声波时差的下限 [图 8-6(a)]；通过中子与电阻率交会图，根据气层最大中子，确定气层的中子上限 [图 8-6(b)、图 8-6(c)]；通过密度与中子、密度与电阻率的交会图，根据气层的最大密度，确定气层的密度上限 [图 8-6(c)、图 8-6(d)]；在盒 3 段气层的识别中，也同样增加了深感应电阻率 [图 8-6(e)]，根据声波时差与深感应交会图，表明盒 3 段气层深感应电阻率在 8Ω·m 以上。通过上述研究，确定锦 58 井区盒 3 段气水层识别标准（表 8-2）。盒 3 段气层表现为声波时差高，一般 ≥230 μs/m；密度较低，一般 ≤2.52g/cm³；中子低，一般 <13%；深侧向电阻率较高，一般 ≥12Ω·m；深感应电阻率一般在 8Ω·m 以上。

（a）盒3段声波时差与深侧向电阻率交会图　　（b）盒3段中子与深侧向电阻率交会图

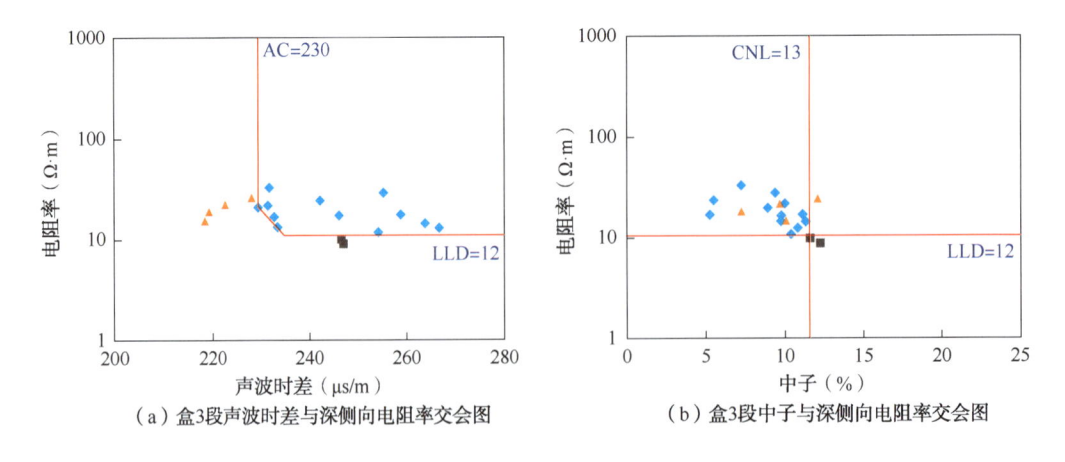

图 8-6　盒 3 段电性参数交会图

第八章 下石盒子组气藏高产控制因素

（c）盒3段密度与深侧向电阻率交会图

（d）盒3段密度与中子交会图

（e）盒3段声波时差与深感应电阻率交会图

图 8-6 盒 3 段电性参数交会图（续）

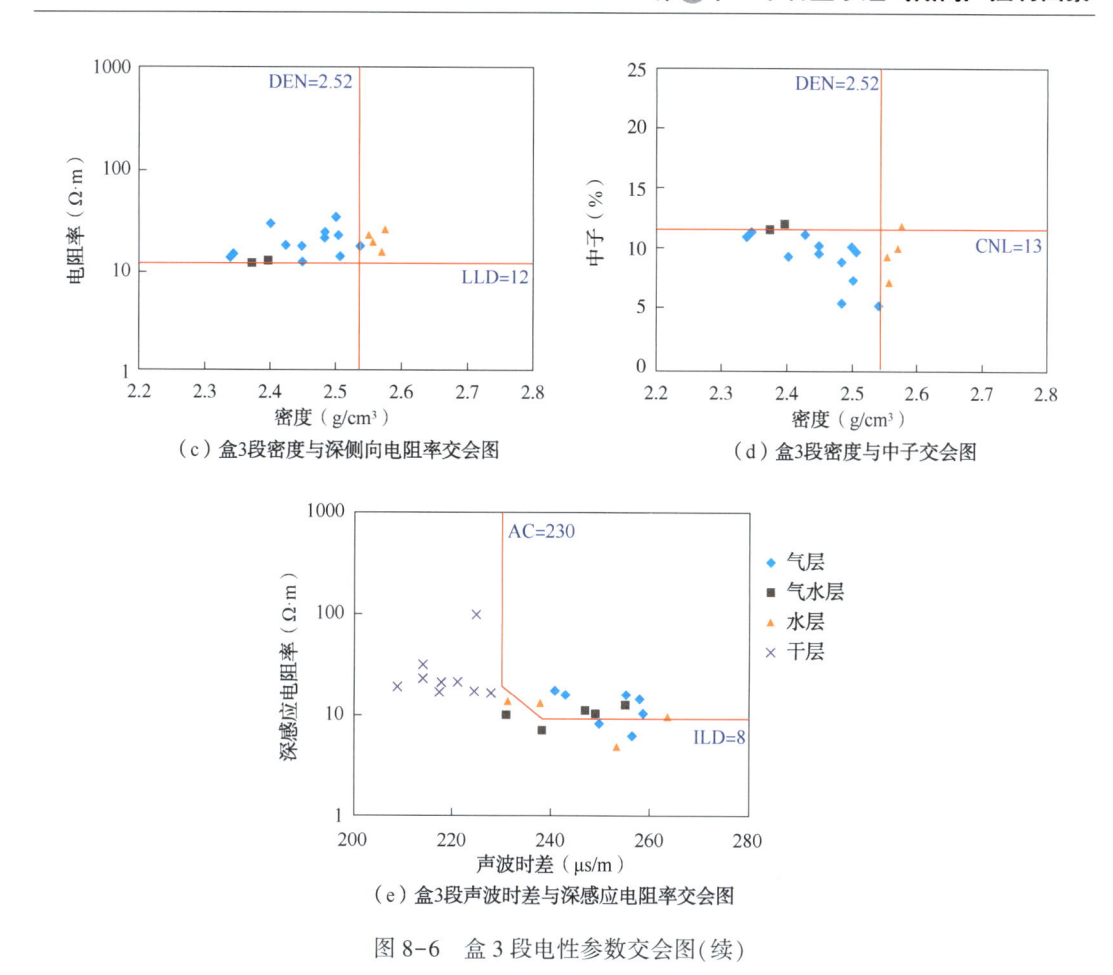

表 8-2 锦 58 井区盒 3 段气水层识别标准

类别	声波时差（μs/m）	密度（g/cm³）	中子（%）	深侧向电阻率（Ω·m）	深感应电阻率（Ω·m）
气层	≥230	≤2.52	<13	≥12	≥8
	lg(Rt)≥−1.4868∗AC+364.42（AC 表示声波时差）				
气水层	≥230	≤2.52	<20	12≤Rt<18	5≤Rt<8
水层	≥230	≤2.52	≥13	<16	
干层	<230	>2.52	≥10	≥16	≥8

三、气水层平面分布

通过试气试采资料分析，结合盒 1 段储层展布特征，分别对盒 1 段盒 1-1、盒 1-2、盒 1-3 三个小层气水层平面分布特征进行了分析。总体看，不同时期气水层平面分布存在差异。

盒 1-1 水层发育规模较小，水体主要局限分布于仅局部构造低部位的 J58P30H 井、

JPH-375井附近，水体类型主要为小规模边底水（J58P30H）及周围孤立水体（JPH-375）（图8-7）。锦58井区盒1-2小层水体基本不发育，仅在研究区西南角（锦115井）河道发育水体（图8-8）；盒1-3小层水体局限分布于研究区西北角（图8-9）。

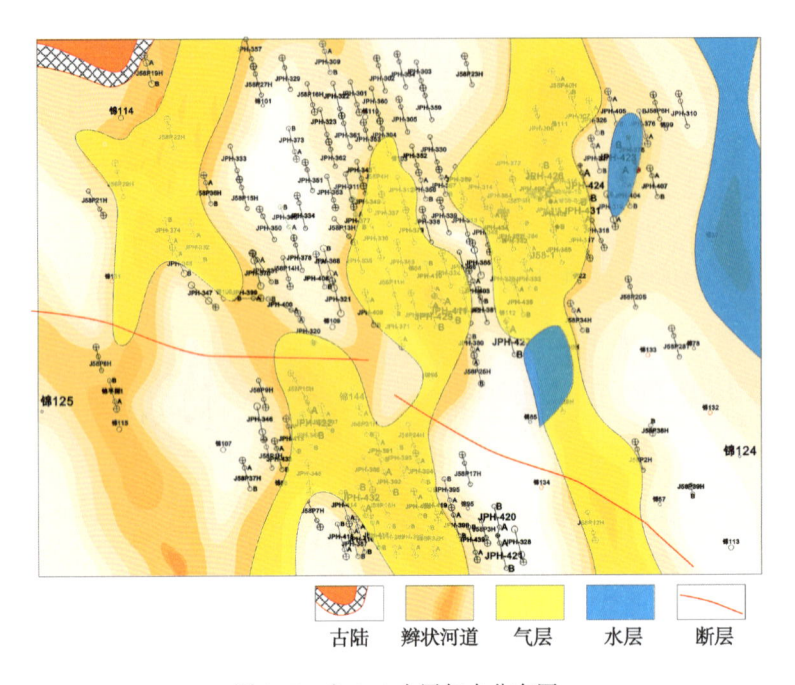

图8-7 盒1-1小层气水分布图

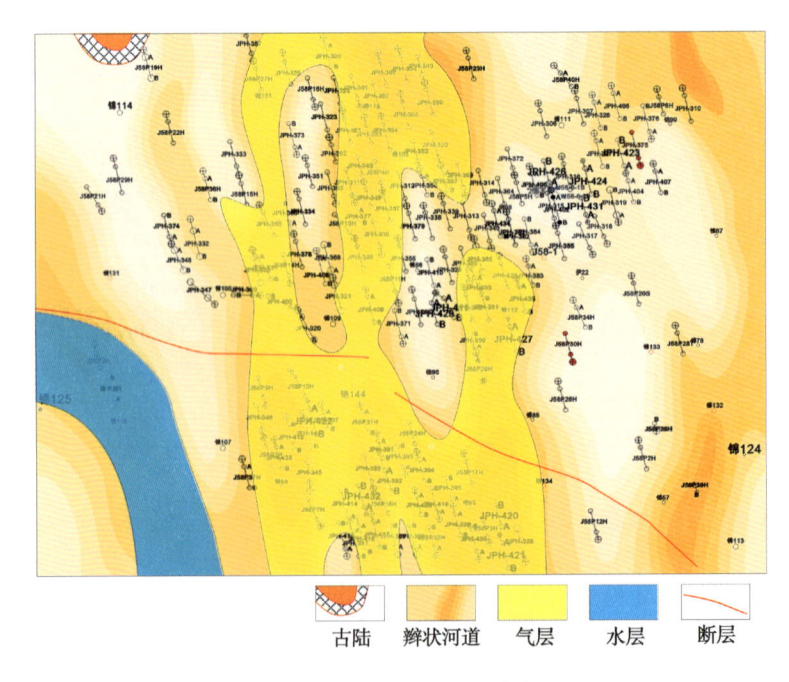

图8-8 盒1-2小层气水分布图

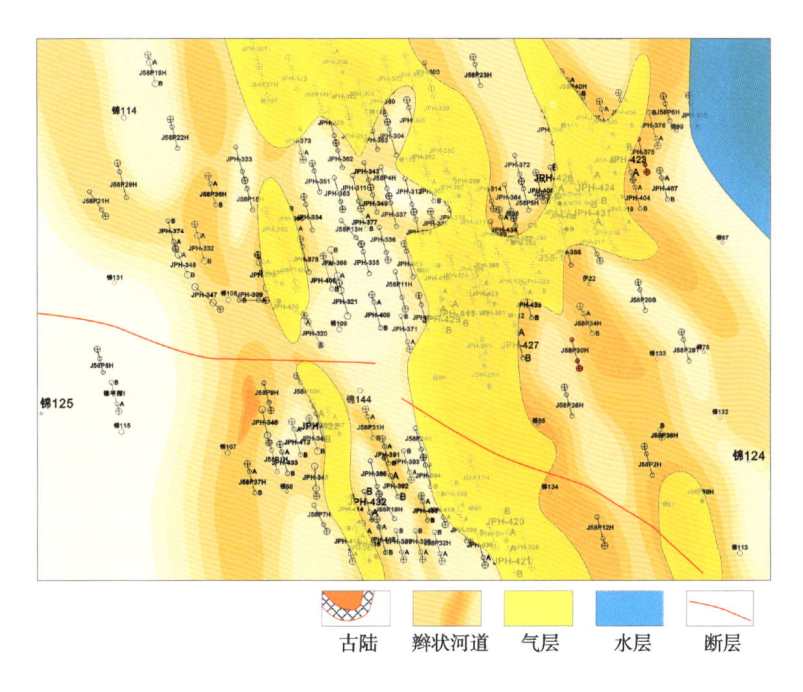

图 8-9　盒 1-3 小层气水分布图

第二节　高产地质特征

本专著从沉积微相、气层厚度、物性条件、测井相特征及电性特征等 5 个方面分析锦 58 井区下石盒子组高产气层的地质特征。

一、沉积微相特征

沉积作用控制了储集砂体的发育规模及内部结构，而储集砂体的宏观和微观特征直接影响了天然气的富集程度和产出特征，继而对气井的产能有很大的影响（荀小全，2018）。锦 58 井区北部锦 110 井盒 1-2-3 目的层段无阻流量为 $6.8196\times10^4\mathrm{m}^3/\mathrm{d}$。该套高产地层的岩性为厚层状灰白色中粗粒岩屑砂岩，砂体厚度 26.0m，气层厚度 19.0m，自然伽马 64.4API，声波时差 $234.5\mathrm{\mu s/m}$，含气饱和度达到 53.40%。高产气层的沉积微相为高能的辫状河心滩沉积，测井相为厚层的光滑叠置箱型。

通过锦 58 井区连井剖面对比，并结合试气结果可知，高产气层的有利沉积微相主要为心滩和叠置心滩。叠置心滩砂体发育层段试气效果好，如 JPH303、JPH302、JPH329 叠置心滩发育区获得高产产能，分别为 $7.8\times10^4\mathrm{m}^3/\mathrm{d}$、$13.1\times10^4\mathrm{m}^3/\mathrm{d}$ 和 $17.5\times10^4\mathrm{m}^3/\mathrm{d}$（图 8-10）。

根据锦 58 井区盒 1 段不同沉积微相产能直方图统计结果，也具有主河道心滩砂体产能高，而河道边部砂体产能低的特征（图 8-11，图 8-12）。原因在于河道中心位置水流条件强，沉积物粒度粗、填隙物少，孔渗条件好的砂体多期河道相互叠置，且叠置砂体相互连通，储层厚度及气层厚度较大，进而产能高。而河道边部砂体厚度小且隔夹层发育，砂体物性差，气层厚度较小，所以产能较低。

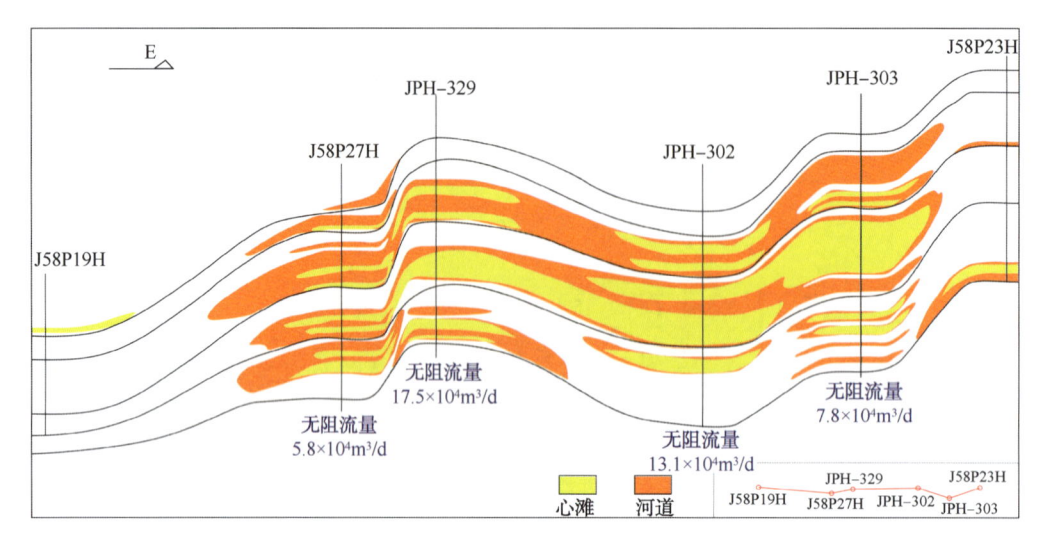

图 8-10　锦 58 井区北部多井连井剖面图

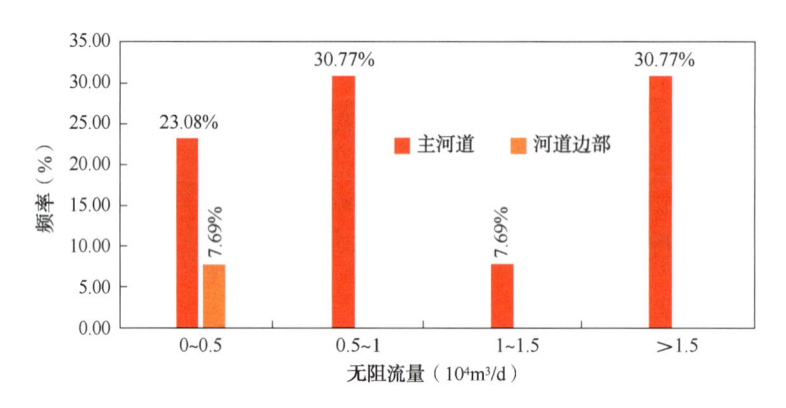

图 8-11　锦 58 井区盒 1 段探井不同沉积微相产能分布图

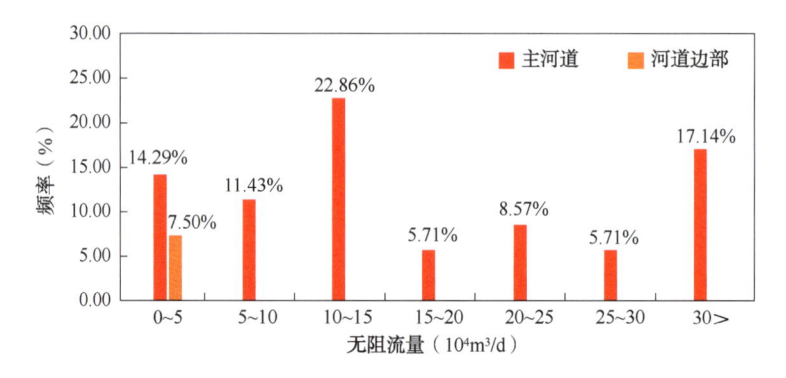

图 8-12　锦 58 井区盒 1 段水平井不同沉积微相产能分布图

— 130 —

二、测井相特征

根据伽马曲线形态所对应的砂层进行测井相与产能、孔隙度以及渗透率之间关系的统计。统计结果显示,光滑箱形(含砾)粗砂岩的砂岩物性最好、产能最高;齿化箱形粗砂岩物性次之,产能次之;齿化钟形的砂岩物性再次之,产能最低。在测井相与孔隙度和渗透率的相关性直方图中也显示了同样的结果(图 8-13、图 8-14、图 8-15,表 8-3)。高产井具有厚层光滑箱形的测井相特征。

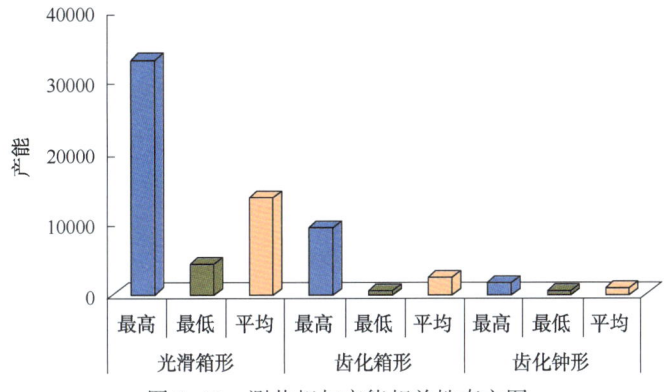

图 8-13 测井相与产能相关性直方图

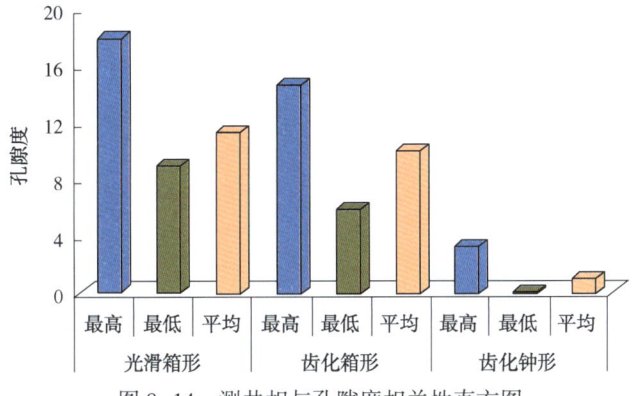

图 8-14 测井相与孔隙度相关性直方图

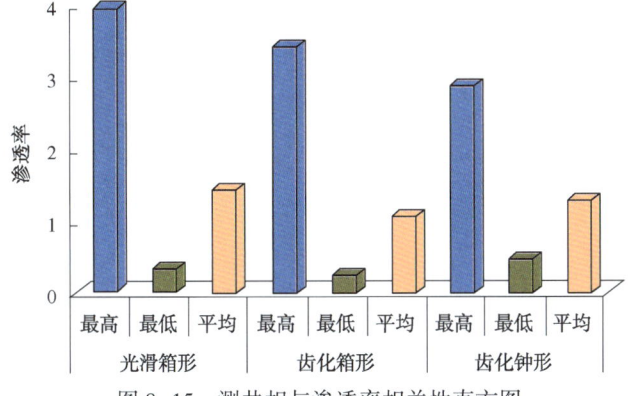

图 8-15 测井相与渗透率相关性直方图

表 8-3　锦 58 井区下石盒子组岩相-测井相与产能、孔渗统计表

岩相	产能 最高	产能 最低	产能 平均	孔隙度 最高	孔隙度 最低	孔隙度 平均	渗透率 最高	渗透率 最低	渗透率 平均	数据
光滑箱形	32970	4124	13857	17.739	8.944	11.179	3.926	0.38	1.414	12
齿化箱形	9247	324.2	2360	14.421	5.855	9.870	3.406	0.277	1.056	12
齿化钟形	1566.70	353.00	1046.34	12.579	6.664	9.201	2.855	0.482	1.280	5

三、物性特征

物性条件受储层内部微观结构的影响，且决定了天然气的储集空间和流通通道。通过物性参数孔隙度和渗透率与无阻流量的线性关系图可知(图 8-16)，孔隙度和渗透率两个物性参数均与气井产能呈正相关关系，高产井具有物性好的特征，物性越好，产能越高。

将不同目的层高产井(无阻流量>15×10^{4}m^3/d)的无阻流量柱状图分别投到锦 58 井区盒 1 段三个小层孔隙度分布图上(图 8-17)，可以看出高产井全部分布在孔隙度大于 10%的区域内，说明物性也是影响气井产能的影响因素，物性越大、产能越高。

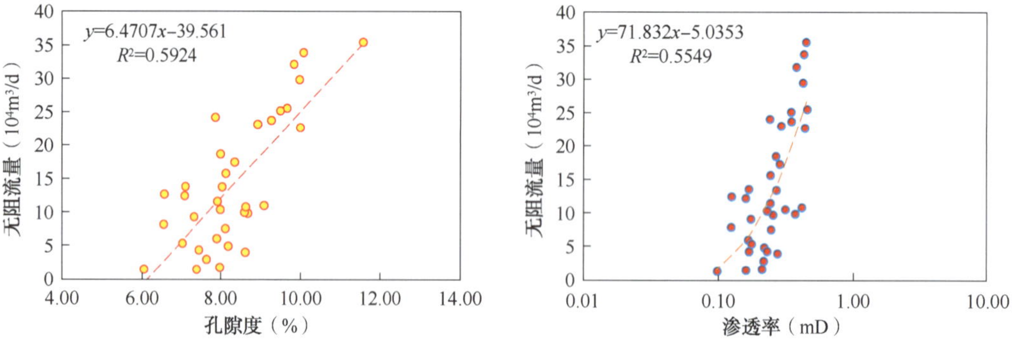

(a) 锦58井区盒1段孔隙度与无阻流量关系图　　(b) 锦58井区盒1段渗透率与无阻流量关系图

图 8-16　物性与无阻流量关系图

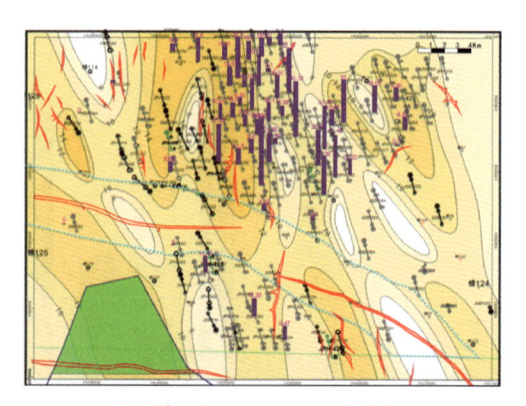

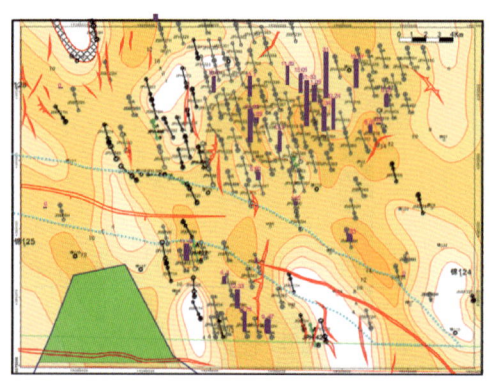

(a) 锦58井区盒1-1段孔隙度分布图　　(b) 锦58井区盒1-2段孔隙度分布图

图 8-17　锦 58 井区盒 1 段孔隙分布图

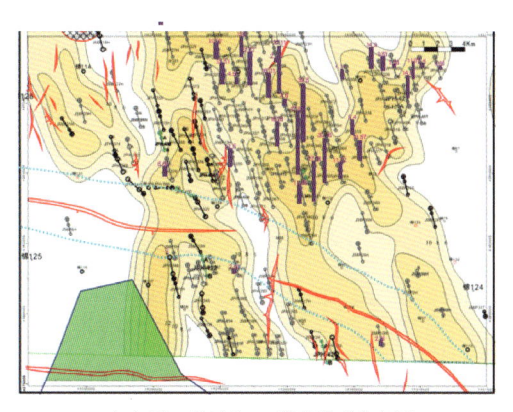

（c）锦58井区盒1-3段孔隙度分布图

图 8-17　锦 58 井区盒 1 段孔隙分布图(续)

四、电性特征

高产气井的水平段测井解释为四种类型：气层、气水层、含气层和干层，以测井解释结论作为分类依据，将不同电性参数投点到交会图版上（图 8-18），能看出高产井水平段气层的不同电性参数之间的相互关系，并在此基础上明确高产气井气层电性特征。交会图版结论显示出高产气井的特征：高声波时差、高电阻、高含气饱和度。

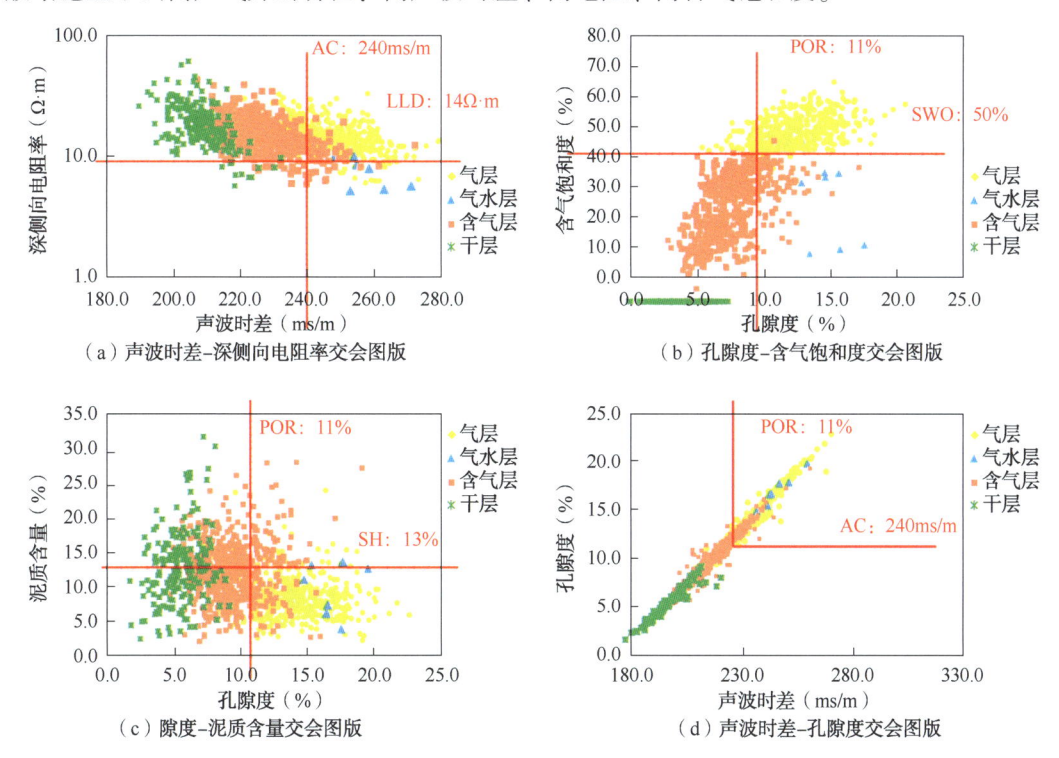

（a）声波时差-深侧向电阻率交会图版

（b）孔隙度-含气饱和度交会图版

（c）隙度-泥质含量交会图版

（d）声波时差-孔隙度交会图版

图 8-18　电性参数交会图

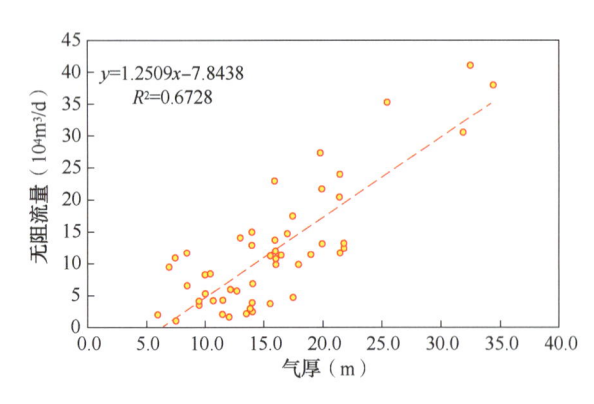

五、气层厚度

影响气井产能高低的一个重要因素就是天然气的储量,而气层厚度又是影响天然气储量的一个重要参数(杨欢,2014;赵承锦,2017)。经过统计,锦58井区盒1段气层厚度与无阻流量成正相关的线性关系(图8-19),高产井具有气层厚度大的特征,即气层厚度越大、产能越高。同样的特征在平面图上也有反映,将不同目的层高产井(无阻流量>$15×10^4 m^3/d$)的无阻流量分别投到锦58井区盒1段各小层气层厚度图上(图8-20),可以看出高产井全部都分布在气层厚度大于8m的区域内,说明气层厚度是影响气井产能的影响因素。

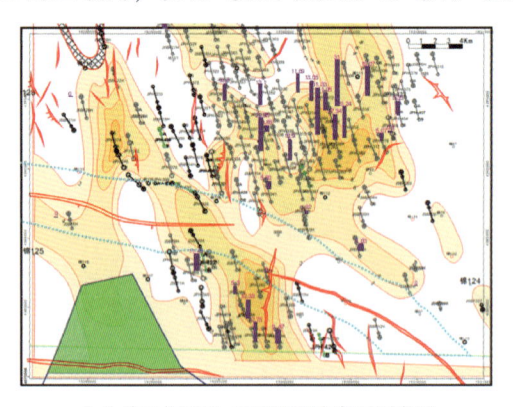

图8-19 锦58井区盒1段气层厚度与无阻流量线性关系图

$y=1.2509x-7.8438$
$R^2=0.6728$

(a)锦58井区H1-1无阻流量与气层厚度图

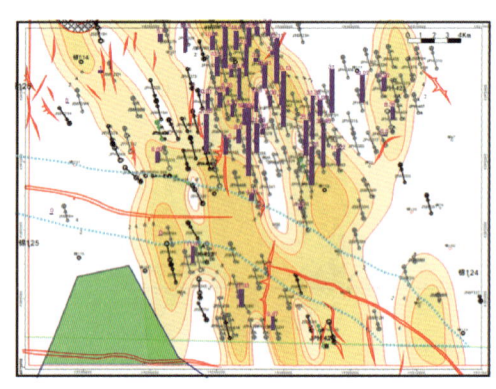

(b)锦58井区H1-2无阻流量与气层厚度图

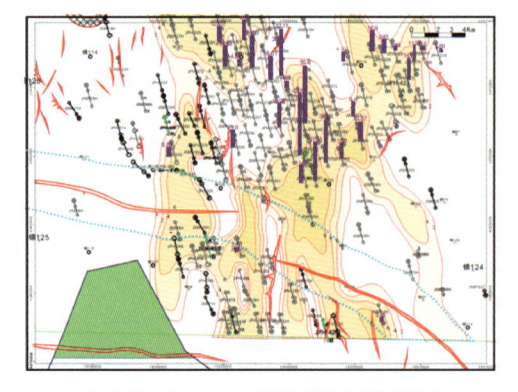

(c)锦58井区H1-3无阻流量与气层厚度图

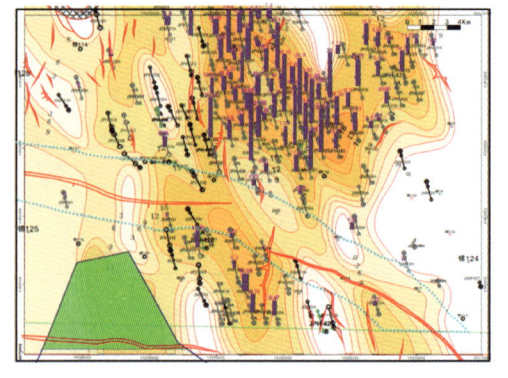

(d)锦58井区盒1段无阻流量与气层厚度图

图8-20 盒1段无阻流量与气层厚度图

第三节　高产控制因素

通过多因素与气井产能的关系分析总结，明确了"源、储、构、断"是东胜气田锦58井区盆缘冲积扇—辫状河致密砂岩气藏富集高产控制因素。

一、烃源岩

（一）东胜气田烃源岩发育特征

东胜气田的上古生界烃源岩主要为太原组、山西组的煤层、暗色泥岩与碳质泥岩，其中煤为主力生气源岩。由于受古地貌的影响，东胜气田烃源岩分布厚度不均一，具有南厚北薄、东厚西薄、凹陷最为发育的特点（图8-21）。

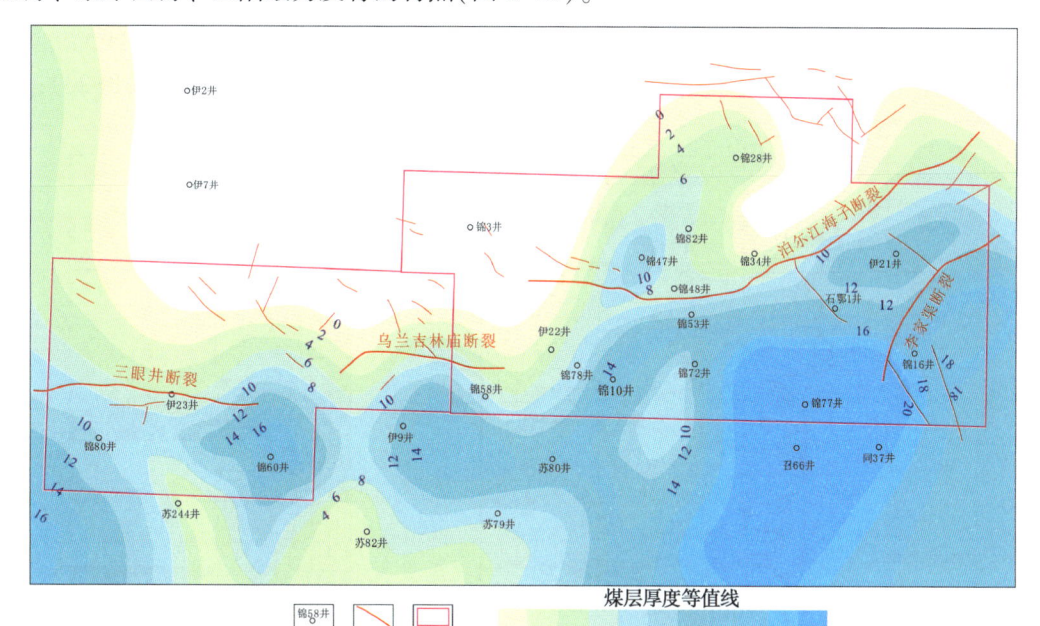

图8-21　东胜气田石炭—二叠系煤层厚度分布图

太原组主要分布于泊尔江海子断裂、乌兰吉林断裂和三眼井断裂以南区域，为一套近岸的海陆交互相扇三角洲沉积，其间沉积的煤系地层形成了烃源岩层。烃源岩厚度较薄，整体厚度为10~30m，主要分布在盟1井—伊22井一线以南地区，由北向南，暗色泥岩厚度逐渐增加。其中，锦6井-鄂1井一带，暗色泥岩厚度大于40m，表现为在沉积凹陷区暗色泥岩分布厚度大。

山西组除在公卡汗凸起大面积缺失、什股壕地区个别缺失外，全区皆有分布，为陆相的三角洲相沉积，在分流河道之间的沼泽沉积了以暗色泥岩、碳质泥岩和煤为主的烃源岩。相对于太原组而言，山西组烃源岩厚度明显增大、分布区域广，形成了向南开口的烃源岩沉积凹陷，烃源岩厚度一般不超过30m，暗色泥岩主要集中分布于研究区南部的伊8井-伊6井-伊14井以南及锦7井-锦6井一带，并呈近东西向展布，其中伊8井-伊6井-

伊 14 井处，暗色泥岩最厚，可达 30~50m，而北部地区最薄，厚度小于 10m。

东胜气田太原—山西组煤层总厚一般 5~15m，最厚达 20m 左右。以泊尔江海子、乌兰吉林及三眼井断裂为界，具有南厚北薄、东厚西薄、凹陷最为发育的特点。总体来说十里加汗及阿镇地区煤层最为发育，厚度在 10~20m 左右；新召次之，煤层厚度在 8~16m 之间；什股壕地区煤层相对较薄，在 0~10m 左右，浩绕召地区煤层不发育；三眼井断裂以北地区勘探程度较低，钻井资料少，初步判断其烃源岩分布具有和什股壕地区相类似的特点。

（二）锦 58 井区烃源岩发育特征

东胜气田锦 58 井区上石炭统太原组和下二叠统山西组的煤、碳质泥岩、暗色泥岩是主要的烃源岩（图 8-22）；煤的有机质丰度很高，其有机碳含量一般都大于 50%，氯仿沥青"A"的含量一般大于 0.6%，总烃含量一般大于 2400mg/L；碳质泥岩有机碳含量一般在 5%~16% 左右，氯仿沥青"A"含量一般低于 1.0%，总烃含量一般大于 500mg/L。太原组、山西组烃源岩层在地史中埋深基本上呈北浅南深的状态，其镜质组反射率也有自西北向东南方向逐渐增高的趋势。有机质热演化成熟度较高，介于 1.0%~1.3% 之间（图 8-23），伊 22 井以南 R_o 值达到 1.4% 以上，进入高成熟阶段，是本区良好的气源岩。

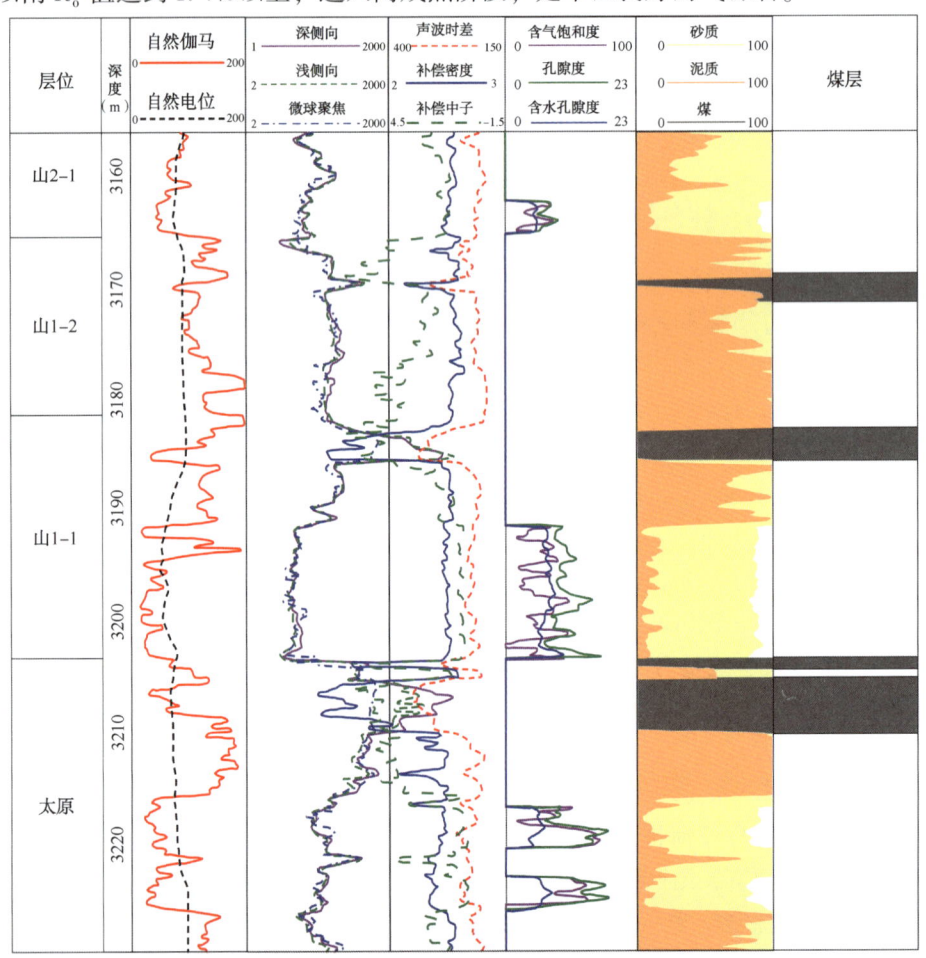

图 8-22 山西—太原组煤层纵向分布图

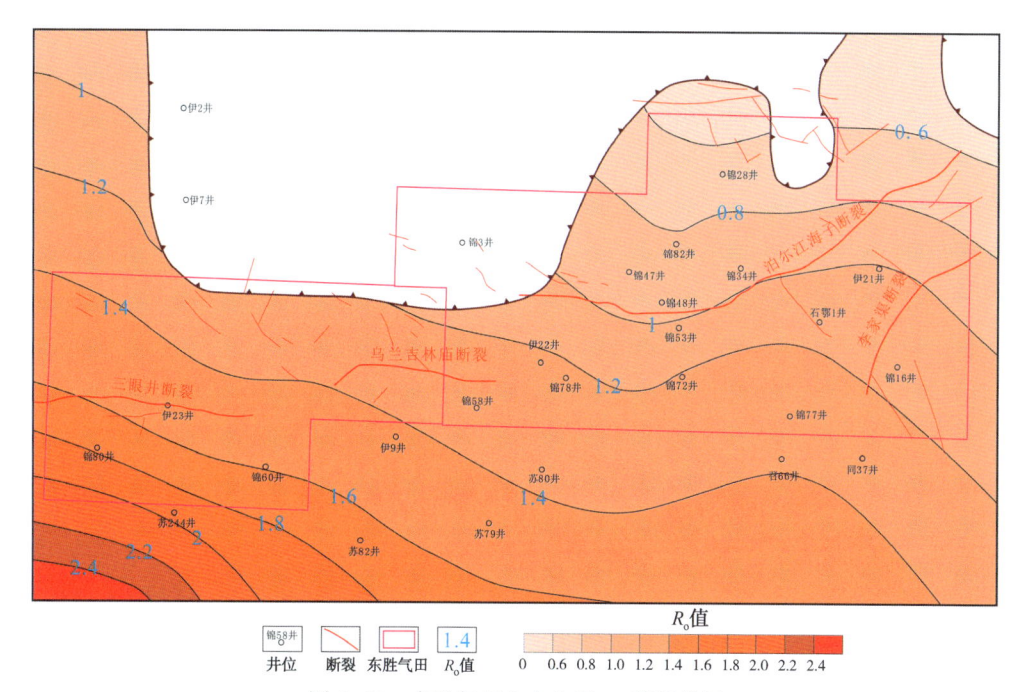

图 8-23 东胜气田上古生界 R_o 等值线图

锦 58 井区太原组—山西组煤层分布受古地貌的影响较大，从南向北逐渐缺失，厚度 0~25m。北部山西组、太原组地层出现无沉积缺失，煤层主要发育于南部（图 8-24）。

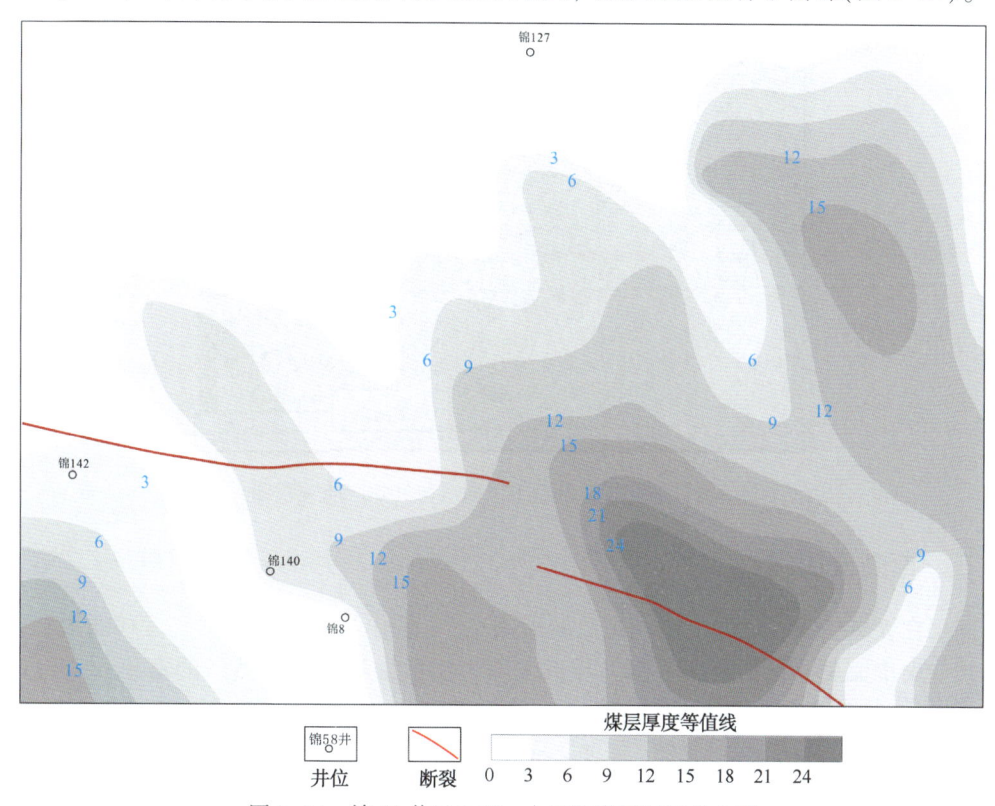

图 8-24 锦 58 井区山西—太原组煤层厚度分布图

研究区位于盆地北部边缘，烃源岩厚度薄，生烃强度不足，影响了天然气富集，控制了气井产能。基于煤层分布及成熟度分析，锦 58 井区生烃潜力最大的区是东部、东南部。根据生烃潜力与气井产能的匹配关系研究，烃源岩最发育的南部是气井高产区域，烃源岩在一定程度上控制了气井的产能。由于北部地区烃源岩不发育，生烃潜力低，通过厚层砂体、断裂、裂缝向北运移，天然气更易在距离烃源岩近的储层中聚集成藏。北部距离烃源岩远，供气不足，气藏呈现低阻特征，产出呈现气液同出特征，气井产能较低；

综合上述分析表明，锦 58 井区盒 1 段、盒 3 段气藏距烃源岩越远，气藏的产能就越低、产液量就越大。

二、局部构造

在盆地边缘烃源岩不发育条件下，构造成为气藏富集及气井高产的主要控制因素（徐清海，2017）。天然气通过砂体、裂缝优先在构造高部位的储层中聚集，如果保存条件良好，构造高部位即成为富集高产区。

高产气井主要位于锦 58 井区东北部构造相对高的位置（鼻状隆起上）（图 8-25）。锦 58 井区东北部构造相对高的位置，盒 1 段完钻水平井测试产能高，同时区域构造高的部位烃源岩相对发育。在乌兰吉林断层南部局部构造高的部位产气量也相对较高（平均无阻 $9.96×10^4 m^3/d$），如 J58P18H 井位于乌兰吉林断层南部局部相对高的位置，目的层盒 1-（2+3），试气无阻流量 $12.34×10^4 m^3/d$。

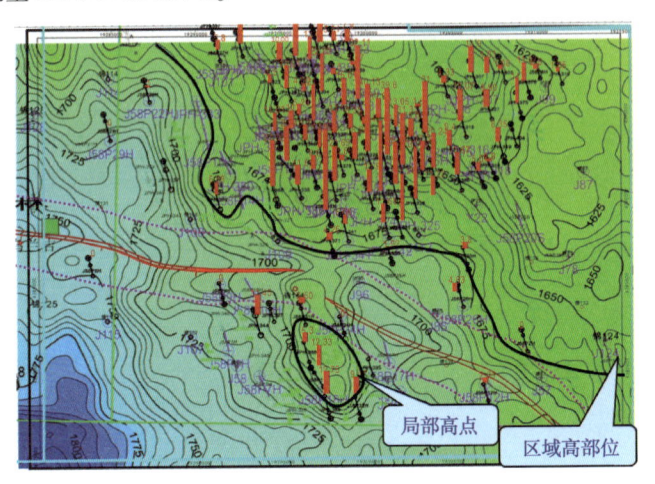

图 8-25　锦 58 井区盒 1 顶构造与气井产能关系图

三、断裂及裂缝

断层在天然气成藏过程中是一把"双刃剑"，一是作为良好的天然气运移通道，有利于天然气聚集成藏，二是破坏气藏，导致天然气溢散，不利于天然气的富集（李潍莲等，2015）。乌兰吉林断裂为二级断裂（图 8-26），断距 20~30m，正断层，出露地表。锦 58 井区下石盒子组为近源准连续成藏，山西—太原组煤层发育，下石盒子组砂体发育，上石盒子组泥岩为区域盖层，构成了良好的生储盖组合。乌兰吉林庙断层形成于海西期，烃源岩在燕山期晚侏罗世—早白垩世进入生烃高峰，该时期断层封闭性较差，为有利的天然气运移通道，有利于天然气的富集。南部烃源岩发育区生成的天然气一部分通过断裂向北运移，在构造高部位的优势储层中聚集成藏，一部分通过乌兰吉林断裂向上逸散(图8-27)。最终，在乌兰吉林庙断裂带气藏聚集程度低于北部构造高部位，断裂带内气井产能低、产液量大。同时，由于断裂引起的裂缝发育，裂缝以高角度张开缝为主，储层改造易沟通山西、太原组水层，造成产液量大，产能低。

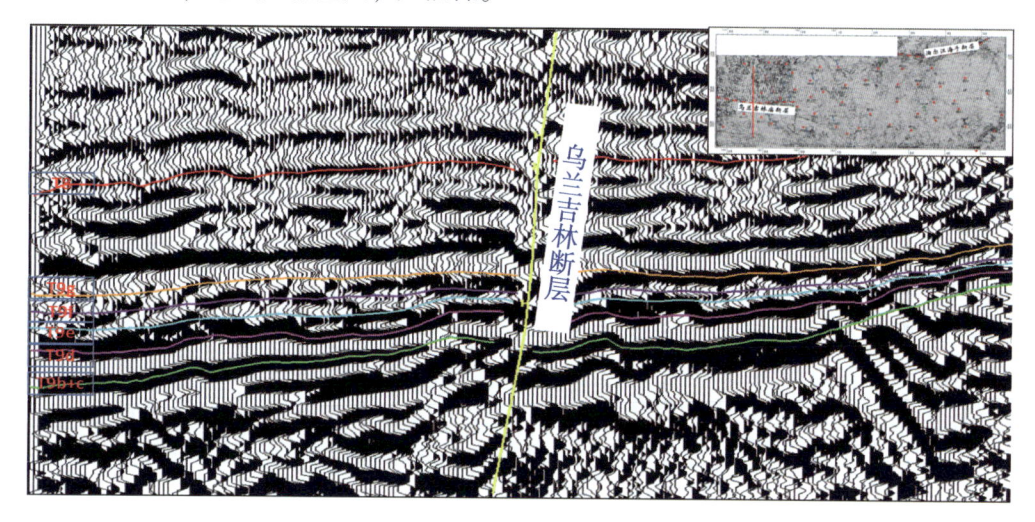

图 8-26 乌兰吉林庙断裂剖面

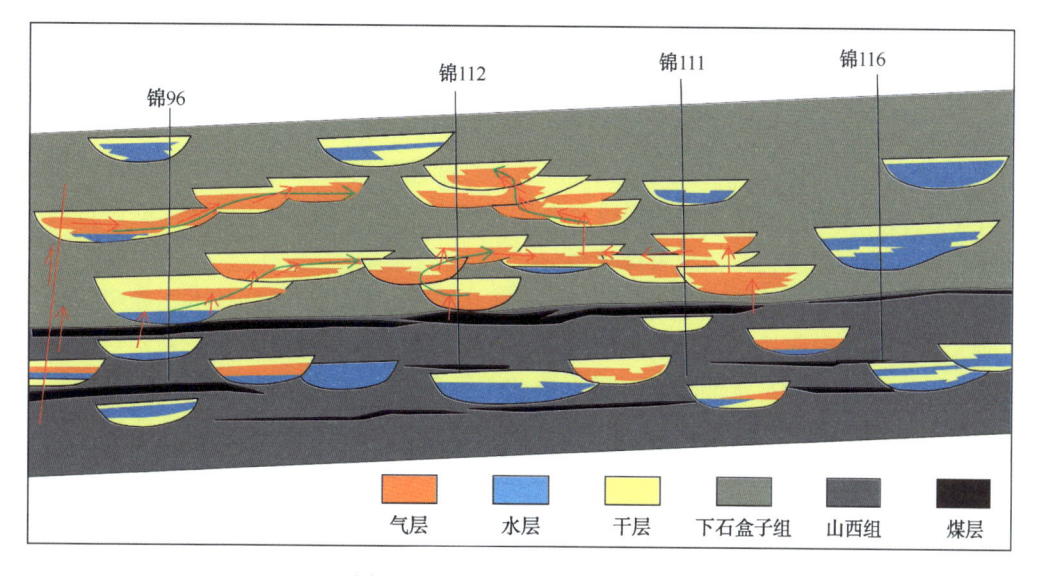

图 8-27 天然气成藏运移路径图

第九章　下石盒子组气藏三维地质建模

三维地质建模技术逐渐成为气藏描述的核心。它是以储层地质学和数学为理论基础，综合地质、地震、测井和生产动态等资料，应用储层预测、地质统计分析、克里金技术、神经网络、遗传算法等技术，使储层描述中所涉及数据得以去粗取精、去伪存真，突出主导作用的参数，提高各类数据体分析应用过程中的科学化、精细化程度，并以各种确定性建模和随机建模为方法，以计算机为手段，建立各种三维可视化的模型。储层三维建模研究具有明显的优势，一是使储层描述更加客观化，二是使油气储量计算更加精细，三是使油气藏数值模拟工作更加可靠。因此，正确的运用储层三维地质建模技术，建立可以反映地下储层客观情况的地质模型，关系到油气田开发指标的确定和开发方案的编制，是油气田勘探及开发工作过程中的一项重要工作。

第一节　三维地质建模方法

一、三维地质建模历史

油气田的勘探与开发都需要对储层的构造形式和物性参数特征进行精细的描述与研究。随着地质学研究的不断深入以及油气层精细描述的客观需求的增加，仅靠常规的单井、连井剖面和平面分析已经难以达到油气藏精细描述的需求。同时，电脑硬件性能与软件技术的发展也为油气藏精细描述提供了新的途径。储层三维地质建模技术就是目前利用计算机进行油藏模拟研究的一项关键技术。

储层三维地质建模技术兴起于20世纪90年代，是一项很年轻的技术，如今广泛地应用在储层预测和油气藏描述工作中。储层建模技术的发展与地质统计学关系密切，建立定量储层模型的最终目的是预测储层参数在空间上的展布特征（秦森强，2018；姬广军，朱吉祥，2019）。法国数学家 G. Matheron 于1960年初首次提出了区域变化量理论，并创立了地质统计学这一边缘学科。之后的20年，地质统计学和随机模拟得到了极为迅速的发展，出现了许多更为复杂的模拟算法。C. Deutsch（1993）利用算法定义随机函数，实现了随机种子的完全确定（Journel, Huijbvegts, 1987; Deutsch, Cockerham, 1994）。目前，地质统计学中最常用的模拟方法就是基于随机计算方法定义的随机函数。

当前世界上对随机模拟技术的研究主要有三大流派：一是斯坦福大学学派，二是法国地质统计学中心学派，三是挪威学派。斯坦福大学流派以 A. Journel 和 C. Deutsch 为首，主要研究序贯指示模拟方法的理论和应用；地质统计中心流派的代表人为是 G. Matheron、M. Armstrong 以及 A. Galli，主要从事于截断高斯模拟方法的理论研究和实际应用；挪威流派以 H. Haldorsen 和 H. Omre 为首，擅长试点性过程模拟方法的理论和应用（Jones，2003；Steven，John，2006）。

与此同时商用的地质建模软件也取得了广泛的应用，其中两个最具代表性的是挪威 Smedvig 公司开发的 EZMS/STOR1Vl 软件和斯伦贝谢公司所研制的 Petrel 软件。目前可用来构建储层三维地质模型的软件种类繁多，如斯伦贝谢公司研制开发的三维可视化建模软件 Petrel；法国南锡大学研制开发的软件 GOCAD；美国斯坦福大学开发的软件 GSLIB，和以 GSLIB 为基础开发的 SGEMS 等。

二、三维地质建模方法研究

（一）建模方法

储层三维地质建模技术包含确定性方法和随机性方法两类。其中，确定性方法是利用确定的井或地质信息，在井间通过固定的计算方法构建出唯一且确定的储层特征模型。但确定性建模方法受制于钻井资料自身的局限性，难以准确把握地下储层信息，因此确定性方法建模的不确定性反而较高。随机性建模方法是在钻井资料的基础上，对井间未知区域采用能够反映储层非均质性的随机性算法进行模拟，因此可用来构建高精度、高分辨率且适用性强的储层三维地质模型。

1. 随机建模方法及变差函数原理

在经过沉积、成岩以及构造运动等复杂地质变化后，地下地层的储层分布规律和储层物性分布都变得非常复杂。现阶段研究人员评估和预测地下储层通常只能通过一孔之见的钻井资料，想要准确掌握不可见的地下复杂储层的真实地质情况是十分困难的。然而，即使再复杂的地质情况，其储层物性特征在同一沉积环境的某一区块往往是确定的，为了展示地下储层复杂的地质情况，需要建立能够准确描述储层的三维地质模型。

确定性建模和随机性建模是储层三维地质建模的两种主要方法。确定性方法主要利用钻井数据对井间未知储集空间进行数学插值，而这一插值是通过特定的数学算法完成的确定性插值，因此通过确定性方法建立的是确定且唯一的储层三维模型。储层地震沉积学方法和地质统计学克里金方法是目前应用较为广泛的储层确定性建模方法。随机性方法主要利用变差函数表征下的随机模拟算法，利用已知井点数据来随机模拟井间未知储集空间，得到的多个随机模拟储层模型之间的概率相等，并从中选择最优解。其变差函数变量的模拟由主到次，从相关性较好的变量开始，随后模拟其他储层特征变量。

2. 常见随机建模方法

1）序贯高斯模拟

序贯高斯模拟算法是高斯模拟中较为广泛应用的一种随机模拟算法。高斯随机函数是随机域中最为经典的函数，高斯随机函数要求输入的随机变量满足高斯分布，即正态分布或者随机变量在经过数据变换后符合高斯分布形态，按照不同模拟算法之间的差异，可分为序贯、指示、误差、概率场模拟等多种类型。序贯高斯算法在计算模拟值时同时兼顾了采样点和模拟点的数据，进一步扩展了条件分布变量的可采样数据（刘兴业等，2018）。总之，序贯高斯模拟算法是在高斯随机函数的基础上，结合序贯模拟的思想完成空间连续变量模拟的算法。

2）序贯指示模拟

序贯指示模拟是指示模拟中的一种典型算法，广泛应用在随机模拟计算工作之中。序贯指示模拟算法对输入的随机变量没有必须符合高斯分布假设的要求，因此既可完成变量为连续型的模拟计算，又能够完成变量为离散型的模拟计算。在用序贯指示模拟方法进行模拟计算时，首先确定输入变量的一系列门槛值，分析输入变量在门槛值之下的概率，由此得到输入随机变量的数据分布。然后基于归一化之后的指示克里金估算变量分布概率，使三维模型中每一种变量的条件概率和为1，建立起输入随机变量的分布模式，完成三维空间的模拟计算（陈欢庆等，2018）。指示变换、指示克里金分析和序贯模拟技术是序贯指示模拟方法中主要应用的技术。

3）模拟退火方法

模拟退火方法由Kirpatrik在1983年引入到随机建模中并引起了强烈的关注。尽管模拟退火方法在模拟计算时的计算量较为庞大，但其方法灵活且优化适应性极强，同时模拟退火方法能够综合多种储层表征信息，因此模拟退火法被广泛地应用在储层非均质性恢复方面的工作。

（3）变差函数原理

1）变差函数的定义

变差函数是用来表达某一区域化变量在空间中变异性的一种函数，空间变异性主要体现在变异程度与变化距离之间的关系。变差函数能够定量表征输入变量在某个区域内的空间互相关性，因此可利用变差函数描述地下储层特征参数在某一区块的空间相关性（Shafieyan，Abdideh，2019）。

变差函数是反映区域化变量在空间中变异性的一种度量，主要体现在距离的变化对空间变异程度的影响情况。变差函数重在统计在三维空间上数据的构型，能够从定量的角度分析区域化变量的空间相关性，分析储层参数的空间相关性（陈文浩等，2019）。变差函数定义：假设x为空间上的一点，区域化变量在点x和距点x距离为h的点$x+h$处的函数值分别为$Z(x)$和$Z(x+h)$，两点处函数值的方差之半$\gamma(x,h)$就是区域化变量$Z(x)$的变差函数，即：

$$\gamma(x, h) = \frac{1}{2}V_{ar}[Z(x) - Z(x+h)]$$
$$= \frac{1}{2}[Z(x) - Z(x+h)]^2 - \frac{1}{2}[EZ(x) - Z(x+h)]^2$$

通常认为数据符合二阶平稳假设条件。此时，$E[Z(x+h)] = E[Z(x)]$。变差函数被定义为：

$$\gamma(h) = \frac{1}{2}E[Z(x) - Z(x+h)]^2$$

上两式中，γ代表变差函数值，E代表数学期望，V_{ar}代表方差，变差函数值主要依赖于x和h两个自变量控制。

2) 变差函数理论模型

理论变差函数模型有两种，分别是有基台模型和无基台模型。其中有基台模型在实际中应用较为广泛。有基台模型的理论变差函数共有三种，分别为球状模型、指数模型以及高斯模型(Liu et al，2019)。每一种类型的变差函数模型的变量值在不同方向的变化快慢不同，变差函数模型在原点附近呈线性增加状，在函数值到达基台值后变程继续增加也不会引起函数值的变化。三种模型中，球状变差函数的模型到达基台值的速度最快，在实际模型建立工作中应用较多，可用来模拟渗透率、孔隙度、饱和度等地下储集空间的岩石物性参数分布。

3) 变差函数模型的图像特点

变差函数的函数值越大代表变量之间的相关性就越差。在用变差函数模拟时，变差值会随着滞后距的增加而逐渐增大，当滞后距到达一个值之后，变差值也到达极大值处，之后滞后距继续增加而变差值则保持极大常数值不变。在变差函数模型中把变差值到达稳定常数值的空间距离叫作变差函数的变程 a。当变差值的滞后距 h 的变化范围在变程 a 之内时，变差函数模型中的变差值 $\gamma(h)$ 与滞后距 h 之间是有相关性的；当滞后距 h 持续增大，大于变程 a 之后，变差值 $\gamma(h)$ 不再与滞后距 h 的变化相关。变差函数模型在变程 a 处的稳定值被称为总基台值(still)，基台值代表了被模拟的空间变化量变异的剧烈程度。在变差函数的定义中，当滞后距为 0 时，其变差函数值应该为 0，代表空间上的两个数据点在没有间隔距离时，互相之间应该没有变化。但是实际情况往往会受到诸多因素的影响，滞后距为 0 时的变差值 $\gamma(0)$ 也有可能不为 0，这种情况可能会由采样问题、实验误差或者尺度变异等问题而引起。变差函数在滞后距为 0 处的变差值不为 0 的情况被称为"块金效应"，这时的变差值叫作块金值(nugget)，基台值与块金值的差是拱高(图 9-1)。

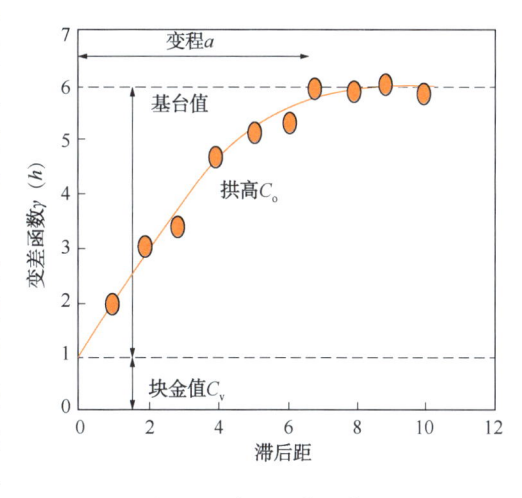

图 9-1 变差函数图像

(二) 建模难点

东胜气田锦 58 井区下石盒子组气藏在三维地质建模中有以下难点。

(1) 研究区井控程度低(单井控制面积 8~10km²)，辫状河中辫状水道沉积相变快，井点间沉积相类型预测难度大。

(2) 锦 58 井区下石盒子组主体为岩性气藏，有利储层为辫状水道沉积中的粗粒沉积物(砾岩、砂砾岩、含砾粗砂岩、粗砂岩等)，岩性和储层预测、识别难度大。

(3) 受成藏条件影响，锦 58 井区岩性气藏含气性差异大，增大了有效储层展布规律认识的难度，影响三维地质建模对含气性定量刻画的精度。

(4) 对测井、生产测试资料对比分析，有少量井产能与目前的地质认识存在差异，影响了三维地质模型定量优选开发目标区的精度。

(三)建模思路

通过已有的地质研究,对东胜气田锦58井区下石盒子组的沉积、构造储层以及气藏特征和分布有了全面的认识,但这些地质因素都是相对独立的,没有形成完整的、立体的构造、岩相、沉积和储层的空间概念,这就需要选择合适的建模方法,建立锦58井区精细的三维地质模型。

由于东胜气田锦58井区下石盒子组为冲积扇—辫状河沉积,储层非均质性强(李阳,2020),在三维储层模型建立过程中,本章综合应用岩心、测井、地震资料,结合研究区沉积、储层、成藏等地质认识成果,分层段对各种参数属性进行统计分析,采用确定性建模和随机建模相融合的综合方法、多信息约束开展三维储层建模。

多信息约束的储层建模方法是指在建模过程中,不仅应用建模目标区的实际测井、地震数据,以及根据上述数据分析得出的统计特征参数(如变差函数的变程、分形维数等),还应用地质原理和地质知识等地质约束条件(如层序地层学原理、沉积模式、储层构型模式等)来约束建模过程。不仅可以保证所建随机模型对储层非均质性的精细表征,还能使所建地质模型与地质实际的充分吻合,为更为精细的气藏描述奠定基础。其建模流程如下(图9-2)。

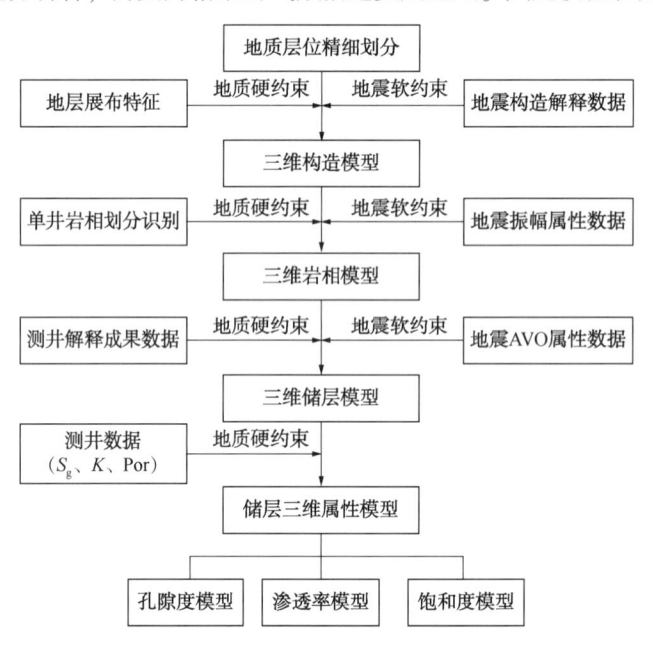

图9-2 多信息约束的储层建模流程

(四)建模意义

(1)三维地质模型更形象、更直观地将锦58井区气藏储层在三维空间的展布和组合关系表达出来,揭示锦58井区下石盒子组储层内部结构、属性参数的分布特征和复杂变化。

(2)三维地质模型提供了锦58井区下石盒子组渗透率、孔隙度、饱和度等参数空间展布的分布概率,使得对地质特征的认识由定性转化为定量。

(3)三维地质模型不等同于储层的三维图形显示,而是对井间储层进行综合一体化、三维定量化以及可视化的预测,有利于东胜气田开发工作者合理、有效地评价油藏

（4）三维地质模型的建立对构造、储层物性特征有了客观真实的认识，同时为东胜气田进一步天然气气藏开发服务。

第二节　数据准备及数据库建立

在三维地震建模技术方法确定的基础上，集成完善的研究区地质数据库是开展地质建模的基础。数据集成是多学科综合一体化储层表征和建模的重要前提。集成各种不同比例尺、不同来源的数据（井数据、地震数据、试井数据、二维图形数据等），形成统一的储层建模数据库，以便综合利用各种资料对储层进行一体化分析和建模。同时，对不同来源的数据进行质量检查亦是储层建模十分重要的环节。

一、数据准备

在东胜气田锦 58 井区建模中，其建模数据资料主要包括岩心、测井、地震、试井、开发动态等方面的数据。从建模内容来看，主要基本数据如下。

（1）坐标数据：研究区 200 余口井（直井、水平井）井位坐标、深度海拔等。

（2）分层数据：200 余口钻井的段、小层划分数据，地震资料解释的标志层层面构造数据等。

（3）地质数据：微相展布、砂体厚度分布数据等。

（4）储层数据：是储层建模中最重要的数据，包括各井测井解释数据（孔隙度、渗透率、含气饱和度等）、地震储层数据及试井储层数据。

（5）地震数据：包括振幅数据、各类地震波阻抗反演数据和 AVO 数据。

井眼储层数据为取心井的岩心和全部井的测井解释数据，包括钻井上沉积相、气层解释成果，隔夹层、孔隙度、渗透率、含气饱和度等数据（即井模型），这是储层建模的硬数据（hard data），即最可靠的数据。地震储层数据主要为三维地震资料的速度、振幅、波阻抗、各种反演属性数据，为储层建模的软数据（soft data），即可靠程度相对较低的数据。对于试井（包括地层测试）数据，包括两个方面，其一为储层连通性信息，可作为储层建模的硬数据；其二为储层参数数据，因其为井筒周围一定范围内的渗透率平均值，精度相对较低，一般作为储层建模的软数据。

二、数据库建立

数据集成是多学科综合一体化储层表征和建模的重要前提。集成各种不同比例尺、不同来源的数据（井数据、地震数据、试井数据、二维图形数据等），形成统一的储层建模数据库，以便综合利用各种资料对储层进行一体化分析和建模（张春杰，2017）。同时，对不同来源的数据进行质量检查亦是储层建模十分重要的环节。本节以东胜气田锦 58 井区钻井和三维地震资料为建模基础数据，包括 100 余口探井和开发井资料，三维地震资料覆盖研究区面积达 95%。为了提高储层建模精度，必须尽量保证用于建模的原始数据特别是硬数据的准确可靠性（图 9-3、图 9-4）。

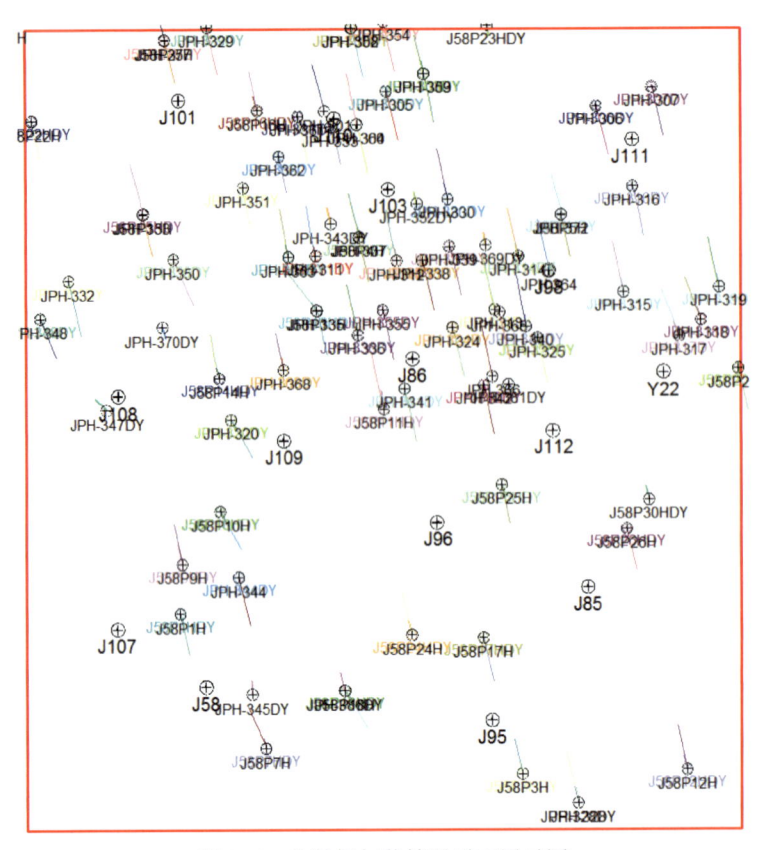

图 9-3 井数据加载情况平面展示图

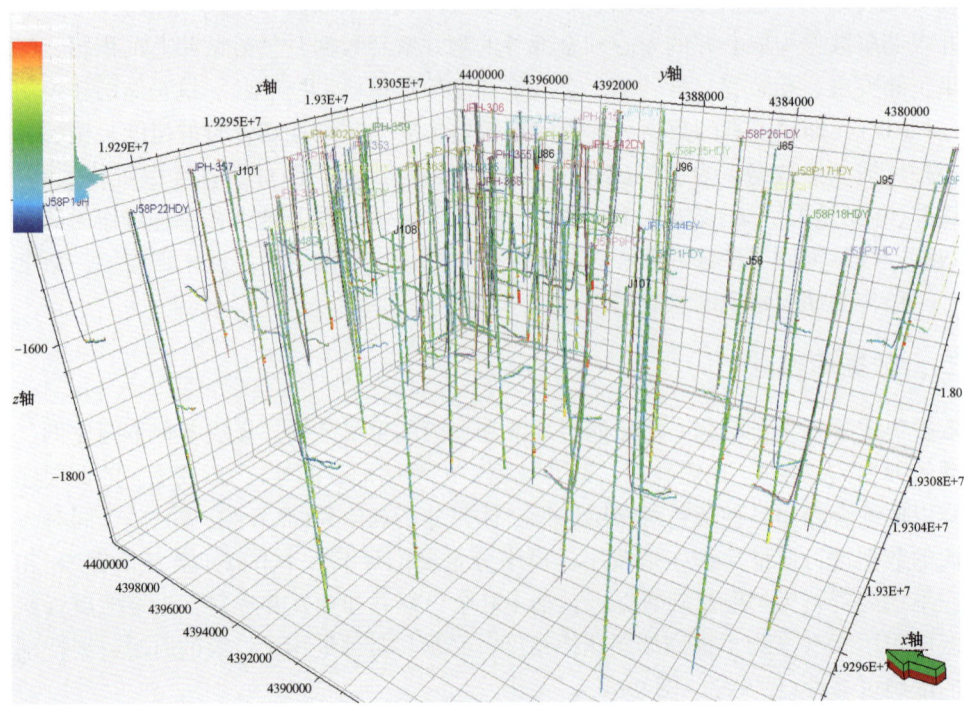

图 9-4 测井数据加载情况三维展示图

第三节　速度建模及时深转换

速度模型是时间域和深度域转换的纽带，是连接地震资料和测井资料的桥梁（梁树义，2014）。本节通过建立高精度的速度模型，充分运用地震资料横向控制的优势，同时满足水平井轨迹设计对储层定位的需要，进行时深转换，完成井—震的结合。

一、速度模型的建立

以东胜气田钻井和地震资料为基础，采用三步法完成锦 58 井区的速度模型建立。东胜气田锦 58 井区目的层段为下石盒子组，包括盒 1 段、盒 2 段和盒 3 段三个地震解释层位，地震界面从上至下依次为：T_9f、T_9d、T_9c 和 T_9b。研究区总体构造平缓、断层不发育，在速度模型建立过程中，优选 T_9f、T_9d、T_9b 三个 T_0 图作为基础，采用三步法进行速度模型的建立、完善。首先根据骨架井合成记录的时深关系建立初始的平均速度面，然后对建立的平均速度面进行圆滑，获取各段可靠的速度平均趋势面，最后利用研究区内所有钻井的地层分层数据，对其进行约束、校正，建立最终速度模型（图9-5）。

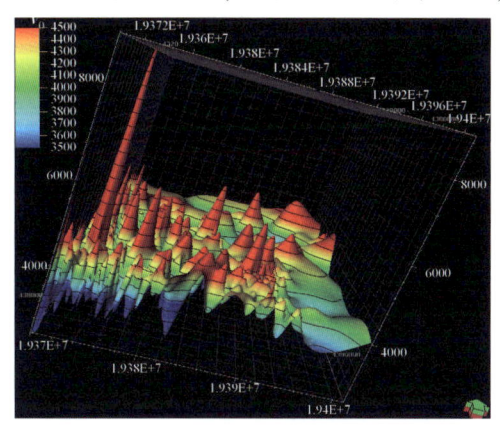

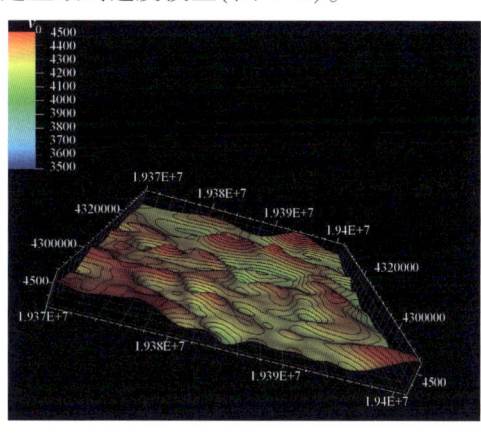

（a）初始的速度模型　　　　（b）平滑后的速度趋势面

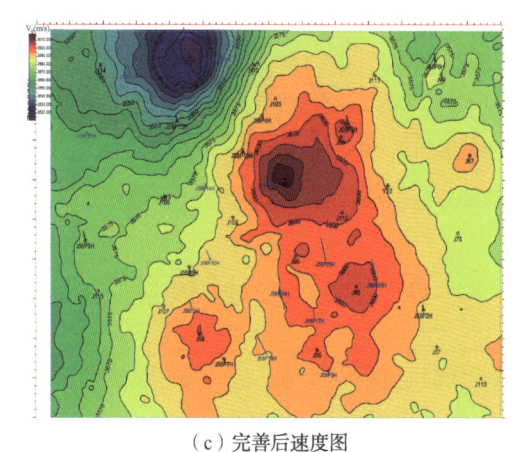

（c）完善后速度图

图 9-5　锦 58 井区速度模型图

将锦 58 井区内有时深关系数据的直井及导眼井分层段进行速度统计分析,分析表明各个层段的速度值大体相当,主要分布在 3900~4800m/s 间。

东胜气田锦 58 井区同属冲积扇—辫状河沉积,经历了相同的成岩后生演化,速度值的大小主要受岩性控制。为了提高速度模型的精度,在应用克里金算法插值的过程中,详细分析了各层段的砂、泥岩在垂向上的分布,以及平面分布特征等。以此作为控制速度井间插值约束条件,能更好地体现受岩性控制的程度,提高速度模型的精度。

二、时深转换

在对地震数据体进行深度域的转换时,以 T_0 面分段进行转换。首先转换最上层段的数据体,其基准面为建立速度模型时的顶层基准面,一般为海平面。在完成第一层的时深转换后,以第一层的底面为第二层转换时的基准面,根据第二层的速度模型,完成第二层的时深转换。以此类推,依次对数据进行分层转换,直至最终完成整个数据体的时深转换。

为了验证速度模型的可靠性和精度,采用转换后地震反演数据与测井数据一致性关系对比的方法。通过测井—地震波阻抗反演数据(图 9-6),统计二者一致性关系。图中左边为测井伽马(GR)、声波时差(AC)数据,右边充填曲线为地震反演 GR 数据。通过对比分析,二者对应关系良好,表明所建速度模型精度高。

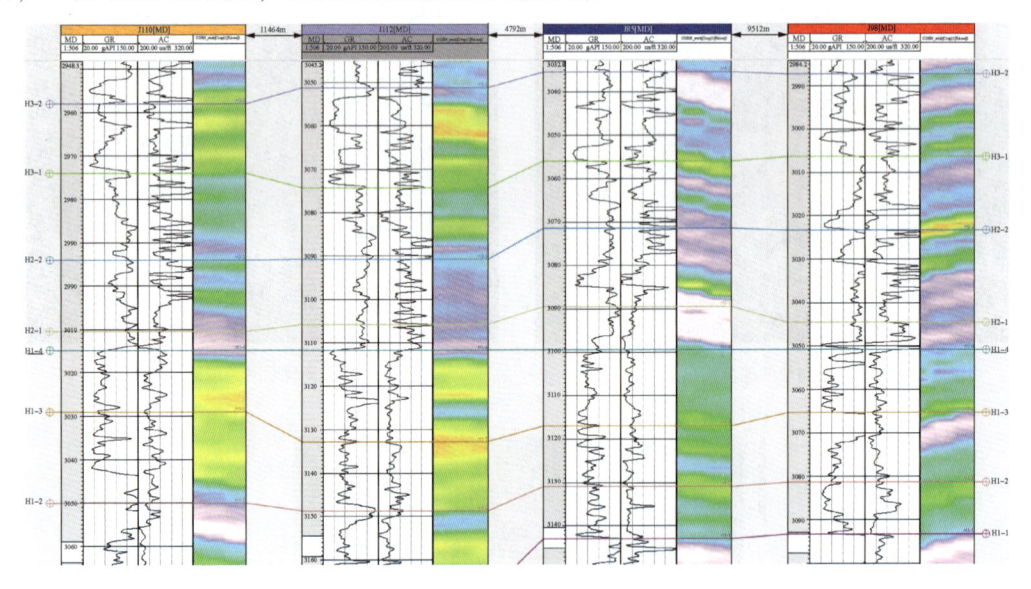

图 9-6 锦 110—锦 98 井测井—地震波阻抗反演数据连井剖面

第四节 构造模型

构造模型由断层模型和层面模型两部分构成,是地层分布格架的具体表现。东胜气田锦 58 井区断层不发育,因此构造模型建立相对简单。

一、网格系统

在锦58井区所有数据分析的基础上,建立坐标系统和网格系统。储层模型中的网格大小的确定需要综合考虑沉积相、储层特征、井网井距等多种因素。要在模型上体现储层发育情况,尽可能精细表征储层物性参数分布状况,就必须尽量减小网格的尺寸。

东胜气田锦58井区下石盒子组为冲积扇—辫状河沉积,沉积相变快、储层非均质性强,建模中平面网格采用50m×50m,垂向网格采用1.0m的大小。研究区建模总网格数达到了462.5万个,既能保证对储层精细刻画,也能满足计算机软硬件的要求。

二、地质构造模型

从海拔高程构造模型上可以看出,东胜气田锦58井区总体呈现北高南低趋势,南部为构造低部位,地层平缓,局部地区发育小的鼻状隆起和坳陷。因此,在构造模型建立中,主要以小层构造图为基础,将各层面空间叠合,最终完成研究区储层的三维构造模型(图9-7)。

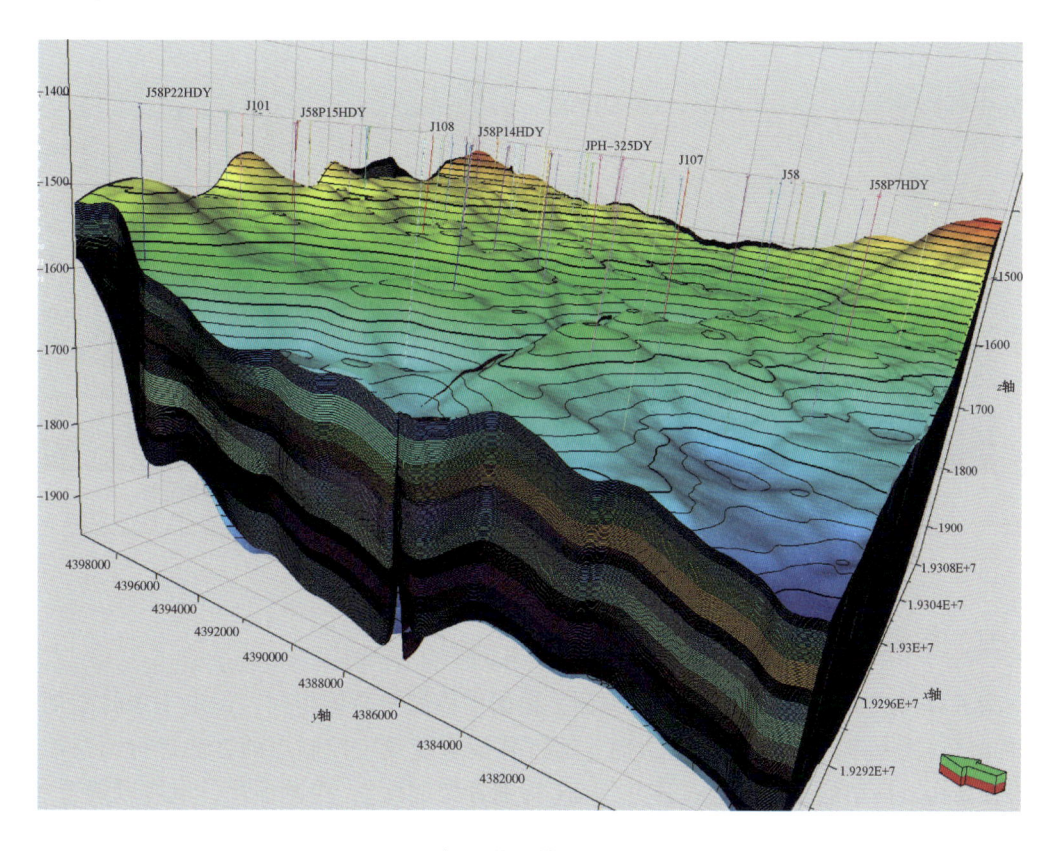

图9-7 锦58井区储层三维构造模型

以构造模型为基础,进行时深转换,得到深度域地震解释构造面,再以测井小层分层数据标定,在地震构造解释数据约束下,采用克里金插值方法,建立东胜气田锦58井区三维覆盖区各小层的顶、底面构造图。

总体来看,研究区锦58井区位于伊陕斜坡上,各小层构造整体较为平缓,西北部相对复杂,并呈现出北东高、南西低的构造特征,局部发育鼻状隆起和凹陷,沿北东到南西方向平均构造坡降为8.4m/km(图9-8)。

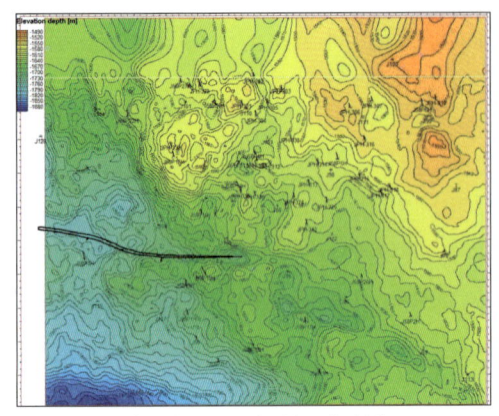

锦58井区盒1-4小层底面构造图 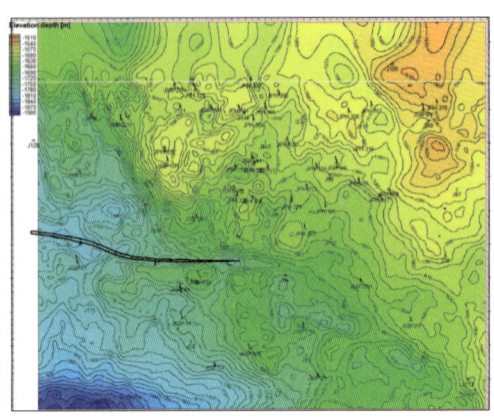　　　　　锦58井区盒1-3小层底面构造图

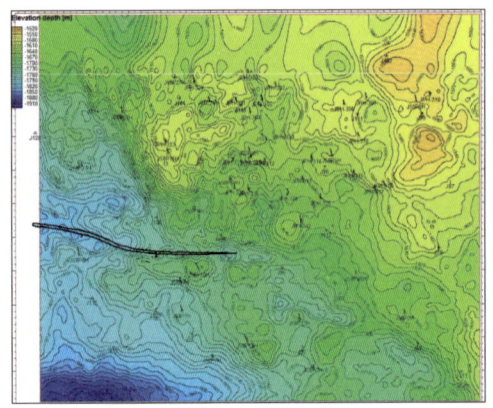

锦58井区盒1-2小层底面构造图 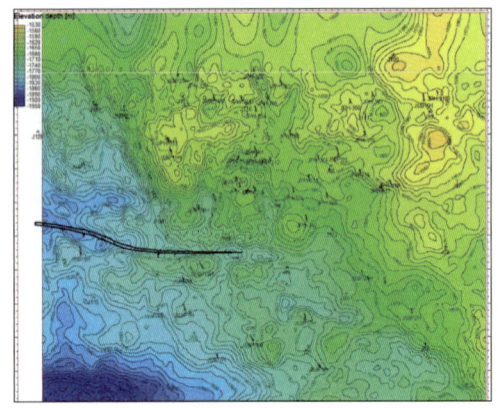　　　　　锦58井区盒1-1小层底面构造图

图9-8　锦58井区盒1段各小层底面构造图

三、质量控制与检测

为了对构造模型进行质量控制与检测,根据砂体展布总体走向,设定7条骨架剖面,过井46口(图9-9)。对于井距过大时,通过井间适度设定控制点的方法进行约束控制,综合提高构造模型的精度。通过连井剖面(特别骨架剖面),检验地质、地震对构造的控制、约束程度、验证构造数据质量;同时检测地震解释异常区,便于设定控制点,提高构造精度。

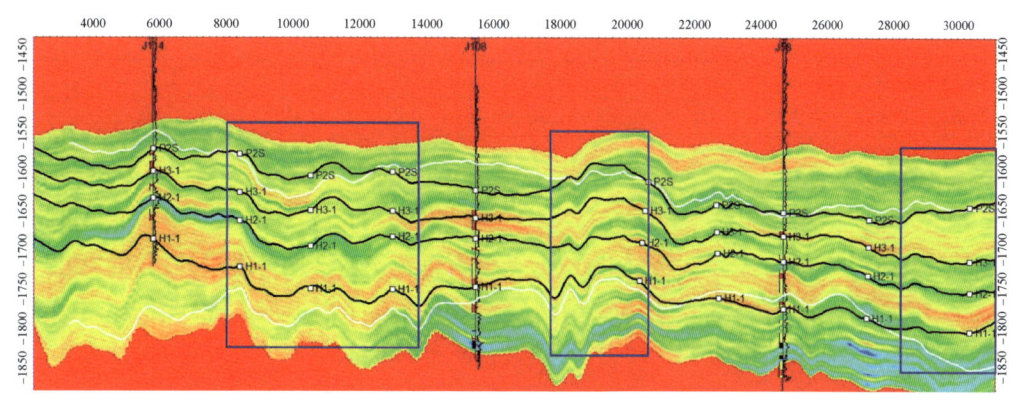

图 9-9 构造检测连井剖面图

第五节 岩相模型

一、单井岩相定量识别

通过岩心观察锦 58 井区 12 口井的岩石类型，将岩相分为粗中砂岩、细砂岩、粉砂岩及泥岩三大类，结合各井对应深度的测井曲线，研制了基于 GR、CNL 识别岩性的交会图版（图 9-10），得到主要岩性的识别范围（表 9-1）。

(a) 主要岩性GR-CNL交会图

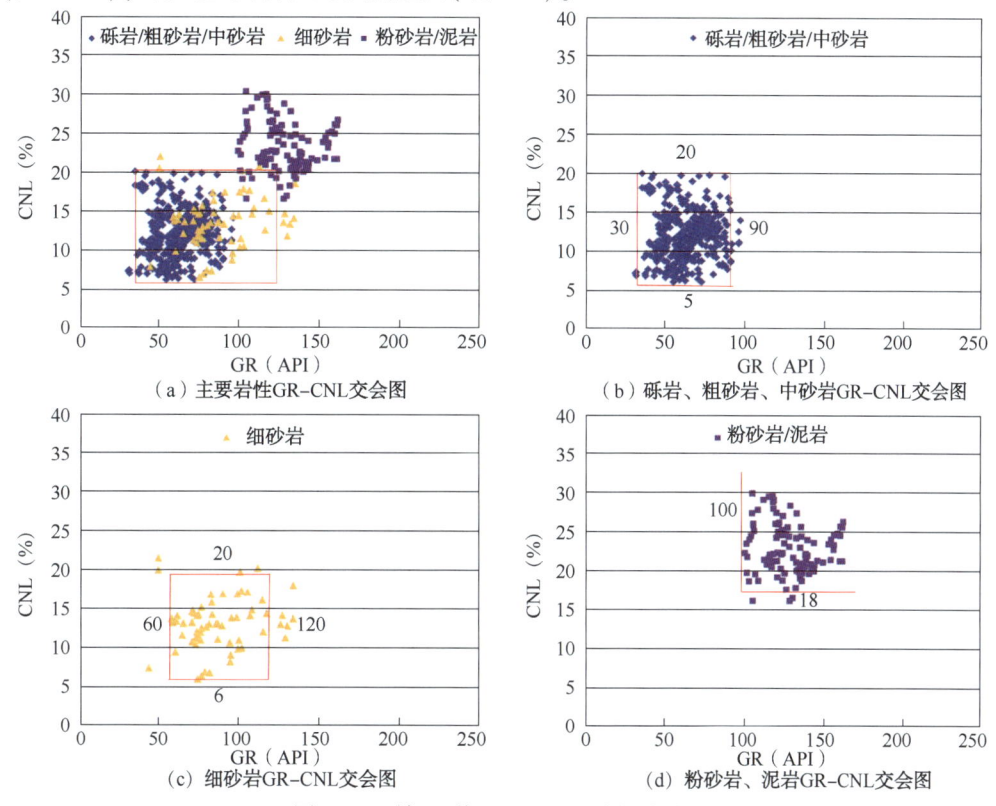

(b) 砾岩、粗砂岩、中砂岩GR-CNL交会图

(c) 细砂岩GR-CNL交会图

(d) 粉砂岩、泥岩GR-CNL交会图

图 9-10 锦 58 井区 GR-CNL 岩性交会图

表 9-1 主要岩性 GR-CNL 识别范围表

岩性	GR（API）	CNL（%）
砾岩、粗砂岩、中砂岩	30~90	5~20
细砂岩	60~120	6~20
粉砂岩、泥岩	>100	>18

根据交会图版得出岩性识别的 GR-CNL 范围有重叠区域，且考虑录井岩性的精度，该次岩性区分主要以 GR 值为主，具体类别划分及 GR 范围如下：粗、中砂岩 GR 值范围为 30~75，细砂岩 GR 值范围为 75~100，粉砂岩、泥岩 GR 值范围为大于 100。

在 JPH-325DY 单井岩性识别图（图 9-11）中，加载 3 列相数据：1 测井解释结论数据，2 砂泥岩相数据，3 砂岩细分岩性数据。可以看出测井解释结论与 GR 值定量识别出的岩性对应性较为一致，识别符合率在 95% 以上，得出使用 GR 值识别岩性结果符合地质认识，能够较好地反映岩性类别，便于该次岩相建模应用（图 9-12）。

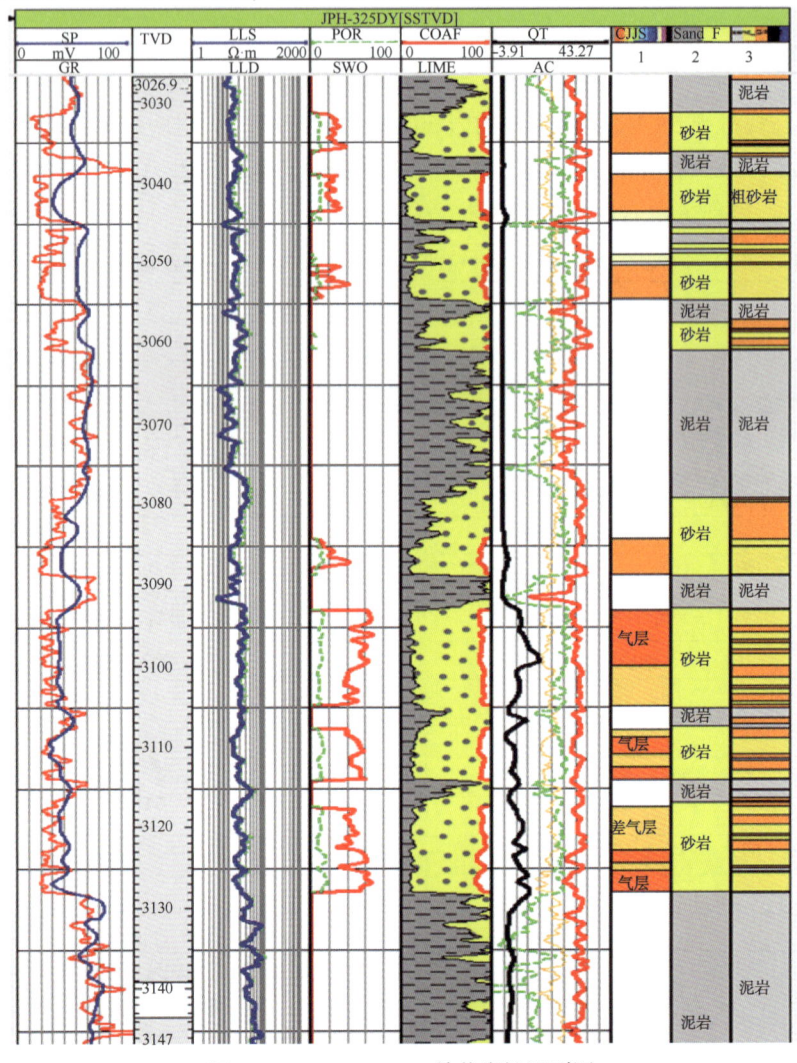

图 9-11 JPH-325DY 单井岩性识别图

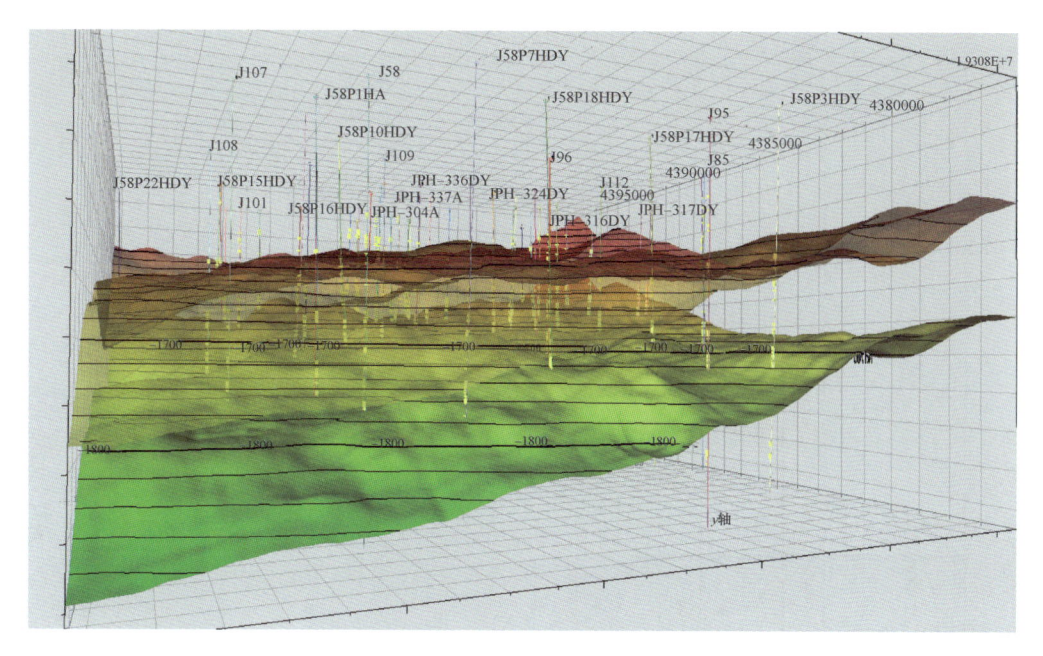

图 9-12　锦 58 井区单井岩相识别三维展示图

二、数据处理分析

数据分析是地质建模对输入数据进行前期处理的一个非常重要的过程。只有进行良好的数据分析才可能构建出较为合理的模型。通常对离散数据的分析包括井点数据的变程函数分析（硬数据）及地震属性体的归一化处理分析（软约束）（张春杰，2017）。

（一）井点数据变差函数分析

井点离散化数据进行变差函数分析主要目的是对数据点的空间相关性进行分析，分析的结果可以直接在相建模以及属性建模中进行调用。

本专著岩相建模根据沉积相展布特征，采用常规序贯高斯算法。在进行岩相建模之前，对离散化后的岩性数据进行变差函数分析是必不可少的过程。

变差函数是区域化变量空间变异性的一种度量，反映了空间变异程度随距离变化的特种，从而可定量地描述区域化变量的空间相关性，即地质规律所造成的岩性参数在空间上的相关性，其主要参数有块金值、基台值、拱高、变程、变程方位角（图 9-13）。变程地质意义为，当两点的变量空间距离小于给定变程时，两点的变量具有自相关性；当两点距离大于给定变程时，这种自相关性消失。基台值反映变量变异性的大小，块金常数表示原点处变异函数的不连续性，拱高表示变异中的空间变化。

实际建模过程中，主要对变程及方位角进行调整，其所代表的物理意义为主变程方向代表物源或主河道方向，主变程数值为顺物源方向两点数据具有相关性的最大距离，次变程数值为垂直物源方向两点数据具有相关性的最大距离。

岩性数据离散化后，结合沉积相展布特征对其进行变差函数分析，得出具体参数：主变程方位角 340°，主变程距离 3000m，次变程距离 1700m（图 9-14、图 9-15）。

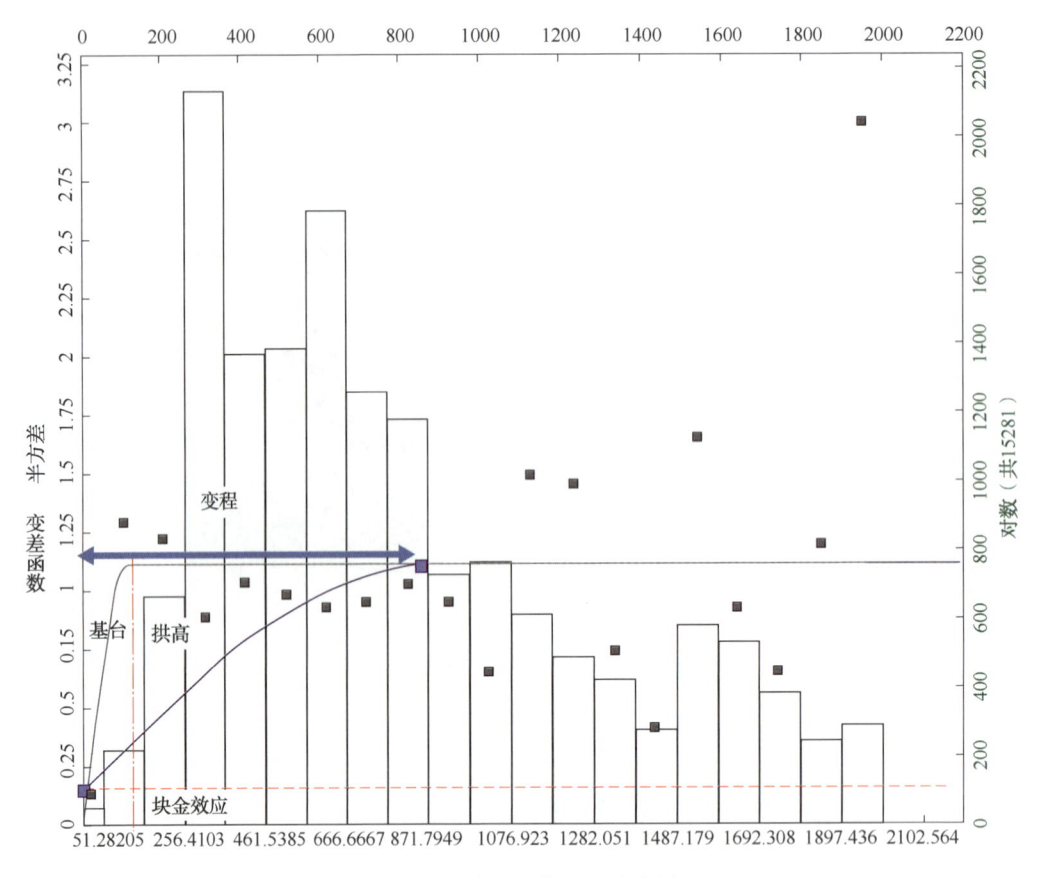

图 9-13　变差函数原理示意图

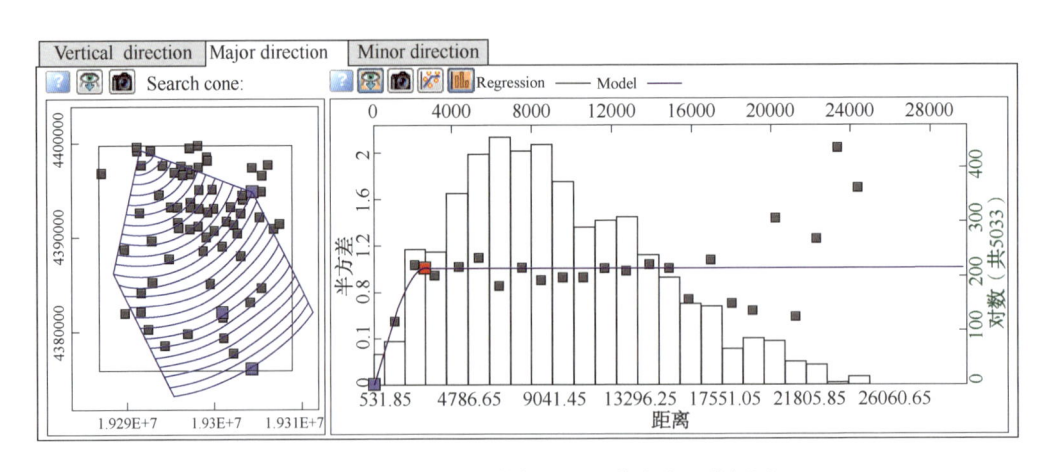

图 9-14　岩性离散化数据变差函数主变程分析图

　　对该区沉积微相研究成果的进行统计、分析，以基础沉积相成果为指导，根据测井岩相成果进行变差函数分析，确定各相空间连续性。由于研究区各小层砂体是多期辫状河道的叠合，因此宽厚比高达 3000∶8。

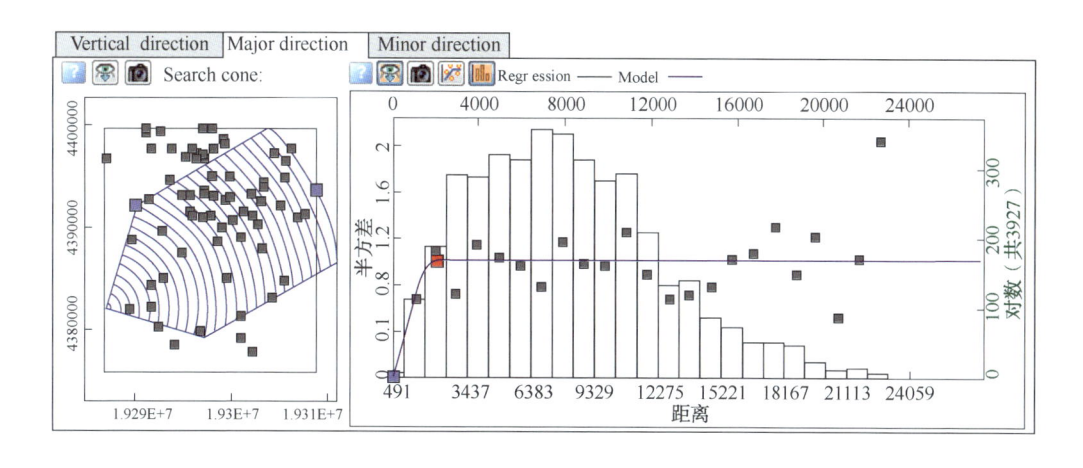

图 9-15　岩性离散化数据变差函数次变差分析图

（二）物探数据处理分析

振幅属性是使用物探资料进行储层预测最常用最敏感的地震属性之一，振幅与地层的反射系数具有一定的相关性，同时反射系数与岩石密度成正相关，所以可认为振幅与岩石密度成正相关，其可以较明显地反映沉积微相的横向变化。

振幅属性（砂体敏感参数）作为软约束数据参与建模运算，需将原始数据进行归一化处理，形成数据在 0~1 之间的砂体展布概率平面图。其原理为在遵循井点硬数据及变差函数分析的前提下，井间模型数据受归一化的振幅属性软约束，地震属性（归一化）值若为 1，则代表该点砂岩的可能性为 100%，地震属性（归一化）值若为 0，则代表该点砂岩的可能性为 0%。

首先需将原始数据振幅属性平面图调整色标至可较为直观地展现该层位砂体展布特征。根据地质刻画的砂体厚度平面图，将锦 58 井区盒 3 段振幅属性的色板调整为 -3000~4000，小于 -3000 的为蓝色显示，大于 4000 的为红色显示，-3000~4000 之间为过度颜色，能与地质砂层厚度图较为符合。然后根据设定的色标门槛值，将小于 -3000 的值赋值为 0，大于 4000 的值赋值为 1，-3000~4000 之间的数据按照数值间隔 7000 赋值为 0~1 之间（图 9-16）。最终归一化后的平面图与原始数据的平面图显示一致（图 9-17、图 9-18）。

建模过程中，同时使用归一化后的地震振幅属性平面数据作为软约束条件及不使用振幅属性参与建模运算，最终生成两个模型所生成的砂体厚度平面图，并将其进行对比，发现，在大部分区域两者具有相似一致性，在井点稀疏或无井区域两者有较明显区别，振幅属性参与运算的砂体展布特征更符合振幅属性的平面特征（图 9-19）。

三、三维岩相建模

在单井岩相划分及变差函数分析的基础上，以井点岩性数据为硬数据，以相应层位振幅属性数据为软数据，结合变程指向意义，采用序贯指示模拟方法，建立杭锦旗锦 58 井区三维岩相地质模型(张春杰,2017)(图9-20、图9-21),定量刻画砂岩的三维空间展布。

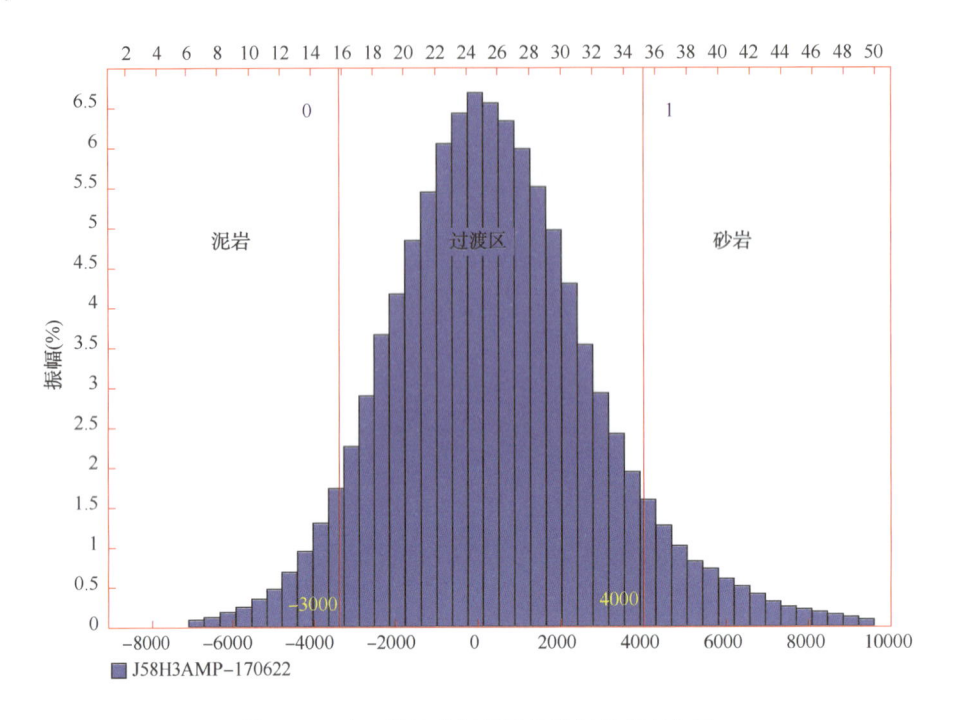

图9-16 盒3段地震振幅属性数据分布直方图

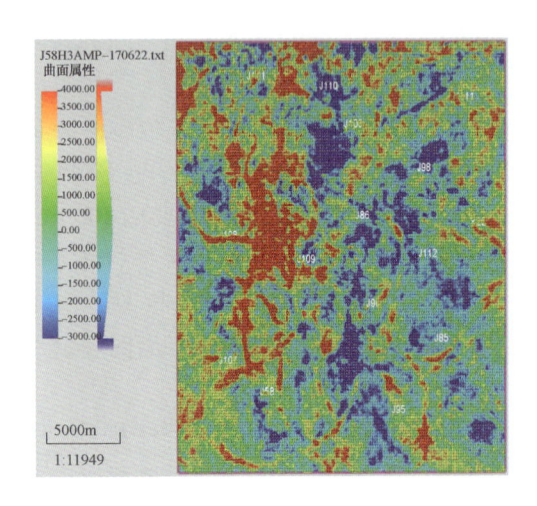

图9-17 盒3段地震振幅属性平面图
(原始数值)

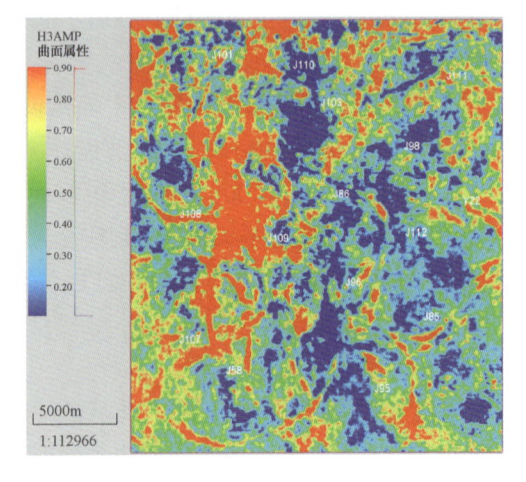

图9-18 盒3段地震振幅属性平面图
(归一化)

通过序贯指示模拟算法得出的主力层岩相模型,砂体展布特征比较符合现有的地质认识(图9-22至图9-25)。

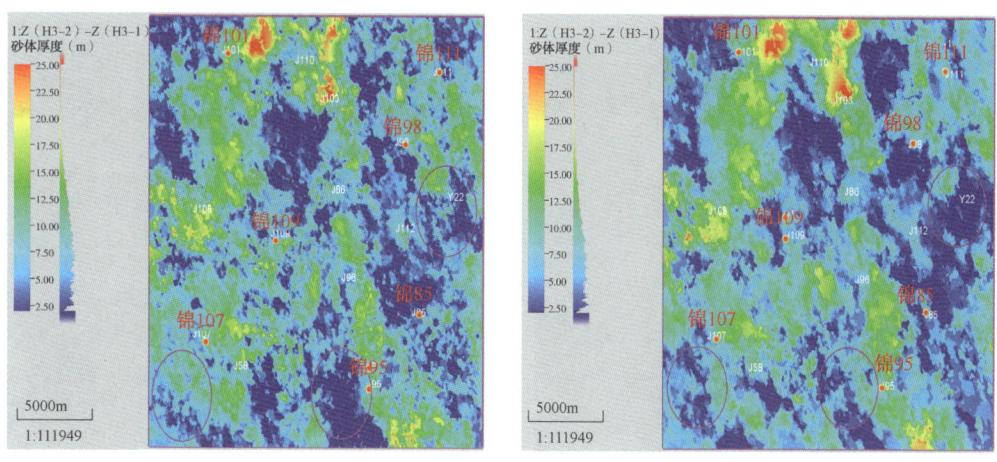

第九章　下石盒子组气藏三维地质建模

图 9-19　地震属性参与建模前后 H3-1 段砂体厚度对比图

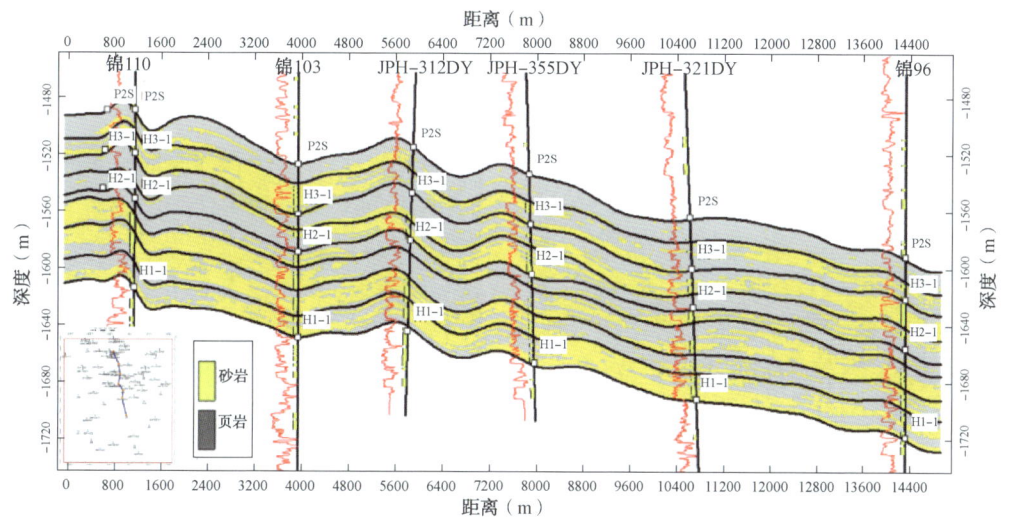

图 9-20　序贯指示模拟算法下岩相模型过井剖面

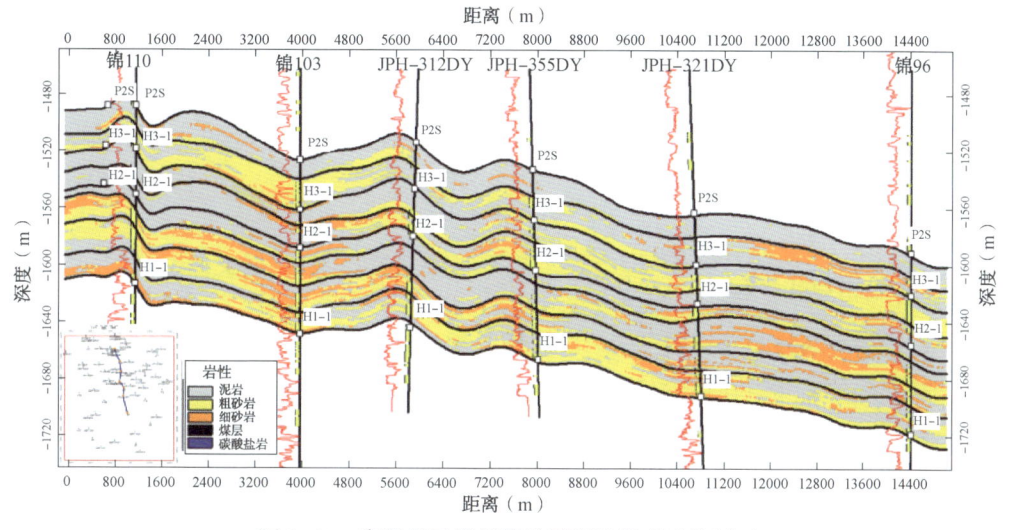

图 9-21　序贯指示模拟算法下岩性模型过井剖面

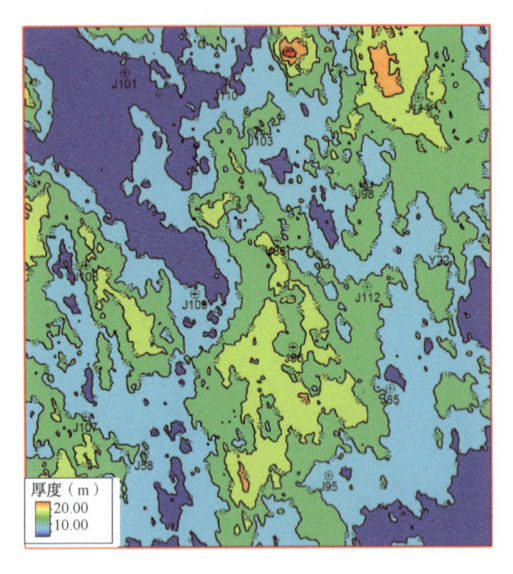

图 9-22　盒 1-1 小层砂岩厚度平面等值线图 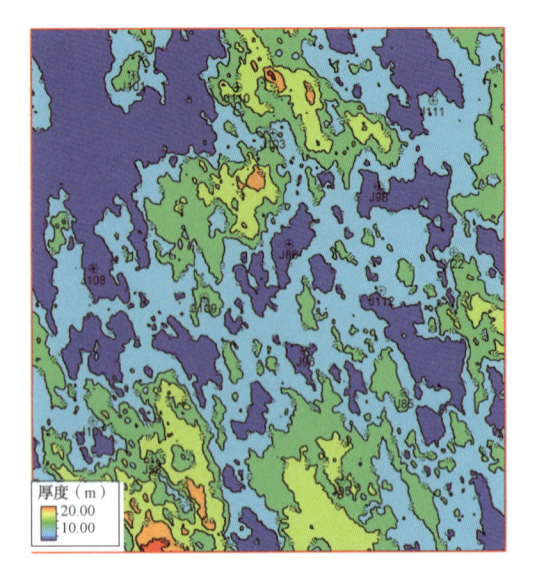　　　图 9-23　盒 1-2 小层砂岩厚度平面等值线图

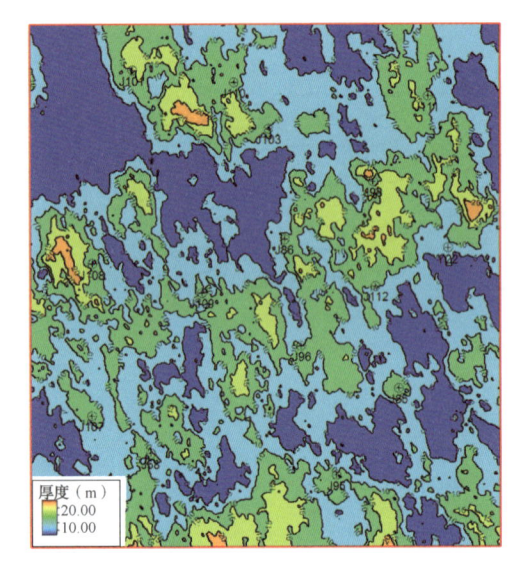

图 9-24　盒 1-3 小层砂岩厚度平面等值线图 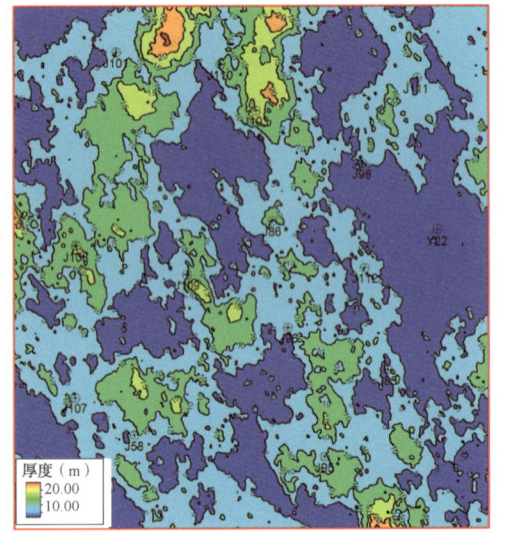　　　图 9-25　盒 3-1 小层砂岩厚度平面等值线图

四、模型验证

(一) 岩相模型分析验证

所建的岩相地质模型是奠定开展后续工作基础，如储层模型、孔隙度模型均需要在岩相模型的约束下建立，岩相是否合理、可靠就需要对岩相地质模型展开验证。本次地质建模充分吸收结合了前期开发地质的研究成果，对模型的检验主要从以下两方面进行验证：与开发地质成果是否一致、与单井实钻情况是否一致。

通过分析岩相模型剖面及小层砂岩平面厚度图，与地质认识基本保持了一致性，符合地质认识的趋势。

将新钻导眼井数据导入模型后，新钻导眼井主力层位砂岩钻遇情况与模型匹配程度在80%，符合程度较为可靠（图9-26、图9-27）。

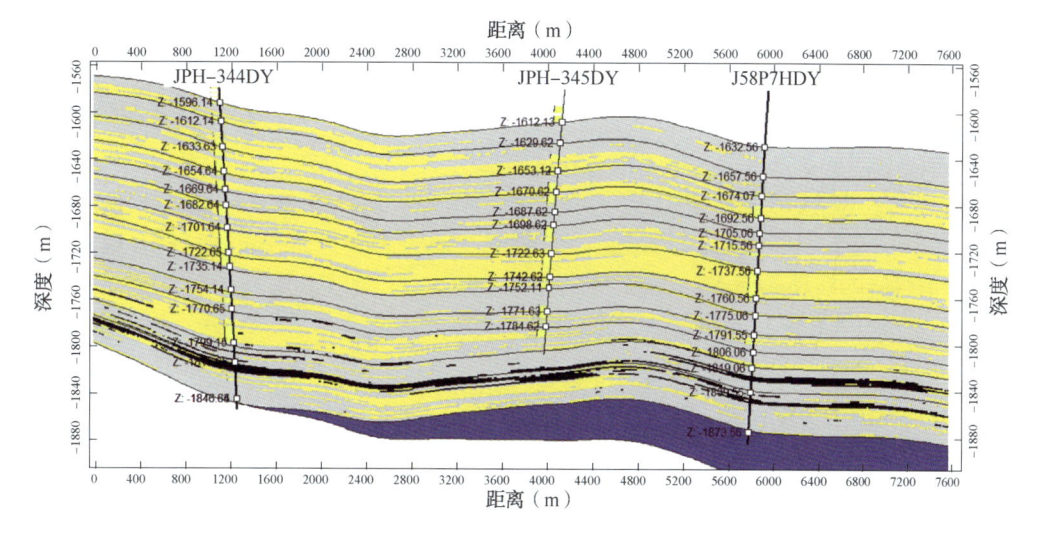

图9-26　JPH-345DY参与前建模过井剖面图

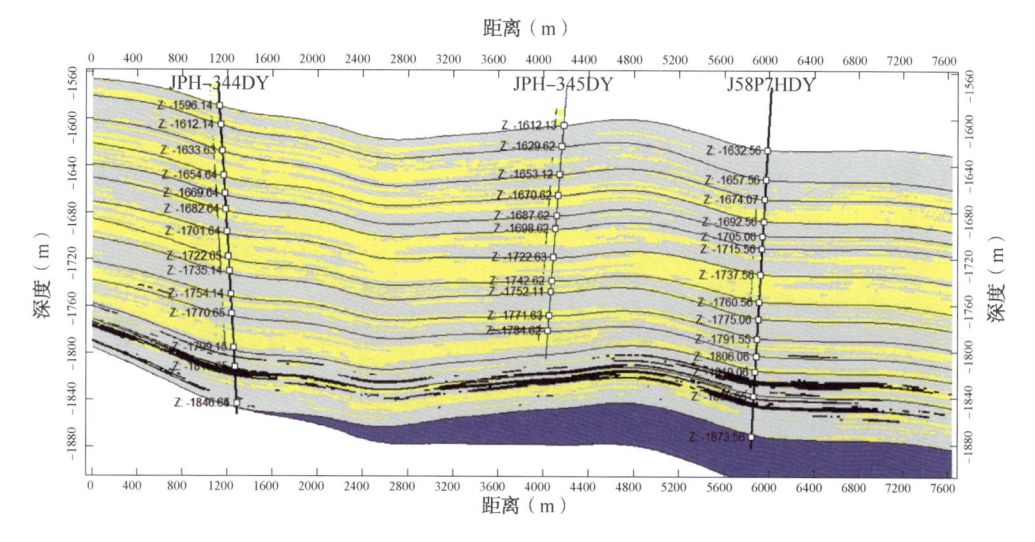

图9-27　JPH-345DY参与后建模过井剖面图

（二）水平井钻遇符合情况

锦58井区是以水平井为主要开发方式的井区，水平井的水平段一般为1000~1200m，由于水平井钻井过程中使用了地质导向技术，水平井的轨迹具有避开泥岩钻遇砂岩的特点，这样就人为地增加了砂岩出现的概率，对描述真实的地层产生误差。若在建模中使用水平段钻遇数据，会造成地质建模结果的失真，使地质模型在水平井附近的地层纵向韵律改变，不符合实际地层的纵向韵律。所以该次建模中，A靶点和水平段数据不参与建模运算。

在地质模型砂体平面展布特征与地质认识基本保持一致的情况下,需验证砂体纵向展布特征是否与水平段钻遇相匹配。

将水平段井数据导入模型后,水平段砂岩钻遇情况与模型匹配程度在80%,符合程度较为可靠(图9-28、图9-29)。其中井网密度、井间构造趋势精细度、小层砂体沉积展布变化较快都是影响模型与真实地层匹配程度的因素。

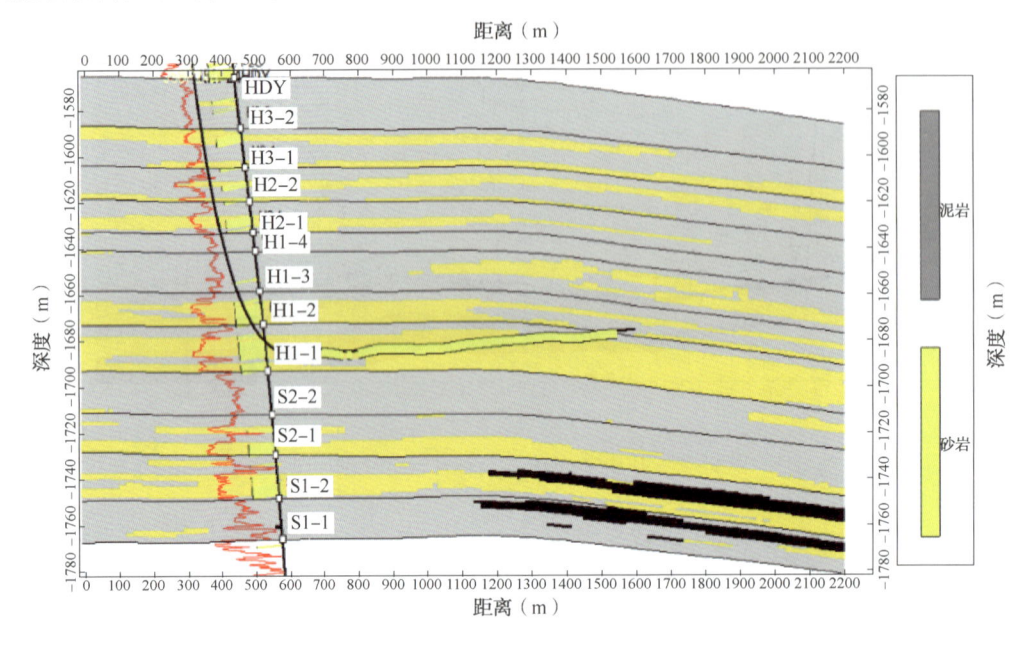

图9-28 J58P24H过井剖面图

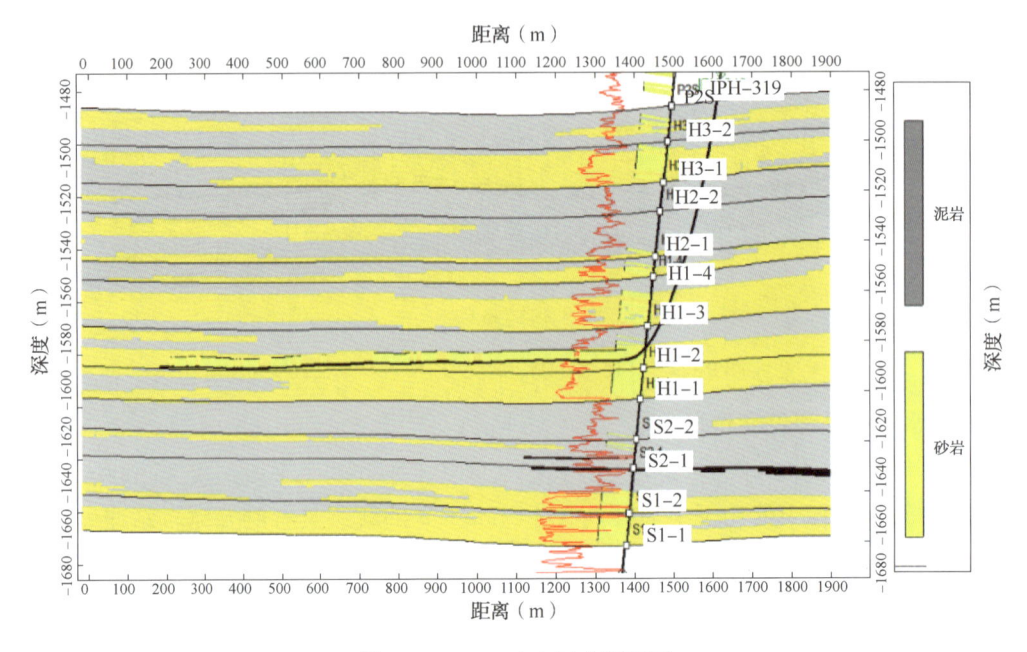

图9-29 JPH-318过井剖面图

第六节　属性模型

储层参数在三维空间上的变化和分布即为储层参数分布模型，主要包括孔隙度、渗透率、流体分布等属性模型。孔隙度模型反映储存流体的孔隙体积分布，渗透率模型反映流体在三维空间的渗流性能，而流体分布模型则反映三维空间上气水的分布。这三种模型对于气藏评价及气田开发均有很重要的意义（王海波，2010）。

东胜气田锦58井区主体属于岩性气藏，不同岩相的物性参数、含流体特征差异较大，这种差异具有统计规律。根据各岩相的参数统计特征，分别建立储层参数分布模型，更精细地刻画储层的非均质性。

一、储层地质模型

根据工区实际地质情况与相关储层资料，单气储层数据来源于测井解释结论中的气藏、含气层、差气层、含水气层等（表9-2），利用序贯指示模拟算法并在岩相模型的硬约束及AVO属性的软约束下建立三维储层地质模型（图9-30）。

表9-2　单井储层数据定义表

测井解释结论	代码	类别定义	定义代码
气层	1	储层	1
含气层	2		
差气层	3		
含水气层	4		
气水同层	5		
含气水层	6		
含水层	7		
水层	8		

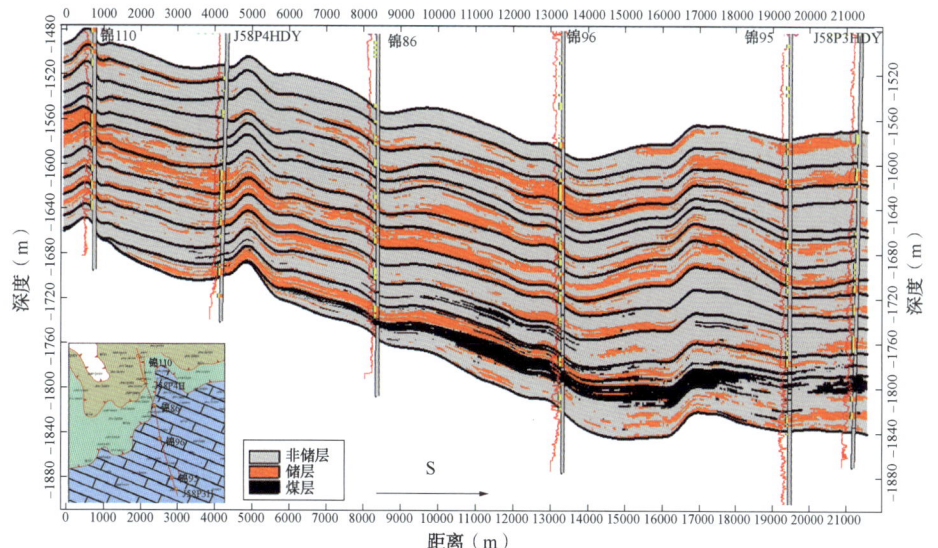

图9-30　序贯指示模拟算法下储层模型过井剖面

在岩相模型的约束下,通过序贯指示模拟算法得出的主力层岩相模型,平面展布特征符合现有的地质认识(图 9-31 至图 9-34)。

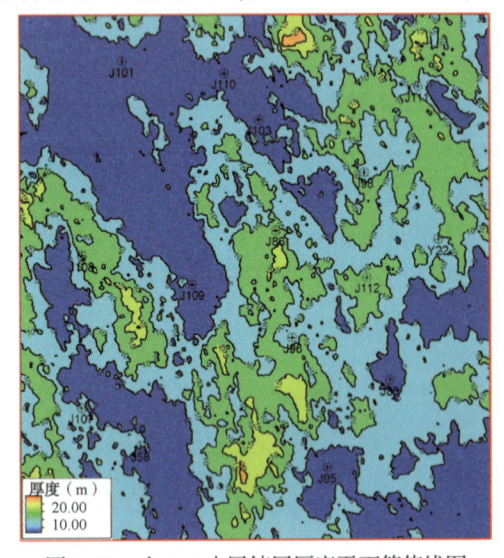

图 9-31　盒 1-1 小层储层厚度平面等值线图 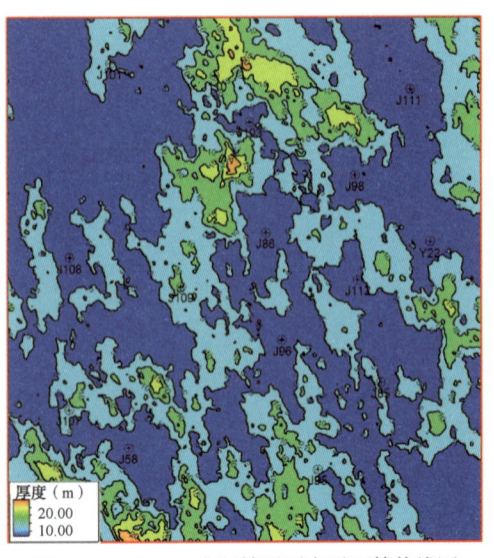　　图 9-32　盒 1-2 小层储层厚度平面等值线图

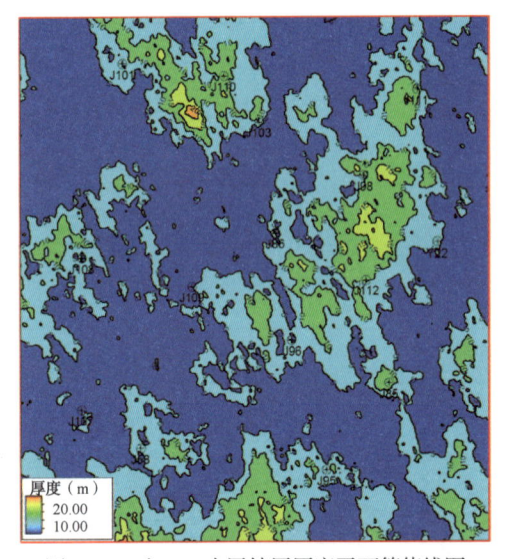

图 9-33　盒 1-3 小层储层厚度平面等值线图 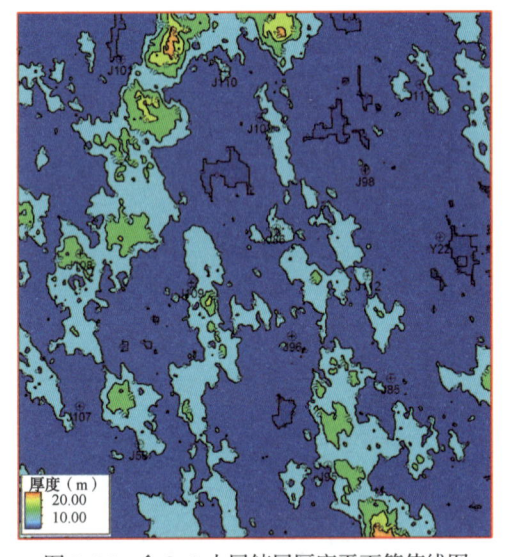　　图 9-34　盒 3-1 小层储层厚度平面等值线图

二、属性地质模型

储层参数在三维空间上的变化和分布即为储层参数分布模型,主要包括孔隙度、含气饱和度等属性模型(梁树义,2014)。

(一) 数据处理分析

数据分析是地质建模对输入数据进行前期处理的一个非常重要的过程。只有进行良好的数据分析才可能构建出较为合理的模型。通常对连续性数据变量的分析包括正态变换和变差函数分析。

具体处理过程为将原始孔渗饱数据导入Input truncation(输入截断),把原始数据的无效异常值剔除,如小于2的孔隙度、小于4的含气饱和度,小于0.1的渗透率。再对估算出的数据分布曲线稍作调整,使得整体数据符合一个正态分布。其中因为渗透率数据从0.1至10均有分布,且主要集中在小于1区间,极差较大,需进行对数e处理才能使得数据符合正态分布(图9-35至图9-37)。

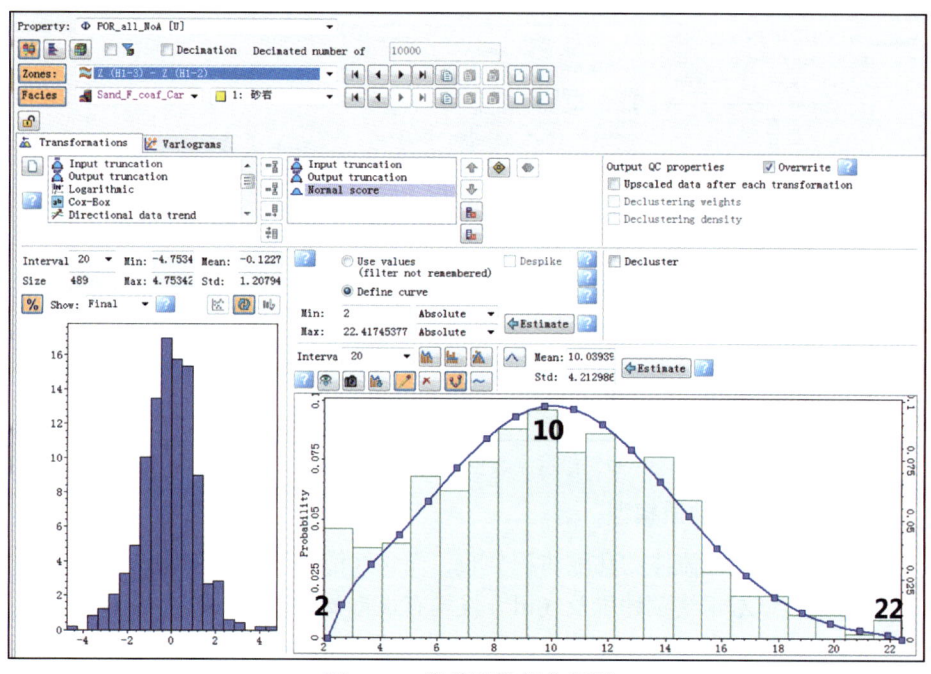

图9-35 孔隙度数据分析图

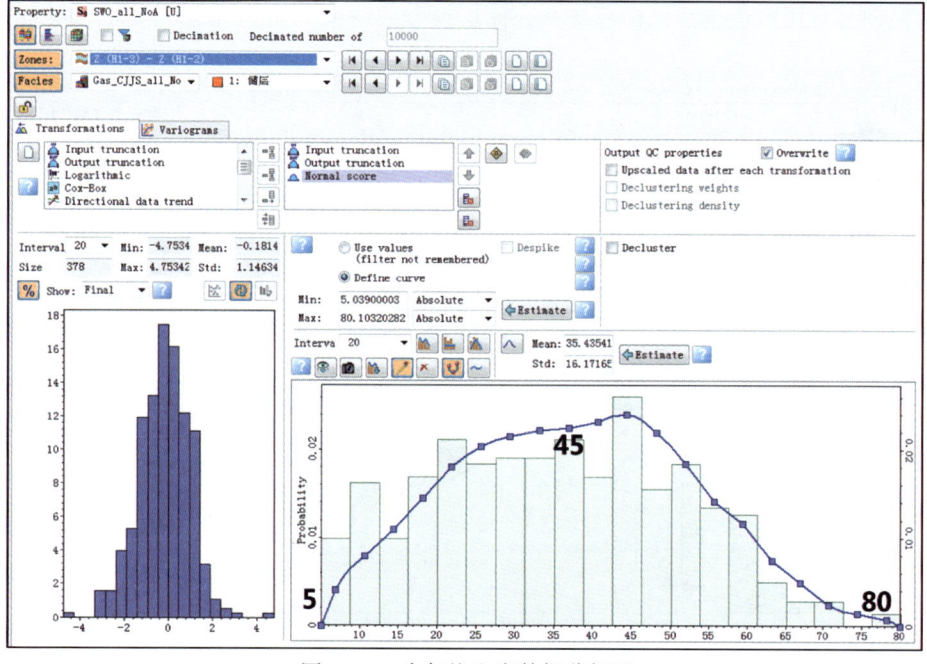

图9-36 含气饱和度数据分析图

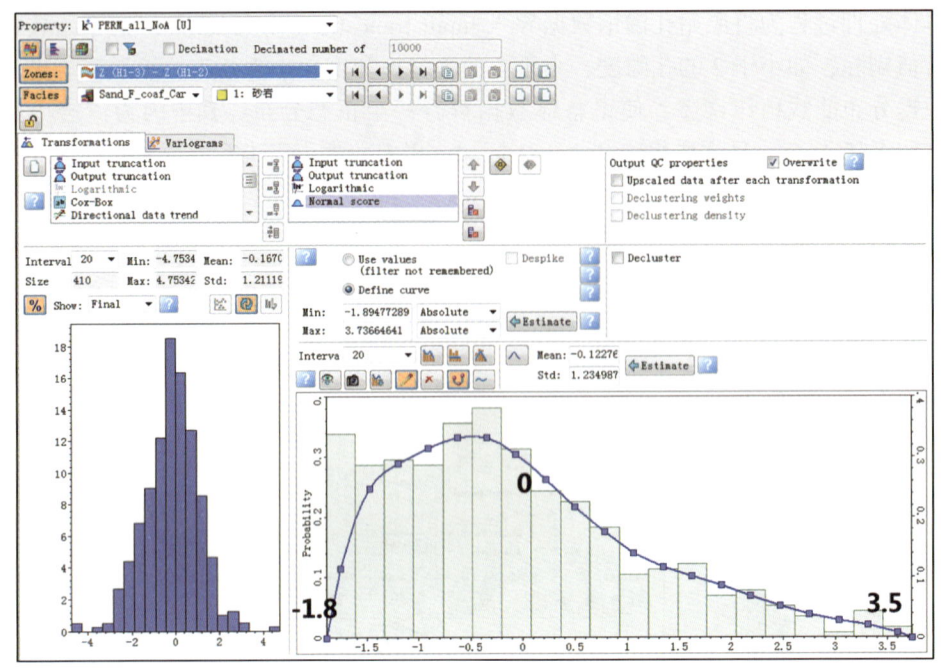

图 9-37　渗透率数据分析图（对数 e 处理）

（二）三维储层属性地质模型

孔隙度模型反映储存流体的孔隙体积分布，而含气饱和度模型则反映三维空间上气水的分布。这两种模型对于气藏评价及气田开发均有很重要的意义（梁树义，2014）。

根据工区实际地质情况与相关储层资料，单气储层属性数据来源于单井测井数据。其中孔隙度地质模型是利用序贯指示模拟算法并在岩相模型的约束下建立（图 9-38），含气饱和度模型是利用序贯指示模拟算法并在储层模型的约束下建立（图 9-39）。

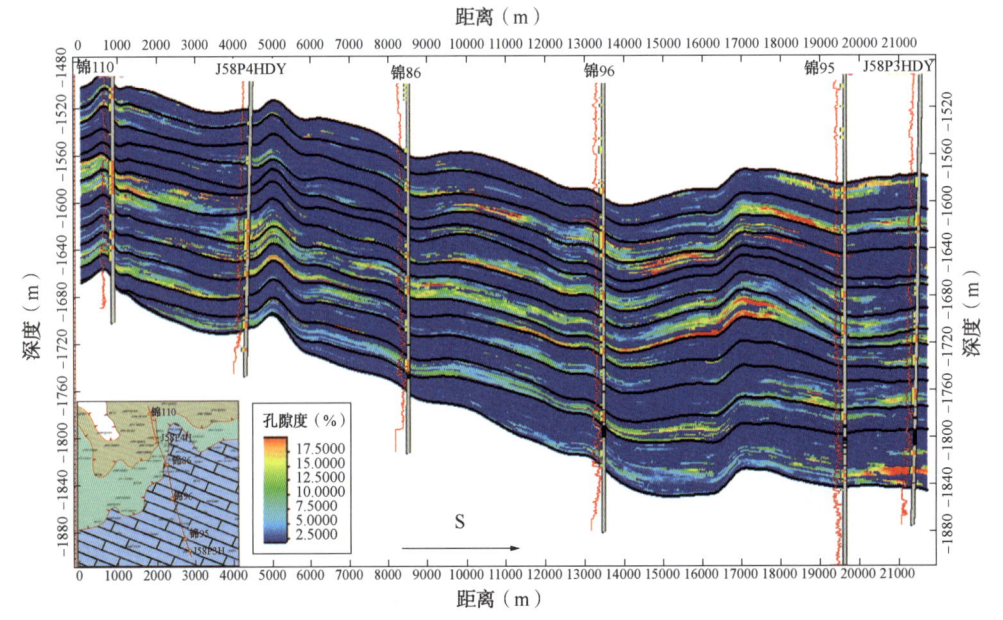

图 9-38　序贯指示模拟算法下孔隙度模型过井剖面

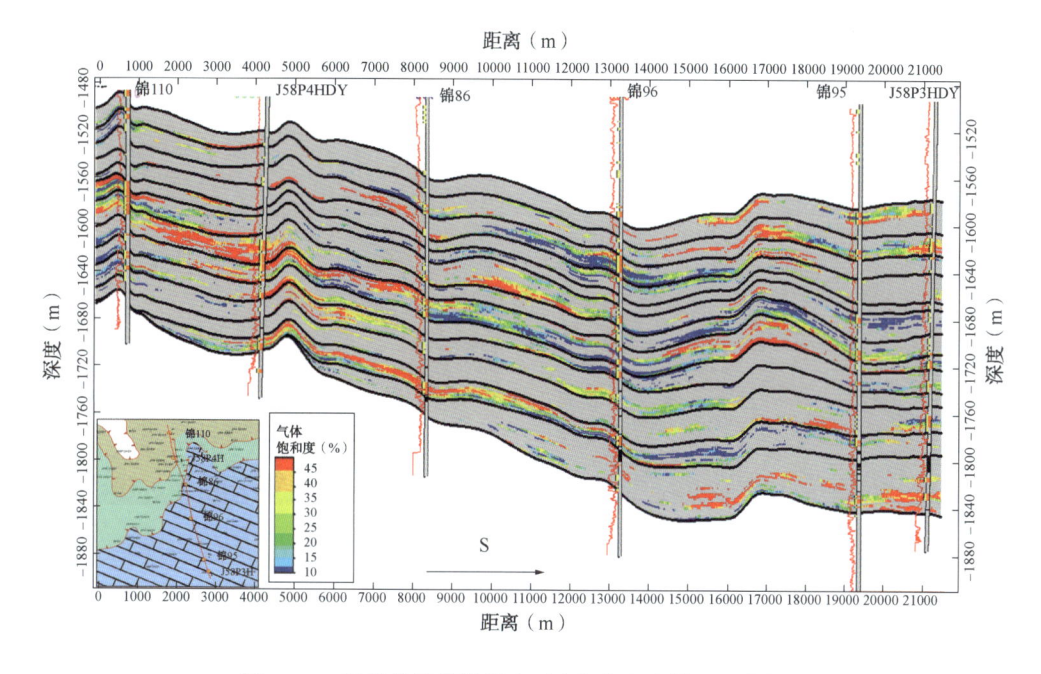

图 9-39　序贯指示模拟算法下含气饱和度模型过井剖面

根据属性模型得出的主力小层孔隙度、饱和度平面展布图：盒 1-1 段孔隙度范围 7%~14%，盒 1-2 段孔隙度范围 6%~15%，盒 1-3 段孔隙度范围 5%~15%，各小层在含气性好的区域其含气饱和度可达 55% 以上（图 9-40 至图 9-43）。

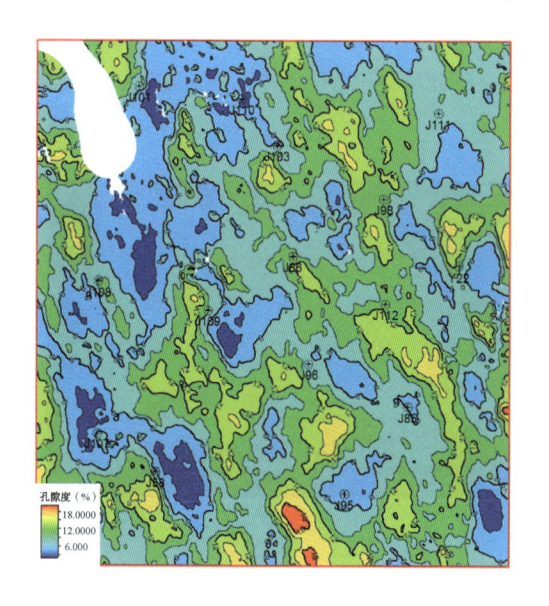

图 9-40　盒 1-1 小层孔隙度等值线图

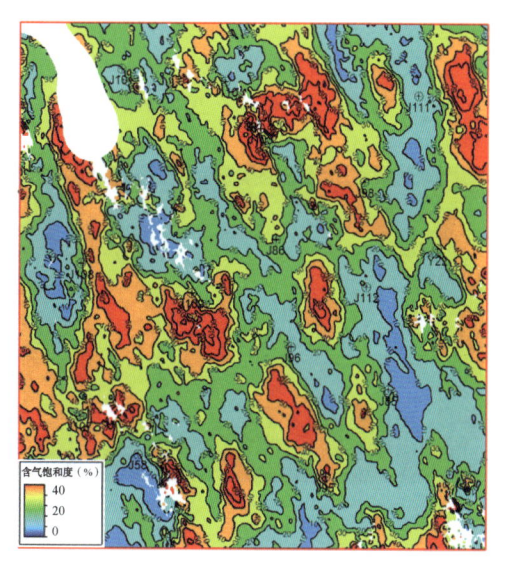

图 9-41　盒 1-1 小层含气饱和度等值线图

— 165 —

图 9-42　盒 1-2 小层孔隙度等值线图　　　　图 9-43　盒 1-2 小层含气饱和度等值线图

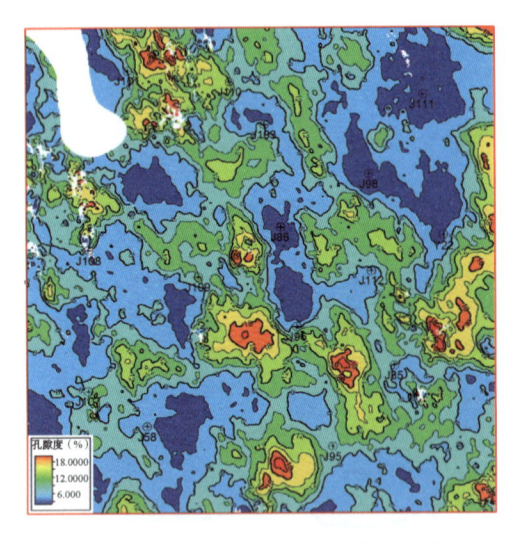

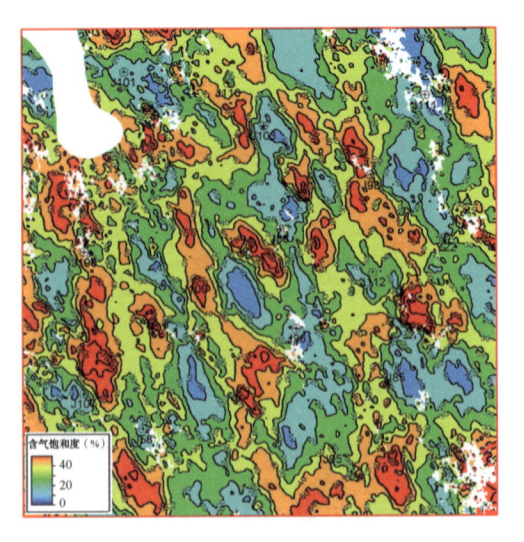

三、储层参数建模

在孔隙度模型的模拟计算中采用序贯高斯模拟方法。在单井孔隙度、渗透率等属性解释成果的基础上，以测井解释成果为基础，优选敏感地震参数，采用震控、沉积相双重井间控制，结合变差函数分析成果，建立东胜气田锦 58 井区下石盒子组储层的孔隙度、含气饱和度的随机分布模型（图 9-44）。根据提取的孔隙度、渗透率、饱和度图件与地质认识对比，充分证明了所建模型的可行性、有效性和精准性。以此方法建立的模型，不仅保证了与测井资料的充分吻合，也紧密结合了地震、沉积相的分析成果，使模型精度更高、更符合地质认识（梁树义，2014）。

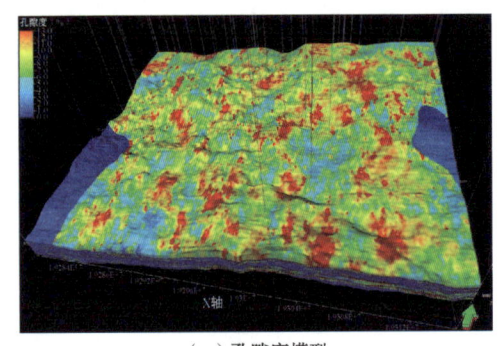

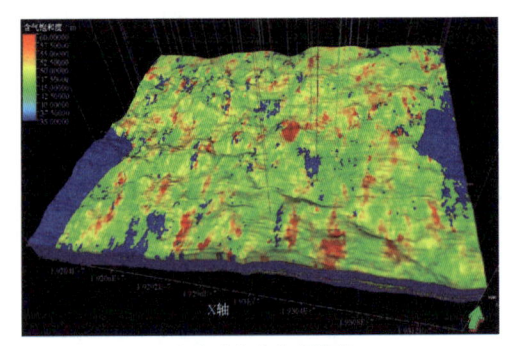

（a）孔隙度模型　　　　　　　　　　（b）含气饱和度模型

图 9-44　锦 58 井区储层三维属性模型

渗透率是储层特性中的关键参数，渗透率的模拟以孔隙度为第二变量，进行协同模拟，建立储层渗透率模型。

四、模型精度检验

由于建立的三维储层模型是一组等概率的多个模型,因此要对模型进行优选,同时根据优选结果,进行模型可靠度和精度的检验。验证和优选模拟实现的标准主要有四个方面:(1)随机图像是否符合地质概念模式;(2)随机实现的统计参数与输入参数的接近程度;(3)模拟实现是否忠实于真实的数据,判别它与未参与模拟的硬数据是否吻合,如抽稀的井数据、试井反映的砂体连通数据等;(4)模拟实现是否符合生产动态。

在此次模型的优选中,主要根据井间砂体连通情况、采取抽稀井的验证方法综合分析。选取锦58井区一个小的试验区,在试验区中抽提出若干井,应用初步优选的模型参数,得出一个模型,根据试验模型在抽提井点的预测值与实际值吻合的精度作为优选的标准。在锦111—锦112井区抽取出锦111井、锦112井、JPH-302井和JPH-303井共4口钻井进行验证。通过预测气层厚度、孔隙度与实钻井对比分析(图9-45、图9-46、表9-3),相对误差在3.61%~7.59%之间,模型建立的孔隙度和气层厚度与实际解释之间误差小,说明所建立的三维储层模型精度好,可以用于数值模拟。

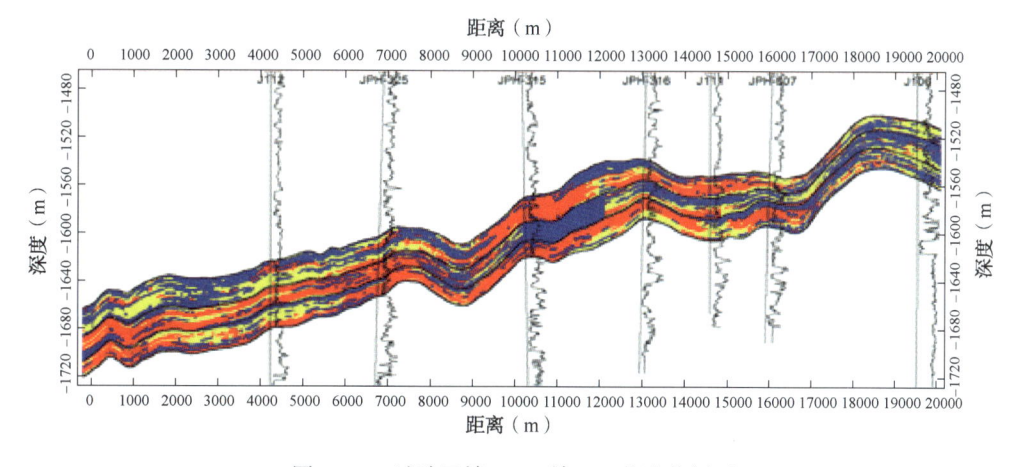

图9-45 试验区锦112—锦100井连井剖面

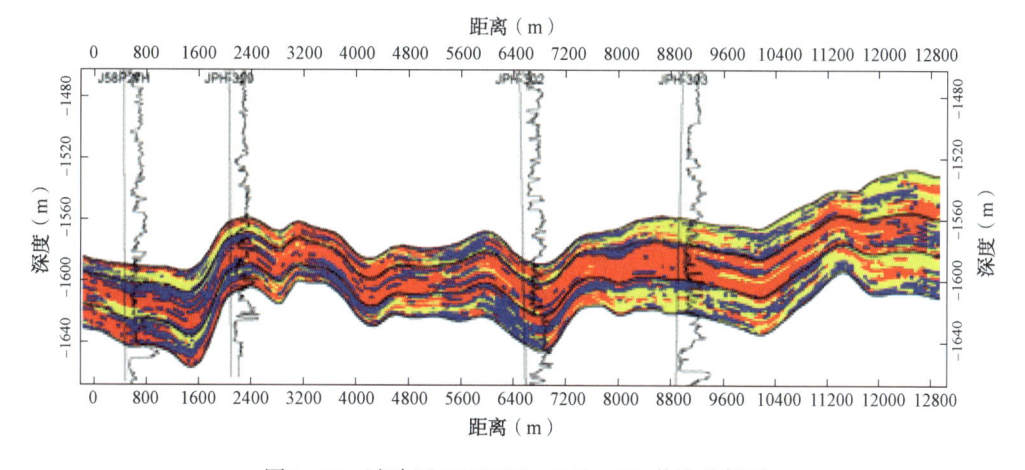

图9-46 试验区J58P27H—JPH—303井连井剖面

表9-3 试验区盒1段气层厚度、孔隙度预测精度对比表

井名	层段	预测气层厚度	实钻气层厚度	预测孔隙度	实钻孔隙度	绝对误差	相对误差(%)
锦112	盒1-3	9.3	8.2	9.0	8.6	0.4	4.65
	盒1-1	7.0	6.1	7.8	8.2	-0.4	4.88
锦111	盒1-3	11.5	12.3	8.5	7.9	0.6	7.59
	盒1-1	6.6	5.9	8.0	7.5	0.5	7.14
JPH-302	盒1-3	9.3	8.8	7.9	8.2	-0.3	3.84
	盒1-2	15.8	14.6	8.0	8.3	-0.3	3.61
JPH-303	盒1-3	6.0	6.5	7.5	8.0	-0.5	7.14
	盒1-2	17.1	18.2	7.9	7.6	0.3	4.17

参 考 文 献

曹江骏，陈朝兵，罗静兰，等，2020. 自生黏土矿物对深水致密砂岩储层微观非均质性的影响——以鄂尔多斯盆地西南部合水地区长6油层组为例[J]. 岩性油气藏，32(6)：36-49.

曹琦，郑龙君，王金玲，2014. 沉积岩中颜色与成因的关系[J]. 黑龙江科技信息，28：105.

陈欢庆，李文青，洪垚，2018. 多点地质统计学建模研究进展[J]. 高校地质学报，24(4)：593-603.

陈全红，2007. 鄂尔多斯盆地上古生界沉积体系及油气富集规律研究[D]. 西安：西北大学.

陈文浩，王志章，刘月田，等，2019. 储层随机模拟中的多尺度变差函数估算方法[J]. 石油地球物理勘探，54(1)：10-11，154-163，174.

陈薪凯，刘景彦，陈程，等，2020. 主要构型要素细分下的曲流河单砂体识别[J]. 沉积学报，38(1)：205-217.

陈莹，2012. 鄂尔多斯盆地东部上古生界致密气成藏机理与分布规律[D]. 西安：西安石油大学.

成家杰，张宏伟，钱玉萍，等，2020. 测井资料在致密砂岩气层产水预测中的应用——以鄂尔多斯盆地L区块为例[J]. 石油地质与工程，34(1)：50-54.

邓东，2019. 鄂北杭锦旗地区锦72井区盒1段储层特征及综合评价研究[D]. 西安：西北大学.

冯可欣，2018. 基于微观孔隙结构的低渗透储层分类方法研究[D]. 大庆：东北石油大学.

冯增昭，王英华，刘焕杰，等，1994. 中国沉积学[M]. 北京：石油工业出版社.

付广，2006. 泥质岩盖层对各种相态天然气封闭机理及其定量研究[D]. 大庆：大庆石油学院.

付金华，范立勇，刘新社，等，2019. 鄂尔多斯盆地天然气勘探新进展、前景展望和对策措施[J]. 中国石油勘探，24(4)：418-430.

付锁堂，邓秀芹，庞锦莲，2010. 晚三叠世鄂尔多斯盆地湖盆沉积中心厚层砂体特征及形成机制分析[J]. 沉积学报，28(6)：1081-1089.

高改，赵玉华，黄黎刚，等，2018. 基于波形分析的辫状河道砂体识别——以鄂尔多斯盆地苏X井区为例[J]. 石油地球物理勘探，53(S2)：19，301-305.

宫雪，胡新友，李文厚，等，2020. 成岩作用对储层致密化的影响差异及定量表述——以苏里格气田苏77区块致密砂岩为例[J]. 沉积学报，38(6)：1-12.

关德师，牛嘉玉，郭丽娜，1995. 中国非常规油气地质[M]. 北京：石油工业出版社.

郭秋麟，周长迁，陈宁生，等，2011. 非常规油气资源评价方法研究[J]. 岩性油气藏，23(4)：12-19.

何祥丽，张绪教，何泽新，2014. 基于构造地貌参数的新构造运动研究进展与思考[J]. 现代地质,28(1):119-130.

侯国伟,2005. 大牛地气田盒2和盒3段河流相储层描述与建模[D]. 北京:中国地质大学(北京).

胡华蕊,邢凤存,齐荣,等,2019. 鄂尔多斯盆地杭锦旗地区晚古生代盆缘古地貌控砂及油气勘探意义[J]. 石油实验地质,41(4):491-497,507.

黄海平,邓宏文,1995. 泥岩盖层的封闭性能及其影响因素[J]. 天然气地球科学,2:20-26.

姬广军,朱吉祥,2019. 三维地质建模技术研究现状[J]. 科技风,10:109-110,122.

贾承造,郑民,张永峰,2012. 中国非常规油气资源与勘探开发前景[J]. 石油勘探与开发,39(2):129-136.

贾承造,邹才能,李建忠,等,2012. 中国致密油评价标准、主要类型、基本特征及资源前景[J]. 石油学报,33(3):343-350.

姜柏材,郭和坤,沈瑞,等,2015. 鄂尔多斯盆地致密油储层微观孔隙结构研究[J]. 科学技术与工程,15(29):124-130.

柯钦,于志龙,刘剑伦,等,2018. 井震结合识别砂体上倾尖灭岩性圈闭[J]. 2018年中国地球科学联合学术年会论文集(四十五)——专题98:东亚多板块汇聚与燕山运动,专题99:深部地球化学找矿,专题100:油气地球物理,112-113.

李灿,2018. 岩石物理建模在东胜气田横波速度预测中的应用[J]. 石油化工应用,37(9):84-89.

李国荣,2012. 浅析沉积岩颜色与沉积相的关系[J]. 内江科技,33(5):49,68.

李海明,王志章,乔辉,等,2014. 现代辫状河沉积体系的定量关系[J]. 科学技术与工程,14(29):21-26,60.

李锦红,2013. 苏里格气田西区三维区砂体内部构型研究[D]. 西安:西安石油大学.

李进步,李娅,张吉,等,2020. 苏里格气田西南部致密砂岩气藏资源评价方法及评价参数的影响因素[J]. 石油与天然气地质,41(4):730-743,762.

李苗,2015. 基于地震约束的辫状河储层地质建模研究[D]. 西安:西安石油大学.

李蓉,田景春,张翔,等,2014. 鄂北什股壕地区下石盒子组沉积微相及展布特征[J]. 矿物岩石,34(1):104-113.

李潍莲,纪文明,刘震,等,2015. 鄂尔多斯盆地北部泊尔江海子断裂对上古生界天然气成藏的控制[J]. 现代地质,29(3):584-590.

李夏,2018. 鄂尔多斯盆地东缘临兴地区上古生界气藏特征及主控因素分析[D]. 青岛:山东科技大学.

李相博,陈启林,刘化清,等,2010. 鄂尔多斯盆地延长组3种沉积物重力流及其含油气性[J]. 岩性油气藏,22(3):16-21.

李相博,付金华,陈启林,等,2011. 砂质碎屑流概念及其在鄂尔多斯盆地延长组深水沉积研究中的应用[J]. 地球科学进展,26(3):286-294.

李学田,张义纲,1992. 天然气盖层质量的影响因素及盖层形成时间的探讨——以济阳坳陷为例[J]. 石油实验地质, 3: 282-290.

李阳, 2020. 东胜气田锦58井区下石盒子组致密砂岩气藏气水关系[J]. 天然气技术与经济, 14(3): 41-48.

李杨阳, 2018. 辫状河水槽模拟实验及储层地质知识库的设计[D]. 武汉: 长江大学.

李志华, 2012. 苏里格气田南区盒8上辫状河三角洲沉积特征研究[D]. 北京: 中国地质大学(北京).

梁狄刚, 冉隆辉, 戴弹申, 等, 2011. 四川盆地中北部侏罗系大面积非常规石油勘探潜力的再认识[J]. 石油学报, 32(1): 8-17.

梁树义, 2014. 徐深气田汪深1区块火山岩气藏精细描述与地质建模研究[D]. 大庆: 东北石油大学.

梁卫卫, 党海龙, 徐波, 等, 2020. 基于单砂体的湖泊三角洲相储层构型模型的建立——以鄂尔多斯盆地S区块为例[J]. 西安石油大学学报(自然科学版), 35(2): 26-34.

林森虎, 邹才能, 袁选俊, 等, 2011. 美国致密油开发现状及启示[J]. 岩性油气藏, 23(4): 25-30.

吝文, 2008. 大牛地气田下二叠统下石盒子组盒2、盒3段沉积体系研究[D]. 北京: 中国地质大学(北京).

刘宝珺, 李思田, 等, 1999. 盆地分析-全球沉积地质学-沉积学[M]. 北京: 地质出版社.

刘聪颖, 2014. 川中GST构造灯影组顶部岩溶古地貌恢复及其对储层的影响研究[D]. 成都: 西南石油大学.

刘登科, 2019. 致密砂岩储层成岩演化及烃类充注与微观孔喉结构响应机制研究[D]. 西安: 西北大学.

刘金华, 夏步余, 葛政俊, 等, 2017. 周庄油田戴一段岩性上倾尖灭油藏成因分析[J]. 特种油气藏, 24(5): 10-14.

刘锐娥, 肖红平, 范立勇, 等, 2013. 鄂尔多斯盆地二叠系"洪水成因型"辫状河三角洲沉积模式[J]. 石油学报, 34(S1): 120-127.

刘兴业, 李景叶, 陈小宏, 等, 2018. 联合多点地质统计学与序贯高斯模拟的随机反演方法[J]. 地球物理学报, 61(7): 2998-3007.

刘怡婷, 2019. 辫状河河道砂坝物理沉积模拟实验[D]. 武汉: 长江大学.

刘忠保, 罗顺社, 何幼斌, 等, 2011. 缓坡浅水辫状河三角洲沉积模拟实验研究[J]. 水利与建筑工程学报, 9(6): 9-14.

卢雪梅, 2011. 美国致密油成开发新热点[N]. 中国石化报, 12(30): 5-5.

芦凤明, 蔡明俊, 张阳, 等, 2020. 碎屑岩储层构型分级方案与研究方法探讨[J]. 岩性油气藏, 32(6): 1-11.

马雪娟, 2019. 东胜气田锦72井区山西组砂岩储层特征及分类评价[J]. 石油化工应用, 38(2): 84-87.

庞军刚, 杨友运, 李文厚, 等, 2013. 陆相含油气盆地古地貌恢复研究进展[J]. 西安科技大学学报, 33(4): 424-430.

彭飚, 雷光宇, 2019. 粒度分析方法在沉积学中的应用[J]. 科技与创新, 11: 156-157.

秦森强, 2018. 浅谈三维地质建模技术在油田基础地质研究中的应用[J]. 化工管理, 24: 129.

瞿雪姣, 李继强, 张吉, 等, 2018. 辫状河致密砂岩储层构型单元定量表征方法[J]. 吉林大学学报(地球科学版), 48(5): 1342-1352.

任龙, 2013. 鄂尔多斯盆地上古生界沉积岩岩石结构及其演化与裂缝形成关系[D]. 西安: 西北大学.

任战利, 1996. 鄂尔多斯盆地热演化史与油气关系的研究[J]. 石油学报, 17(1): 17-24.

申秀香, 2016. 苏里格气田中区奥陶系古地貌恢复及对储层影响研究[D]. 成都: 西南石油大学.

宋平, 2012. 鄂尔多斯盆地北部崔家坡地区盒8段储层"四性"关系研究[D]. 西安: 西北大学.

孙赞东, 贾承造, 李相方, 等, 2011. 非常规油气勘探与开发(上册)[M]. 北京: 石油工业出版社, 1-150.

王海波, 2010. 鄂尔多斯盆地大牛地气田西南缘盒3+2段气藏描述[D]. 成都: 成都理工大学.

王涛, 2014. 鄂尔多斯盆地北部下石盒子组盒8段致密砂岩储层形成机理及控制因素研究[D]. 成都: 成都理工大学.

王文龙, 尹艳树, 2017. 储层建模研究进展及发展趋势[J]. 地质学刊, 41(1): 97-102.

王钰婷, 2020. 王沟门油区西南部长6沉积微相及单砂体刻画[D]. 西安: 西安石油大学.

王允诚, 吕运能, 曹伟, 2002. 气藏精细描述[M]. 四川: 四川科学技术出版社.

王泽明, 2010. 致密砂岩气藏储层特征及有效储层识别研究[D]. 武汉: 中国地质大学(武汉).

吴晓川, 2019. 鄂尔多斯盆地与古生界煤系反射相关的地质解释和地震烃类检测研究[D]. 西安: 西北大学.

伍友佳, 2004. 石油矿藏地质学[M]. 北京: 石油工业出版社.

夏鲁, 刘震, 钟翔, 等, 2020. 致密砂岩成藏期后古孔隙度反演研究[J]. 中国矿业大学学报, 49(1): 159-171.

肖晨曦, 李志忠, 2006. 粒度分析及其在沉积学中应用研究[J]. 新疆师范大学学报(自然科学版), 3: 118-123.

肖国林, 董贺平, 杨长清, 等, 2020. 我国近海非常规油气资源勘探态势及其地质有利性[J]. 海洋地质前沿, 36(7): 73-76.

肖占山, 赵云生, 赵宝成, 等, 2019. 基于岩石电性参数频散特性的储层参数评价方法[J]. 物探与化探, 43(5): 1105-1110.

徐清海, 2017. 鄂尔多斯盆地十里加汗地区致密砂岩气差异富集的主控因素及甜点区地质模型[D]. 武汉: 中国地质大学(武汉).

徐文玺, 李凌川, 2016. 鄂尔多斯盆地东胜气田二叠系中统下石盒子组储层评价[J]. 天然气勘探与开发,39(2):9,18-21,40.

徐永昌,刘文汇,沈平,1993. 成岩阶段油气的形成与多阶连续的天然气成因新模式[J]. 天然气地球科学,6:1-7.

许浩,张君峰,汤达祯,等,2012. 鄂尔多斯盆地苏里格气田低压形成的控制因素[J]. 石油勘探与开发,39(1):64-68.

荀小全,2018. 东胜气田锦58井区盒1段储层特征及分类评价[J]. 天然气技术与经济,12(5):9-11,78,81.

荀小全,王东辉,2015. 东胜气田盒2+3段储层四性关系研究[J]. 天然气技术与经济,9(5):13-16,77.

阳孝法,张学伟,林畅松,2008. 地震地貌学研究新进展[J]. 特种油气藏,15(6):1-5,94.

杨博,王树慧,王文胜,等,2019. 苏里格地区上古生界辫状河心滩定量表征影响因素探讨[J]. 西北大学学报(自然科学版),49(6):941-950.

杨华,窦伟坦,刘显阳,等,2010. 鄂尔多斯盆地三叠系延长组长7沉积相分析[J]. 沉积学报,28(2):254-263.

杨华,黄道军,郑聪斌,2006. 鄂尔多斯盆地奥陶系岩溶古地貌气藏特征及勘探进展[J]. 中国石油勘探,3:1-5,6,12.

杨华,刘新社,闫小雄,2015. 鄂尔多斯盆地晚古生代以来构造-沉积演化与致密砂岩气成藏[J]. 地学前缘,22(3):174-183.

杨华,张文正,2005. 论鄂尔多斯盆地长7段优质油源岩在低渗透油气成藏富集中的主导作用:地质地球化学特征[J]. 地球化学,34(2):147-154.

杨欢,2014. 鄂尔多斯盆地东部上古生界储层综合评价[D]. 西安:西北大学.

杨满平,王翠姣,王倩,等,2017. 鄂尔多斯盆地差异压实作用及其石油地质意义[J]. 河北工程大学学报(自然科学版),34(2):74-79.

杨忠亮,2012. 高分辨率层序地层格架内岩相特征精细研究[D]. 成都:成都理工大学.

姚泾利,胡新友,范立勇,等,2018. 鄂尔多斯盆地天然气地质条件、资源潜力及勘探方向[J]. 天然气地球科学,29(10):1465-1474.

于兴河,等,2009. 油气储层地质学基础[M]. 北京:石油工业出版社.

袁红旗,王蕾,于英华,等,2019. 沉积学粒度分析方法综述[J]. 吉林大学学报(地球科学版),49(2):380-393.

张春杰,2017. 紫金山北上古生界多类型储层三维地质建模及合采兼容性数值试验[D]. 徐州:中国矿业大学.

张春林,李剑,刘锐娥,2019. 鄂尔多斯盆地盒8段致密砂岩气储层微观特征及形成机理[J]. 中国石油勘探,24(4):476-484.

张大帅,2017. 苏里格南部上古生界沉积砂体展布特征[D]. 北京:中国地质大学(北京).

张飞,2015. 鄂尔多斯盆地南部上古生界气层测井评价[D]. 西安:西安石油大学.

张广权,郭书元,张守成,等,2017. 鄂尔多斯盆地大牛地气田下石盒子组一段沉积相分析[J]. 东北石油大学学报, 41(2): 7-8, 54-61.

张广权, 李浩, 胡向阳, 等, 2018. 一种利用测井曲线齿化率刻画河道的新方法[J]. 天然气地球科学, 29(12): 1767-1774.

张亮, 施里宇, 梁卫卫, 2020. R/S分析方法在储层裂缝预测中的应用——以定边东仁沟长7~3储层为例[J]. 非常规油气, 7(4): 84, 91-96, 111.

张善义, 2018. 辫状水道和心滩坝规模定量研究[J]. 特种油气藏, 25(4): 29-32.

张哨楠, 2008. 致密天然气砂岩储层: 成因和讨论[J]. 石油与天然气地质, 1: 1-10, 18.

张文正, 杨华, 李剑锋, 等, 2006. 论鄂尔多斯盆地长7段优质油源岩在低渗透油气成藏富集中的主导作用——强生排烃特征及机理分析[J]. 石油勘探与开发, 33(3): 289-293.

张向津, 2014. 大牛地气田石炭-二叠系致密砂岩成岩演化定量分析[D]. 北京: 中国石油大学(华东).

张晓辉, 张娟, 袁京素, 等, 2021. 鄂尔多斯盆地南梁——华池地区长8_1致密储层微观孔喉结构及其对渗流的影响[J]. 岩性油气藏: 1-13.

张越, 2010. 苏里格东部上古生界盒8段沉积体系及产气能力评价[D]. 西安: 西安石油大学.

张占杨, 王东辉, 曹桐生, 2015. 东胜气田盒2段沉积相研究及应用[J]. 石油地质与工程, 29(2): 46-48, 147.

赵承锦, 2017. 鄂尔多斯盆地临兴地区上古生界天然气成藏机理与成藏模式研究[D]. 青岛: 山东科技大学.

赵容生, 2016. 曲流点坝砂体建筑结构研究及应用[D]. 大庆: 东北石油大学.

赵卫, 潘新志, 刘亚青, 等, 2020. 临兴地区上古生界致密砂岩气成藏主控因素[J]. 非常规油气, 7(3): 30, 31-36.

赵永强, 2010. 地下辫状河储层结构划分——以盘40块区馆Ⅲ~7砂体为例[J]. 石油天然气学报, 32(1): 51-53.

周家林, 2018. 东胜气田锦58井区盒1段岩相特征及沉积模式研究[J]. 石油地质与工程, 32(4): 1-5, 122.

周江羽, 王家豪, 杨香华, 等, 2010. 含油气盆地沉积学[M]. 武汉: 中国地质大学出版社. 周银邦, 吴胜和, 计秉玉, 等, 2011. 曲流河储层构型表征研究进展[J]. 地球科学进展, 26(7): 695-702.

朱志良, 2014. 苏里格气田苏59井区上古生界气水分布规律研究[D]. 成都: 成都理工大学.

邹才能, 董大忠, 王社教, 等, 2010. 中国页岩气形成机理、地质特征及资源潜力[J]. 石油勘探与开发, 37(6): 641-653.

邹才能, 陶士振, 侯连华, 等, 2011. 非常规油气地质[M]. 北京: 地质出版社: 1-310.

邹才能, 杨智, 陶士振, 等, 2012. 纳米油气与源储共生型油气聚集[J]. 石油勘探与开发, 39(1): 13-26.

邹才能, 张光亚, 陶士振, 等, 2010. 全球油气勘探领域地质特征、重大发现及非常规石油地质[J]. 石油勘探与开发, 37(2): 129-145.

邹才能, 赵政璋, 杨华, 等, 2009. 陆相湖盆深水砂质碎屑流成因机制与分布特征——以鄂尔多斯盆地为例[J]. 沉积学报, 27(6): 1065-1075.

邹才能, 朱如凯, 白斌, 等, 2011. 中国油气储层中纳米孔首次发现及其科学价值[J]. 岩石学报, 27(6): 1857-1864.

邹才能, 朱如凯, 吴松涛, 等, 2012. 常规与非常规油气聚集类型、特征、机理及展望——以中国致密油和致密气为例[J]. 石油学报, 33(2): 173-187.

Deutsch C V, Cockerham P W, 1994. Practical considerations in the application of simulated annealing to stochastic simulation[J]. Mathematical Geology, 26(1): 67-82.

Jones T A, 2003. FP2VF: A Fortran 90 program to generate a vector field from flowpath[J]. Computer & Geoseiences, 29: 209-214.

Journel A G, Huijbregts C J, 1987. Mining geostatistics[J]. New York: Academic Press.

Liu Y, Zhang B, Dong Y, et al, 2019. The determination of variogram in the presence of horizontal wells-An application to a conglomerate reservoir modeling, East China[J]. Journal of Petroleum Science and Engineering, 173: 512-524. Schmoker J W, Hester T C, 1983. Organic carbon in Bakken Formation, United States portion of Williston Basin[J]. AAPG Bulletin, 67(12): 2165-2174.

Shafieyan F, Abdideh M, 2019. Application of concentration-area fractal method in static modeling of hydrocarbon reservoirs[J]. Journal of Petroleum Exploration and Production Technology, 9(2): 1197-1202.

Steven J I, John W S., 2006. A new Conceptual model for the structural evolution of a regional salt detachment on the northeast Scotian margin, offshore eastern Canada[J]. AAPG Bulletin, 90(9): 1407-1423.

Webster R L, 1984. Petroleum source rocks and stratigraphy of Bakken Formation in North Dakota[J]. AAPG Bulletin, 68(7): 953-953.